당신이 알고 싶은

식물의 모든것

당신이 알고 싶은

식물의 모든것

펴낸날 1판 1쇄 2017년 2월 28일
지은이 이남숙
펴낸이 권은미
펴낸곳 이화여자대학교출판문화원
주소 서울특별시 서대문구 이화여대길 52(우 03760)
등록 1954년 7월 6일 제9-61호
전화 02) 3277-2965(편집), 02) 362-6076(마케팅)
팩스 02) 312-4312
전자우편 press@ewha.ac.kr
홈페이지 www.ewhapress.com
책임편집 양지하
디자인 정혜진
찍은곳 (주)현문자현

ISBN 979-11-5890-204-9 93480
값 20,000원

* 잘못된 책은 바꾸어 드립니다.

이 도서의 국립중앙도서관 출판예정도서목록(CIP)은 서지정보유통지원시스템 홈페이지
(http://seoji.nl.go.kr)와 국가자료공동목록시스템(http://www.nl.go.kr/kolisnet)에서
이용하실 수 있습니다. (CIP제어번호 : CIP2017003762)

당신이 알고 싶은 식물의 모든 것

| 이남숙 지음 |

이화여자대학교출판문화원

머리말

지난 삼십여 년간 대학생들에게 일반생물학, 식물분류학, 식물형태학과 야외실습 등을 통해 식물을 가르쳐왔다. 과거에는 식물분류학과 식물형태학이 전공 필수교과목과 교직이수 필수과목으로 지정되어 있어서 많은 학생들이 식물을 접했으나, 요즈음은 대부분의 생물 전공생들이 의학전문대학원이나 약학전문대학원 진학을 염두에 두고 동물 관련 과목에만 집중하는 경향이 있다. 그러나 식물은 의·약학 분야와 무관하지 않다. 단적인 예로 가끔 응급환자가 섭취한 식물 이름을 확인하기 위해서 대학병원 응급실에서 나를 급히 찾곤 한다. 뿐만 아니라 시를 쓰는 시인도 그림을 그리는 화가도 식물의 특징을 알아야 잘 표현할 수 있다. 식물 관련 기사를 쓰는 기자, 관련 증거를 찾는 범죄수사관, 관련 특허를 다루는 변리사 등도 모두 식물에 대한 기초지식이 필요하다. 실로 식물은 모든 분야에 연결되어 있다.

식물은 에너지를 생산하여 모든 동물을 살 수 있게 하는 중요한 존재이며 지구생태계의 기반이다. 더욱이 요즈음은 웰빙의 바람과 함께 건강에 좋은 식용식물과 항암 효과가 좋은 약용식물, 천연 염색을 위한 염료식물, 가구재 식물 등 수많은 기능성 식물들이 회자되고 있듯이 식물을 빼놓고는 우리 삶의 의식주를 이야기하기 힘들다. 그러나 일부 애호가를 제외한 많은 사람들은 식물에 대해 잘 모르거니와 관심 또한 없는 편이다. 대부분의 사람들은 사는 데 바빠서 주위의 꽃을 바라볼 여유가 없다가 일에서 벗어나고 행동이 느려질 때 비로소 주위가 눈에 들어오면서 식물이 보이기 시작한다.

그러다가 나이가 들어서야 꽃 이름을 궁금해 하고 산야를 다니며 꽃 사진을 찍는다.

이 책은 대학에서의 교양교육을 위해 한 학기의 15주 강의에 알맞은 식물학 관련 내용으로 엮었다. 1부에서는 식물에 대한 기초지식을 설명했고, 2부에서는 식물을 인문, 사회, 예술 분야와 연계했으며, 3부에서는 식물자원의 유용성을 다루었다. 요즈음의 추세인 융합의 움직임에 맞춰 식물을 모든 전공분야와 연계시켜 다각적인 측면에서 접근하여 기본 지식이 없는 학생과 대중에게 보다 쉽고 친근하게 다가가려 했다. 한편으로 학술적 접근도 놓치지 않았다. 예를 들어 식물의 국제적 학명을 알리기 위해 식물의 국명에 이어 괄호 안에 학명을 표기했고 식물학 용어를 국문과 영문을 병기했으며, 가능한 한 많은 식물 사진을 넣고자 했다. 여기에 실린 사진의 대부분은 필자가 국내외에서 직접 찍은 것이고, 일부는 저작권이 없는 사진과 세밀화를 사용했다. 모쪼록 이 책을 통해 전공분야뿐 아니라 다른 분야의 학생들과 독자도 식물에 대한 기초지식을 이해하고, 보다 많은 관심을 가지고 식물을 바라볼 수 있기를 바란다.

끝으로 이 책의 발간에 도움을 주신 이화여자대학교출판문화원 선생님들과 개념도를 그린 이희조, 슬라이드 정리를 한 김대홍, 자료조사를 한 이빛나, 난이도 조절을 위해 원고를 읽어준 조영롱에게 고마움을 전한다. 그리고 정년퇴임 후 식물에 관심을 갖고 식물 사진과 원고 교정으로 도움을 준 38년지기 동거인 김성학 박사님, 늘 곁에서 버팀목이 되어 준 가족과 변함없는 친구들에게도 고마움을 전한다. 특별히 꽃을 좋아하시고 딸 바보이셨던 아버지 영전에 이 책을 바친다.

2017년 봄

이화 팔복동산에서 저자 이남숙

차례

10장 역사를 바꾼 식물

11장 예술 속 식물

12장 식물, 오감으로 느끼자

3부 식물자원의 유용성

13장 식물이 살길이다

1부

식물의 기초 이론

1장

한반도 식물의 사계

한반도는 세계 지도상 동북아시아에 속하며 남북으로는 대략 북위 33°~43°인 중위도에, 동서로는 124°~132°에 위치한다. 지사적으로는 제3기 중신세(中新世) 이후 단층과 요곡(撓曲) 운동에 의해 태백산맥을 중심으로 동쪽이 높고 서쪽이 낮은 비대칭적 지형을 이루었다. 중위도의 온대에 있어 국토가 작은 데 비해 동서남북의 기후가 다양하고, 기온의 측면에서는 대륙성 기후에 속하나 강수나 바람의 측면에서는 몬순 계절풍 기후를 보인다.

겨울철에는 대륙성 시베리아 기단의 영향으로 한랭 건조하나 여름철에는 북태평양 기단의 영향으로 6월 말부터 장마 전선이 형성되어 비가 많이 내린다. 겨울과 여름에 비해 봄과 가을은 짧지만 날씨가 맑고 쾌청하다. 연간 강수량은 울릉도와 제주도가 가장 많아 1,400~1,800mm이며 남해안 1,400~1,500mm, 중부 1,200mm, 북부 800~900mm이다. 이러한 지형과 기후 조건에서 식물들은 봄, 여름, 가을, 겨울의 사계절에 따라 다양한 모습으로 피어난다. 1장에서는 이렇듯 각 계절에 다채롭게 피어나는 한반도의 대표적인 꽃들을 먼저 살펴보고자 한다.

1. 봄, 노란빛으로 다가오다

많은 꽃들이 사계절을 통해 다양한 색으로 피어나지만 이른 봄에 피는 꽃에는 노란색이 많다. 그중 복수초(福壽草)는 '잔설을 이불삼아야…'라는 어느 시인의 시구(詩句)에 나타나 있듯 눈과 함께 피어나 '설련화'로 불리며 흰 눈 속에서 노란 꽃을 한껏 뽐낸다.

또한 복수초는 복과 장수를 기원하는 풀이라는 뜻으로, 꽃 달력의 첫 장을 장식하며 '원일초(元日草)'로 불리는데, 이는 새해 첫날 복수초를 선물하는 일본의 풍습과도 관련된다. 우리나라에는 세 종류의 복수초가 자생하는데 제주에서 세복수초(*Adonis multiflora* Nishikawa & Koki Ito)가 2월에 피는 것을 시작으로 한반도 남서부에서 개복수초(*A. pseudoamurensis* W. T. Wang)가 3월에 피고, 중북부에 자라는 복수초(*A. amurensis* Regel & Radde)는 3, 4월에 꽃이 핀다. 일반적으로 사람들이 복수초라고 하는 식물은 중북부의 복수초를 일컫는다.

복수초와 앞다투어 이른 봄에 노란색 꽃을 피우는 초본으로 역시 눈과 관련되어 '설중화'라 불리는 수선화(*Narcissus tazetta* var. *chinensis* Roem)가 있다. 수선화는 영국의 낭만주의 시인 윌리엄 워즈워스가 호숫가에 핀 수선화에서 영감을 얻어 1807년에 지은 시의 소재였을 뿐 아니라 오래전 '일곱송이 수선화'라는 팝송으로도 유명했던 식물이다.

봄의 들판을 노란빛으로 물들이는 것으로는 화려하게 무리지어 피어나

1. 복수초
2. 세복수초

3. 수선화
4. 유채
5. 피나물
6. 애기똥풀
7. 산괴불주머니
8. 양지꽃
9. 한계령풀
10. 감자난초
11. 금새우난초

는 유채를 따라올 꽃이 없을 듯하다. 그리고 복수초, 수선화와 유채 외에도 봄을 장식하는 노란 봄꽃으로 피나물, 노랑매미꽃, 꽃다지, 민들레, 애기똥풀, 산괴불주머니, 양지꽃, 한계령풀, 돌나물, 노랑제비꽃, 감자난초와 금새우난초 등을 빼놓을 수 없다.

몇 년 전부터 서울이라는 도시에서 이른 봄에 제일 먼저 눈에 띄게 된 꽃은 '봄을 맞이하는 꽃'이라는 영춘화(迎春化, *Jasminum nudiflorum* Thumb.)다. 영춘화는 봄의 전령사로 매화와 거의 같은 시기에 꽃을 피우기 때문에 '황매(黃梅)'라고도 한다. 노란색 꽃을 피워서 언뜻 보기에 개나리로 착각할 수 있지만 영춘화는 중국 원산의 낙엽 관목으로 자스민속에 속한다. 줄기는 녹색으로 능선이 있으며, 잎은 3~5개의 작은 잎으로 된 우상 복엽(깃털 모양의 겹잎)이고, 꽃잎은 6장이다. 반면 개나리는 개나리속에 속하며 잎이 단엽(홑잎)이고 꽃잎이 4장이다.

잎과 가지에서 생강 냄새가 나는 생강나무, 봄에는 향기로운 노란 꽃을 피우고 가을에는 다양하게 이용되는 빨간 열매를 맺는 산수유나무도 영춘화나 개나리와 같이 이른 봄 잎보다 노란꽃을 먼저 피운다. 남쪽 지방에서는 심장 모양의 잎이 나기 전에 노란 꽃차례가 대롱대롱 매달린 히어리나무, 나뭇가지가 세 갈래이며 공 모양의 꽃차례에 꽃의 겉에는 흰털이 빽빽하나 안쪽은 노란색인 삼지닥나무가 잎보다 먼저 꽃을 피워 봄을 노란빛으로 물들인다. 그렇다면 이 식물들의 꽃은 왜 노란색일까?

광합성을 하는 식물과 조류(藻類)에는 엽록소 a, b, c, d와 보조 색소인 카로티노이드(carotinoids)가 있다. 잎의 엽록체에 있는 엽록소는 가시광선의 파장과 비슷한 청색에서 청자색(파장 400~500nm), 적색으로부터 황적색(파장 620~700nm)의 빛을 흡수한다. 그러나 대부분의 녹색 및 황록색(파장 500~600nm)의 빛을 반사하기 때문에 잎이 녹색으로 보인다. 그리고 잎의 색은 초록색의 엽록소, 주황색의 카로티노이드, 노란색의 잔토필 양에 따라 다양한 색으로 나타난다.

이러한 색소들이 가시광선 중에서 어떤 파장의 빛을 흡수하고 어떤 파장의 빛을 반사하느냐에 따라 꽃잎의 색깔도 다양하게 나타난다. 꽃의 색깔에 영향을 주는 색소로는 피롤계의 엽록소와 카로티노이드계 색소 이외에 화청소(花青素)로 불리는 안토시아닌(anthocyanin) 등의 플라보노이드계(flavonoids) 색소와 베타시아닌 등의 베탈레인계(betaline) 색소가 있다. 플라보노이드계 색소 중 안토시아닌은 적색에서 청색의 색조 범위를 가지며, 수용성으로 꽃잎 세포의 액포 속에 녹아 꽃잎을 붉은색, 보라색, 자주색으로 보이게 한다. 뿐만 아니라, 과일색을 나타내기도 하고 어린잎을 붉게 하여 강한 자외선을 차단하기도 한다. 흰 꽃은 안토시아닌과 카로티노이드계의 색소가 없고 플라보노이드계의 플라본(flavone) 색소를 갖는다. 플라본은 무색에서 황색에 이르는 색을 띠며 자외선을 강하게 흡수하고 가시광선을 모

12. 영춘화
13. 히어리나무
14. 삼지닥나무

두 반사하므로 꽃을 희게 보이게 한다.

그러나 노란색 계통의 꽃은 플라보노이드계의 안토시아닌을 제외한 플라본, 플라보놀(flavonol), 오론(aurone) 등과 카로티노이드계 색소 때문에 노란색으로 보인다. 카로티노이드계 색소에는 카로틴(carotine)과 잔토필(xanthophyll)이 있는데, 그중 카로틴은 엽록소와 달리 보라색광과 청색광만 흡수하며 녹색광에서 적색광까지 반사하므로 황색에서 등색(붉은빛을 약간 띤 누런색)의 색조범위를 나타낸다. 그래서 봄에 피는 다양한 노란 꽃들의 색은 노란색의 농도가 다를 뿐 결국 플라보노이드계 및 카로티노이드계 색소와 흡수하는 빛의 파장에 의해 빚어진 결과이다. 형형색색으로 피어나는 꽃들의 향연은 모두 식물의 색소와 빛의 마술인 셈이다.

2. 여름, 봉숭아빛으로 물들다

"울 밑에 선 봉선화야"로 시작하는 김형준의 시 「봉선화」에는 봉선화가 길고 긴 여름철에 펴서 가을에 지는 과정이 잘 나타나 있다. 실제로 여름은 기온이 높고 낮은 길며 녹음이 짙어져 봄 · 가을에 비해 많은 종류의 꽃이 피는 계절이다. 뜰 안에서는 석류, 자귀나무, 배롱나무와 무궁화 등이 피어나고, 산야에서는 7월의 화투장에 붉은 싸리꽃이 피듯 참싸리, 풀싸리, 조록싸리 등 싸리꽃과 칡꽃이 한창이며 바닷가에는 해당화가 곱게 피어난다.

15. 봉선화
16. 풀싸리
17. 해당화
18. 땅나리
19. 술패랭이
20. 도라지

초본으로는 땅나리, 하늘나리, 말나리, 참나리, 비비추 등의 단자엽 식물과 패랭이꽃, 술패랭이꽃, 동자꽃, 오이풀, 도라지, 잔대, 초롱꽃, 금강초롱과 엉겅퀴 등의 쌍자엽 식물들이 수없이 피어나 이 시기 자연은 천혜의 식물원이 된다.

꽃보다 포도당 공장

이렇게 녹음이 우거지면 식물들은 다양한 꽃들을 피우기 위해 쉴 새 없이 뿌리로부터 물을 흡수하여 식물체 곳곳으로 끌어올린다. 잎의 엽록체에서는 빛을 받고 기공을 통해 흡수한 이산화탄소를 재료로 빛에너지를 화학에너지인 당으로 만드는 일을 계속한다. 즉, 빛에너지가 엽록소와 카로티노이드 같은 광합성 색소의 전자를 고에너지 상태로 들뜨게 하면 전자 스스로가 저에너지 상태로 낮아지면서 나오는 에너지를 이용하여 ATP라는 인산화합물을 만든다. 이때 엽록소에서 방출된 전자는 뿌리에서 흡수된 물이 광분해되어 계속 보충된다. 그리고 ATP의 에너지는 기공으로 흡수한 이산화탄소와 식물체내의 5탄소화합물을 결합시켜 포도당을 합성하는 데 쓰인다. 이렇듯 식물의 엽록체는 포도당을 만드는 공장인 셈이다. 식물은 광합성 산물

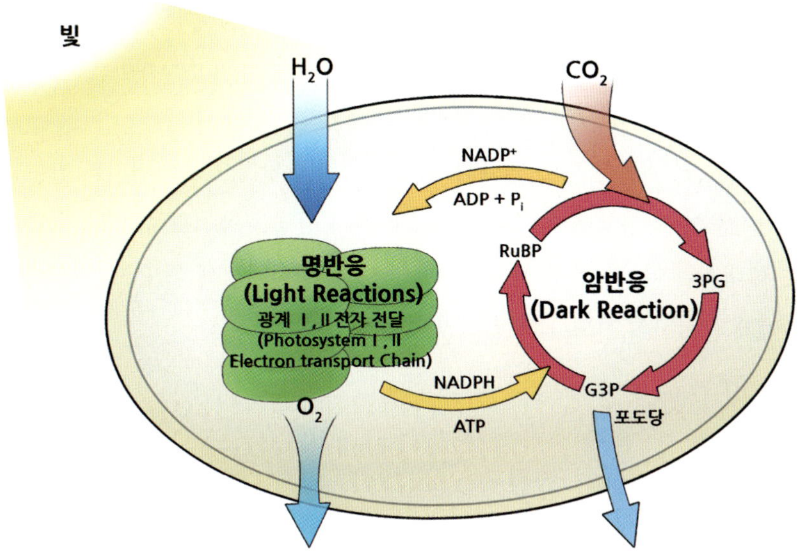

광합성 과정

로 포도당을 생산할 뿐 아니라 기공을 통해 산소를 내뿜어주어 지구상의 다른 생명체를 숨 쉬게 한다.

생태계의 어머니

식물을 포함한 모든 생물은 물, 공기, 미네랄 등의 무생물적 요소와 상호작용하는 유기적 체계인 생태계를 구성한다. 식물은 생태계 내에서 빛 에너지로부터 화학 에너지를 생산하는 생산자로서 생태계의 1차 소비자인 초식동물의 먹이가 되고 초식 동물은 다시 2차, 3차 등의 육식 동물에게 먹힌다. 이렇듯 생물들 사이에 먹고 먹히는 사슬과 같은 관계를 먹이 연쇄(food chain)라 하며, 보다 복잡한 그물 모양을 이룰 때 이를 먹이 그물(먹이망, food web)이라고 한다. 먹이 연쇄나 먹이 그물의 각 단계에서는 생물의 사체나 호흡 등으로 인한 에너지 손실이 있어서 전 단계 에너지의 약 10%만이 다음 영양 단계로 전달된다. 즉, 먹이 연쇄의 영양 단계가 낮을수록 에너지량,

생체량, 개체수 등이 많고, 영양 단계가 높아질수록 에너지량, 생체량 및 개체수가 적어서 삼각형 모양의 생태 피라미드(ecological pyramid) 구조를 이룬다.

이와 같이 식물은 먹이 연쇄와 먹이 그물의 출발점으로 에너지를 만드는 생산자로서 지구 생태계 내의 모든 소비자가 생명을 유지할 수 있게 부양하는 생태계의 어머니라고 할 수 있다. 식사할 때 하나님께 기도 드리듯 식물들에게도 감사의 기도를 해야 하지 않을까 싶다.

3. 가을, 오색빛 향연

가을에는 국화, 억새 및 단풍 축제가 여기저기서 한창이다. 관상용으로 재배한 꽃이 큰 국화가 주인공인 국화 축제도 있고, 야생의 보랏빛 쑥부쟁이와 하얀 구절초 같은 들국화를 주인공으로 하는 들국화 축제도 있다. 어떤 곳에서는 아예 구절초 축제라고 이름을 붙이기도 한다. 그렇다면 국화, 쑥부쟁이, 구절초는 서로 어떻게 다를까?

국화, 이름의 뜻

우선 '국화(菊花)'의 뜻을 보면, 한자인 '菊'의 어원은 그해 꽃의 구극(어떤 과정의 마지막이나 끝)에서 유래했다고 한다. 아마도 국화란 한 해의 마지막

21. 개쑥부쟁이
22. 구절초

에 피는 꽃이라서 붙은 이름인 듯하다.

국화의 영어 이름은 'Chrysanthemum'이며, 그리스어에서 유래한 'Chrysos(gold)'와 'anthos(flower)'의 합성어로 '금꽃(gold flower)'이라는 뜻이다. 'Chrysanthemum'이 너무 길어 'mum'으로 줄이고, 국화 축제를 'mum festival'이라고 하여 다양한 국화꽃으로 화려하게 장식해 많은 사람들이 모여 가을을 마음껏 즐긴다.

국화의 국내 유입

국화의 원산지는 중국으로 알려져 있다. 중국의 고서인 『산해경山海經』에 따르면 산에 국화가 많다는 내용이 실려 있고, 굴원이 쓴 「초사楚辭」에 저녁으로 가을 국화의 꽃을 씹는다는 내용이 나타나 있다. 중국의 국화가 우리나라에 들어온 연대는 정확하지 않으나 백제 때(390년) 왕인이 일본에 오색의 국화를 가져갔다는 기록에 따라 그 이전부터 재배한 것으로 추정된다. 또한 중국 송나라 때 국화 도감에 해당하는 『국보菊譜』에 신라의 국화를 뜻하는 신라국(新羅菊)이라는 품종명이 있는 것으로 미루어 국화가 삼국시대나 그 이전부터 우리나라에 들어온 것으로 추정된다. 그 후 고려의 『고려사』에는 의종이 국화를 감상했다는 기록이 있을 뿐 아니라, 조선시대 때 원예서인 『양화소록』에 따르면 원나라에서 여러 품종의 국화를 들여왔으며 20여 품종이 있다는 기록이 있다.

국화꽃의 성품과 지위

국화는 중국 명나라 때부터 매화, 난초, 대나무와 함께 사군자(四君子)로 칭해지던 식물 중 하나이다. 군자란 유교에서의 이상적인 인간상으로 학식과 덕행이 높고 높은 관직에 있으며 지적을 수양하는 사람을 뜻한다. 즉, 다른 꽃과 달리 가을에 서리를 맞으면서 피는 국화의 모습이 고고한 기품과 절개를 지키는 군자에 비유되었다.

국화의 성품에 대해서 "국화는 다섯 가지 아름다움이 있으니, 둥근 꽃송이가 위를 향해 피는 모습은 하늘(天)에 뜻을 두고, 순수한 밝은 황색은 땅(地)을 뜻하며, 일찍 싹이 돋아나 늦게 꽃을 피우는 것은 군자의 덕(君子之德)이며, 찬 서리 속에서도 꽃을 피우는 것은 고고한 기상(氣像)을 뜻하고, 술잔에 동동 떠 있으니 신선의 음식(仙食)이라"고 중국의 고전 『종회부鍾會賦』에 설명되어 있다. 이와 같이 국화의 고고한 기품과 군자의 덕을 생각해서인지 조선 전기에 인재 강희안은 재배하는 꽃을 9등품으로 나누고 국화를 매화, 연꽃, 대나무와 함께 1등품으로 두었다.

국화 사랑

많은 사람들이 다양한 방식으로 국화의 아름다움과 상징성을 사랑했다. 특히 문인들은 국화를 소재로 한 시와 다양한 문학 작품을 많이 썼는데, 실제로 『한국문집총간』에 들어 있는 '菊' 자만 15,000자가 넘는다 한다. 특히 고려시대 이색, 조선의 서거정, 이황과 정약용 등이 국화에 관한 시를 많이 남겼다. 현대시에서는 거의 국민시처럼 암송되는 서정주 시인의 「국화 옆에서」에서 볼 수 있듯 국화는 가을이면 우리 모두의 가슴속에 피는 꽃이다. 시 외에 이광수의 『산국』이나 김하인의 『국화꽃 향기』 같은 소설도 있고, 경남 상촌에서 불리던 「국화노래」라는 민요도 있다.

국화는 문인화의 소재로서 조선시대 이산해, 신사임당, 전충효, 심사정, 허필, 김희겸, 최북, 강세황, 이방운, 김수철 등에 의해 그려져 여러 박물관과 미술관에 소장되어 있다. 또한 청자상감국화꽃줄기무늬병, 청자국화무늬합, 청자음각국화문탁잔과 백자국화무늬합 등의 도자기뿐 아니라 건축물과 장롱, 이불감과 옷감, 베갯모, 조각 실패, 댕기와 비녀, 찬합, 나전칠기, 나무 떡살과 다식판 등 의식주와 관련된 다양한 생활용품에서 국화 문양을 볼 수 있다. 가을이면 창호지문에 국화꽃잎을 넣어 장식했을 정도로 국화는 생활 속에 깊이 스며들어 사랑받던 꽃이다.

우리나라의 야생 국화

도시에서 흔히 볼 수 있는 관상용으로 재배된 국화는 주로 국립원예특작과학원과 충남농업기술원 예산국화시험장과 전국의 여러 화훼시험장과 화훼육종연구소, 농업기술원 등에서 개량된 품종들이다. 관상용으로 재배되는 국화 품종은 꽃이 피는 계절에 따라 하국, 추국, 동국 등으로 나뉜다. 또한 꽃차례의 크기에 따라 직경이 8cm 이하이며 꽃대 하나에 여러 개의 꽃차례가 달리는 소국(小菊, 스프레이spray)과 꽃차례의 직경이 16cm 이상이며 꽃대 하나에 한 개의 꽃차례가 달리는 큰 대국(大菊, 일륜국화, 스탠다드standard)으로 구분된다.

관상용으로 재배되는 국화 외에도 우리나라 산과 들에는 저절로 피고 지는 들국화가 있다. 들국화는 고유명사가 아닌 일반명사로서 산과 들에 피는 야생 국화 종류를 모두 일컫는 말이다. 우리나라에서 가을에 피는 들국화는 꽃 색에 따라 크게 세 가지로 구분할 수 있다. 산야에는 노란 꽃이 피는 산국과 감국(*Dendranthema*), 흰색이나 붉은 색조의 구절초 종류(*Chrysanthemum*)와 보라색 계열의 꽃이 피는 쑥부쟁이와 개미취가 있고, 바닷가에는 보라색 계열의 꽃이 피는 해국과 왕해국(*Aster*)이 있다. 이러한 들국화 중 국화의 영어명인 'gold flower'에 해당하는 감국(*Dendranthema indicum* (L.) Des Moul.)과 산국(*Dendranthema boreale* (Makino) Ling ex. Kitam.)은 열매에 날개가 없어서 구절초속(*Chrysanthemum*)과 구별된다. 감국은 산국에 비해 바닷가에서 흔하게 자라며, 두상꽃차례의 지름이 약 2배 가까이 크다. 구절초 종류는

23. 소국
24. 대국

25. 산국
26. 감국
27. 해국

중양절에 아홉 마디가 될 때 꽃줄기 끝에 설상화가 흰색 또는 붉은 색조인 꽃차례가 하나씩 달리며, 서양의 마가렛과 비슷하다. 반면에 쑥부쟁이 종류는 꽃줄기 하나에 설상화가 보라색인 꽃차례가 여러 개 달린다. 들국화의 설상화의 색깔만 알아도 쑥부쟁이와 구절초를 구분할 수 있어 안도현 시인의 동명의 시에 나오는 '무식한 놈'을 면할 수 있다.

한 송이 국화꽃의 구조

국화꽃 한 송이란 사실 꽃 한 개가 아니라 줄기 끝이 확대된 화탁 위에 수많은 꽃들이 모여서 꽃차례를 이룬 것이다. 가장자리에는 혀 모양의 꽃(설상화)들이 일렬로 배열되고 가운데에는 통모양의 꽃(관상화)들이 원반처럼 모여 전체적으로 두상화서(두상꽃차례)를 이룬다. 이러한 모양은 기본적으로 해바라기나 코스모스와 같다.

우리가 흔히 '한 송이'라고 부르는 두상꽃차례는 들국화의 종류에 따라 각각 색이 다르다. 앞에서 보았듯이 산국이나 감국처럼 모두 노란색으로 꽃색이 같기도 하지만, 구절초처럼 설상화는 흰색이나 붉은색, 관상화는 노란색, 쑥부쟁이처럼 설상화는 보라색 계열이고 관상화는 노란색으로 설상화와 관상화의 꽃 색이 다를 수도 있다.

가을 국화꽃 축제

식물로 열두 달을 상징하는 화투장을 보면 5월에는 난초(실제로 그려진 식물은 난초가 아니라 붓꽃 종류이다)가, 9월에는 국화가 그려져 있다. 「농가월령가」에서도 "… 울 밑에 황국화(노란 국화)는 추광(가을 빛)을 자랑한다"고 했듯이 국화는 가을에 피는 대표적인 꽃이다.

그런데 국화꽃은 매년 어떻게 가을을 알고 피어날까? 식물도 우리와 마찬가지로 빛으로 하루와 계절의 변화를 느낄 수 있다. 자연 상태에서 빛을 감지하는 피토크롬(phytochrome)과 일주기성 리듬(Circadian Rhythm)을 조절하는 생물시계(Biological clock)의 상호 작용으로 인해 밤과 낮의 길이를 알 수 있다. 식물은 밤과 낮의 상대 길이인 광주기(photoperiod)에 의해 1년 중 특정 시기를 인지한다. 광주기가 특정 시간보다 길어야 꽃을 피우는 장일식물에는 무와 상추, 부채붓꽃과 많은 곡류가 있으며, 이들은 늦은 봄이나 초여름에 꽃을 피운다. 반면 낮의 길이가 특정 길이보다 짧아야 꽃이 피는 국화, 벼, 코스모스, 포인세티아 같은 단일식물은 늦여름이나 가을 또는 겨울에 꽃을 피운다. 이때 꽃이 피는 시점은 실제적으로는 장일식물과 단일식물과 같은 용어에 나타난 낮의 길이가 아니라 밤의 임계 길이에 의해 결정된다. 가을은 밤의 길이가 임계 길이보다 길어지므로 다양한 국화들이 피어나서 국화 축제를 할 수 있게 된다. 이러한 현상의 원리를 이용하여 온실에서 차광 시간과 온도 등을 조절하여 재배하면 가을이 아닌 계절에도 사시사철 국화꽃을 피울 수 있다.

국화 화전놀이

최근 여러 종류의 허브티가 유행하고 있지만 가을에는 아무래도 국화차가 으뜸이다. 국화차는 성품을 기르는 데 좋다고 『신농본초경』에 나타나 있는데 실제로 비타민 A와 B, 콜린, 스타키드린, 아데닌 등 몸에 좋은 성분이 많아 건강에 좋다고 한다. 국화 중에서도 산국보다 꽃이 크고 단맛이 도는 감국(甘菊)으로 만든 차의 맛과 향이 뛰어나며, 서양의 캐모마일(camomile) 차와 마찬가지로 감기에 걸렸을 때 마시면 좋다. 또한 국화죽도 뇌의 신진

대사를 도와 기억력 증진과 머리를 맑게 해준다.

풍류를 좋아하던 옛사람들은 봄이면 삼짇날 진달래 화전놀이를 하듯 가을이면 음력 9월 9일 중양절에 국화전과 국화만두를 즐겨 먹고, 액막이를 위해 세시주로 국화주를 마셨다니 얼마나 멋진 삶을 살았던가. 중양절이 되면 국화 축제에 가서 국화의 아름다움과 향에 취해 국화전과 국화주를 즐기자고 벗들에게 청하고 싶다.

10월 단풍

한편 가을에는 화투장의 10월 단풍(丹楓)처럼 여기저기 잎이 빨갛고 노랗게 단풍이 든다. 단풍이란 기후 변화로 식물의 잎이 붉은빛이나 누런빛으로 변하는 현상 또는 그렇게 변한 잎을 뜻한다. 나뭇잎의 색은 나무의 종류에 따라, 그리고 계절에 따라 다르다. 나뭇잎에 들어 있는 색소들마다 반사하는 빛의 파장이 다르기 때문이다. 식물의 성장이 활발한 봄과 여름에 광합성을 위해 빛을 흡수하는 엽록소는 붉은색과 푸른색 파장을 흡수하고 녹색 부근을 반사시켜서 녹색으로 보인다. 그러다가 가을이 되면 일교차에 의해 광합성 효율이 떨어지면서 엽록소가 분해되고, 카로틴(carotene)과 엽황소(xanthophyll) 같은 보조색소가 주인공으로 등장한다. 이러한 색소들은 물, 당류, 유기산, 단백질, 효소, 무기 물질 등과 함께 식물세포의 액포(vacuole)라는 세포액 주머니 속에 들어 있다. 이 액포 속에 화청소(anthocyanin)가 많이 들어 있으면 붉나무와 단풍나무처럼 빨간 단풍이 들고, 엽황소가 많으면 은행나무와 계수나무 같이 노란 단풍이 들며, 카로틴이 많으면 황적색 단풍이 든다. 그리고 탄닌(tannin)이 많으면 떡갈나무와 상수리나무 같이 잎이 갈색으로 물든다. 단풍의 색이나 선명도는 나무의 종류에 따라, 동일 수종이라도 환경과 개체에 따라, 단풍이 들어가는 정도와 일교차에 의한 가용성 탄수화물의 양에 차이에 따라 다양한 모습으로 가을을 아름답게 물들인다.

4. 겨울, 고혹한 난초 향기에 취하다

난초는 예로부터 사군자(四君子) 중 하나인 묵란(墨蘭)화와 도자기의 그림 소재로 오랫동안 우리들의 사랑을 받아온 식물이다. 고결한 품성과 청초한 이미지의 상징인 난초는 이병기 시인을 비롯하여 많은 시인들에 의해 예찬되어왔다. 그래서 아름다운 배를 난주(蘭舟), 뜻이 맞는 친밀한 사귐을 난교(蘭交)라고 표현하기도 한다.

난의 진화적 위치

우리나라에는 약 110종이 있지만 그중에서 많은 사람들의 사랑을 받으며 문인화의 소재가 되는 난으로 겨울이 끝날 즈음 봄을 알리는 꽃이라는 뜻의 보춘화(報春化)와 겨울의 문턱에 들어서는 11월이 되면 향기를 내뿜으며 고고한 자태를 뽐내는 한란을 들 수 있다. 보춘화는 봄에 피는 난초라는 뜻의 춘란(春蘭)이라고도 하며, 꽃대 하나에 꽃이 한 개씩 피는 데 반하여, 한란이나 일부 보춘화속 난초 중에는 꽃대 하나에 여러 개의 꽃이 피는 난초들이 있다. 한란(寒蘭)은 한자의 의미 그대로 겨울에 피는 난으로 일본, 한국(제주도), 대만과 중국(사천성, 운남성)에 분포한다. 한란은 윤기 나는 진녹색의 긴 잎, 밋밋한 잎가장자리, 꽃이 6~12개가 총상화서로 피며, 화피가 좁고 끝이 가늘어진다는 점에서 춘란과 구별된다. 난은 학술적으로 식물계의 꽃피는 식물 중 외떡잎식물의 난과(Orchidaceae)로 분류되며 가장 진화되고 가장 큰

28. 보춘화(춘란)
29. 한란

과(Family) 중 하나로 주로 열대와 아열대에, 일부 온대와 아한대에 분포한다. 초기 난과 식물인 멜리오르키스 카리베아(*Meliorchis caribea*)의 꽃가루 화석으로 미루어 볼 때 난과 식물은 공룡이 살던 중생대 백악기 후기인 7,600~8,400만 년 전에 출현한 것으로 추정된다. 현재까지 난과 식물의 종 수는 12,000~35,000종으로 다양하게 보고되었지만 대략 20,000~25,000종으로 추정되며 이는 종자식물 전체 수의 약 6~11%에 해당한다. 게다가 매년 800여 개의 신종이 추가되고 있어서 종 수는 더 늘어날 수 있으며(Dressler, 1990), 원예가들은 10만 종류의 잡종과 재배종을 보유하고 있다.

난 꽃의 기본 구조

난 꽃의 기본 구조는 백합 및 붓꽃과 마찬가지로 꽃받침 3장, 꽃잎 3장이지만 백합 및 붓꽃은 대칭축이 여러 개인 방사상칭화인 데 반해 난 꽃은 대칭축이 세로로 한 개 있는 좌우대칭꽃이다. 일부 난 꽃의 꽃받침은 등꽃받침 1장, 곁꽃받침 2장이며, 곁꽃받침 2장이 붙거나 또는 3장 모두 붙어 있기도 한다. 꽃잎은 곁꽃잎 2장과 위의 가운데 있는 입술꽃잎 1장으로 구성되어 있는데 난에 따라 꽃이 180도 회전을 하여 입술꽃잎이 아래의 중앙에 놓이는 경우가 많다.

이 입술꽃잎의 크기와 색, 그리고 세부적인 모양은 매우 다양하다. 복주머니란처럼 주머니 모양이거나, 해오라비난초처럼 입술꽃잎이 세 갈래로 갈라져서 가운데 조각이 새의 몸통이고 양쪽의 조각이 술처럼 갈라져서 새의 날개 모양을 이루기도 한다. 난 꽃이 진화함에 따라 수술대와 암술대가 완전히 붙어서 꽃술대(예주, column 또는 gynostemium)라는 원통 구조를 이룬다.

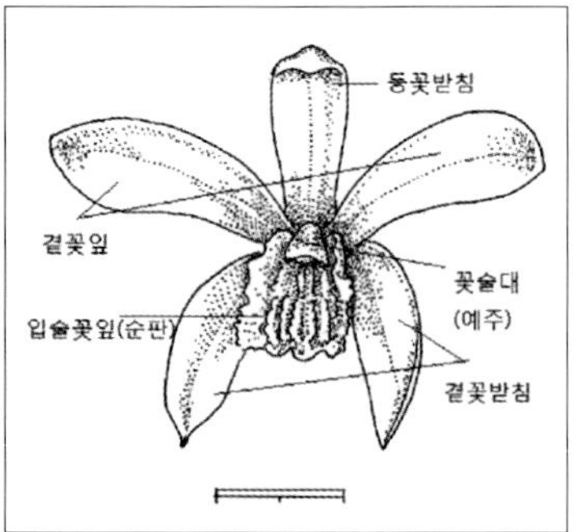

난 꽃의 구조

난 꽃의 수술은 원래 3개였으나 현재는 야쿠시마란아과의 뉴위디아속(*Neuwiedia*)에서만 3개의 수술을 볼 수 있다. 복주머니란아과에서는 2개의 수술을 가지며, 1개는 불염성 헛수술(staminode)로 퇴화되기도 한다. 꽃가루도 원시적인 야쿠시마란아과, 복주머니란아과와 바닐라아과에서는 화분립으로 방출되지만, 난아과와 에피덴드럼아과에서는 대부분 2개, 또는 4개의 꽃가루 덩어리인 화분괴(pollinia)를 갖는다.

암술머리 표면은 꽃술대 위쪽의 우묵하거나 납작한 부분으로, 당과 아미노산이 분비되어서 끈끈하다. 대부분의 난과 식물에서는 암술머리 세 갈래 중 가운데 갈래가 솟아나서 암술머리와 꽃밥을 분리시켜 꽃밥 앞쪽에 끈끈한 물질로 덮인 부리 같이 생긴 암술머리부리(rostellum)를 형성하는데, 한자용어로 소취체라고도 한다. 대부분의 경우 암술머리부리는 자가수분을 막고 끈끈한 액으로 수분매개체가 꽃가루를 전달하는 데 관여한다. 즉, 꽃을 찾았던 곤충이 암술머리부리를 문질러 끈끈해지고, 그 부분에 꽃밥에서 떨어진 화분괴가 붙어 다른 꽃에 전달된다. 그러나 일부 원시적인 난은 암술머리부리가 없다.

2장

진화하는 식물

앞 장에서는 우리나라의 사계절에 따라 꽃이 피는 일부 피자식물(꽃 피는 식물)만을 살펴보았다. 그렇지만 지구상에는 이끼류, 양치식물, 나자식물, 그리고 더 다양한 피자식물들이 분포하고 있다. 모든 생물이 영속적이지 않듯이 이러한 식물들은 한꺼번에 생겨난 것이 아니며 지구의 역사에 따라 등장하여 각기 다른 시기에 번성했다. 2장에서는 이러한 식물들이 지구상에 나타난 진화 과정과 다양하게 진화한 식물의 종류를 크게 구분하여 그 특징을 간략하게 소개하고자 한다. 아울러 종자식물 중에서 가장 작은 식물, 가장 큰 식물, 가장 오래 사는 식물, 악취를 풍기는 식물, 벌레를 잡아먹는 식물 등 특이한 식물들을 살펴보고자 한다.

1. 식물은 육상에서 어떤 형태로 진화했는가?

원시지구에서 엽록소를 가지고 광합성을 하여 산소를 공급했던 남세균을 비롯한 다양한 단세포 광합성 미생물들이 홍조류, 갈조류, 녹조류 등으

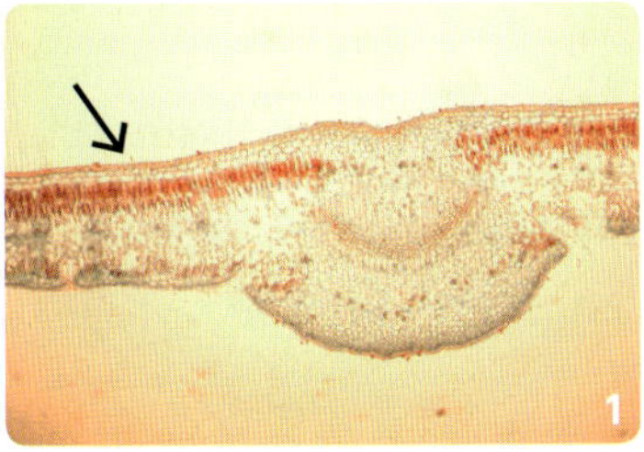
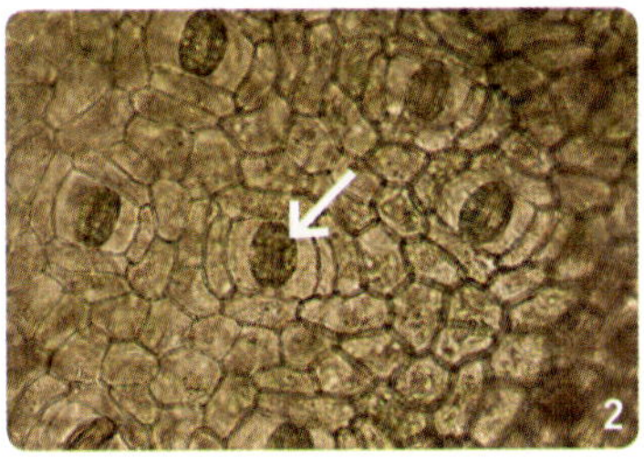

1. 큐티클층
2. 기공

로 진화하면서 대기 중에 많은 산소를 공급하여 선캠브리아대 말기에는 공기 중의 약 10%가 산소로 채워졌다. 이렇게 증가된 산소의 일부가 오존이 되고 대기 상층에 오존층을 형성하여 태양의 강한 자외선을 막아줌으로써 생물이 더 잘 살 수 있는 환경이 조성되었다. 그러나 물속에 살던 조류가 건조한 육상에서 살기 위해서는 수분 증발을 방지하고 체내의 수분을 유지하기 위한 보호막이 필요했다. 이를 위해 왁스 중합체로 구성되어 물 분자가 스며들지 못하게 하는 큐티클(cuticle)층이 발달했다. 이 큐티클층은 식물체의 표피를 덮어 식물체 내의 수분이 날아가지 않게 할 뿐 아니라 균의 침입이나 기체의 흐름도 제한한다. 그래서 육상 식물은 기체를 안으로 받아들이거나 밖으로 내보내기 위해서는 특수한 구멍을 열고 닫는다. 이 구멍은 기공(stoma, 복수형 stomata)이라고 하며, 그리스어로 '입'을 뜻한다.

식물은 큐티클과 기공으로 보호 표피층을 형성함으로써 육상에서 건조해지지 않고 살아갈 수 있게 되었다. 또한 물속과 달리 육상에 있는 식물은 땅속에서 물을 흡수하여 체내에 물을 잘 전달할 뿐 아니라 식물체를 지탱할 수 있는 구조를 갖추어야 했다. 즉, 식물체를 고정하고 물과 무기염류를 흡수할 수 있는 뿌리계와 흡수한 물을 전체 식물체에 전달하는 헛물관(가도관)과 물관(도관) 같은 통도조직이 필요했다. 또한 보다 많은 빛에너지를 이용하기 위해 잎의 표면적이 넓어졌다. 이러한 진화 과정에서 세포들의 형태와 크기가 특수화되고, 비슷한 세포들끼리 그룹화되면서 조직과 기관을 형성했다. 영양기관 세포들의 종류가 일찍 진화한 데 비해 생식세포와 그 체계는 백악기 이후에도 계속 진화되었다.

화석 기록에 의하면 녹조류에서 육상 식물로 진화하는 과정에서 가장 오래된 식물은 쿡소니아라는 양치식물로 알려져 있다. 그러나 선태류의 식물체 구조와 생태가 화석이 되기 어려웠을 수도 있고, 오르도비스기 말경 육상에 이미 이끼류가 있었다는 고생물학 연구결과들을 감안하면 녹조류에서 이끼류를 거쳐서 양치류로 진화했다는 해석이 정석이다.

이끼(선태)식물

초기 육상 식물 중 우리 주위에서 볼 수 있는 식물은 우물가나 습한 곳에서 자라는 우산이끼류(태류)와 솔이끼류(선류) 같은 이끼류(선태식물)이다. 이끼류는 헛뿌리를 발달시켜 식물체를 땅에 고정시키고 물을 흡수하며, 공기나 물에 포자를 퍼뜨려서 번식한다. 암과 수의 구별이 있는 배우자체일 때 정자를 만드는 주머니인 장정기에서 정자를 만들고, 난자를 만드는 주머니인 장난기에서 난자를 생산한다. 이때 배우자의 핵은 하나의 염색체 세트를 갖고 있어서 반수체(1N)이다. 정자(1N)가 물기를 타고 난자(1N)에게 헤엄쳐가 결합하여 접합자인 배(2N)를 만든다. 이 배가 성숙하면 포자체가 되어 포자낭(sporangium, 복수형 sporangia)을 만들고 포자낭에서 다시 포자를 방출한다. 이 포자는 큐티클보다 더 단단한 보호 물질로 둘러싸여 있어서 건조한 환경이나 자외선을 견뎌내며 생존하다가 생장에 적합한 습기 있는 장소에 닿으면 발아한다. 이들은 수정 과정에 필요한 물이 있는 곳에서만 살 수 있다.

3. 우산이끼(암)
4. 우산이끼(수)
5. 솔이끼류

양치식물

이끼류보다 조금 더 진화된 식물은 고생대 중기 실루리아기(약 4억3천3백~3억9천3백 년 전)에 강가에 살던 쿡소니아(*Cooksonia*)로 알려져 있다. 지금은 멸종된 원시적인 육상식물인 쿡소니아는 영국 웨일즈 지방에 화석으로 남아 있는데, 줄기에 유관속조직이 있으며, 비유관속 이끼류에서 유관속식물로 진화하는 전이 형태를 갖는 작은 식물이었다. 또한 초기 육상 식물로 영국 스코틀랜드 라이니 지방에서 발견된 라이니 쳐트(Rhynie Chert) 지층에 화석으로 남아있는 라이니아(*Rhynia*)를 들 수 있다. 라이니아는 데본기(약 4억2천~3억2천 년 전)에 나타난 식물로, 줄기에 잎이 없으며 줄기가 둘로 갈라지고 갈라진 줄기 끝에 포자낭을 갖고 있는 단순한 형태의 작은 식물이었다. 이러한 식물들과 가장 비슷한, 현재 남아 있는 가장 원시적인 육상식물은 양치식물의 한 종류인 솔잎란이다. 현재의 작은 양치식물과 달리 고생대 데본기 중기 이후부터 석탄기에는 50m가 넘는 대형 양치식물들이 숲을 이루었고 이는 전 세계에 분포한 대규모 석탄층의 기원이 되었다. 우리나라의 경우는 이러한 대형 석송류(*Lepidodendron* sp.)와 대형 나무고사리(*Pecopteris arborescens*) 및 속새류(*Annularia stellata*)와 같은 화석 양치식물이 강원도 태백에 분포하고 있었다.

양치식물은 체내에 물을 수송시킬 수 있는 관다발(유관속, vascular bundle)을 발달시켰지만 번식은 이끼류와 마찬가지로 포자로 번식하며 물을 필요로 한다. 양치식물은 이끼류보다는 좀 덜 습한 곳에 자라지만 물이 있어야만 유성생식을 할 수 있어서 물가나 습한 환경, 또는 건조한 기후라도 우기가 흔한 지역에 산다. 양치식물에는 솔잎

6. 쿡소니아
7. 라이니아

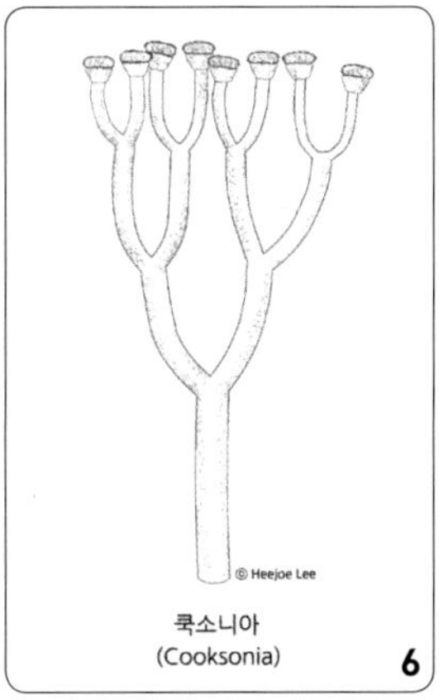

쿡소니아 (Cooksonia) 6

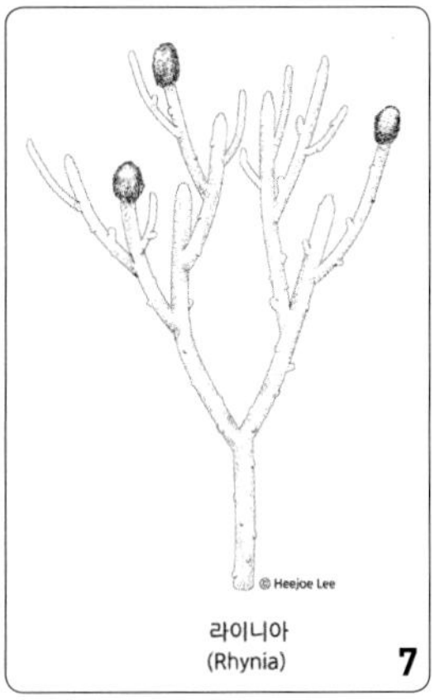

라이니아 (Rhynia) 7

란류, 물솔류, 석송류, 속새류와 고사리류가 있다.

8. 고사리

종자식물

데본기에 종자식물의 조상형으로 알카에오프테리스(*Archaeopteris*) 같은 전나자식물(progymnosperms)이 출현했다. 전나자식물의 잎이나 영양기관은 나자식물의 형태였으나 번식은 종자 생성의 전단계로 여겨지는 이형포자(heterospore)로 했다. 그 후 데본기 중기(3억 8500만 년 전)에 룬카리아(*Runcaria*) 같이 밑씨 또는 씨를 맺는 종자고사리류(seed ferns)가 출현했다. 고생대 말에 이어 중생대 트라이아스기 말경까지 피자식물과 비슷한 특징을 갖는 나무고사리 같은 대형 종자고사리가 번성했고, 중생대 쥬라기 때 나자식물이 출현했다.

종자식물은 포자체의 배주(밑씨, ovule) 안에서 암배우체가 발달하기 때문에 암배우체는 포자체의 보호를 받는다. 즉, 꽃의 암술 중 씨방 안에 들어 있는 배주의 주피(integument)로 둘러싸인 주심(nucellus) 안에서 대포자모세포(megasporocyte)가 대포자(megaspore)를 만들고, 그 대포자가 암배우체(female gametophyte; 배낭embryo sac)를 발달시킨다. 또한, 소포자(꽃가루)는 꽃가루관(수배우체)을 내어 정자를 밑씨의 주공을 통해 난세포와 만나게 하므로 수정할 때 물을 전혀 필요로 하지 않는다.

수정된 후 배가 자라기까지 필요한 모든 영양분은 어미 식물로부터 공급된다. 그리고 씨 속에는 배와 배젖이 있는데, 배는 잠시 생장을 멈추고 휴면할 수 있으며, 배젖에는 배가 자라는 데 필요한 영양분이 저장되어 있다. 따라서 종자식물은 매우 건조한 기후인 아프리카 사막에서부터 남극에 이르기까지 거의 모든 곳에 서식하며 오늘날 지구상 식물의 97%를 차지하게 되었다.

종자식물은 밑씨가 드러나(나출되어) 있는 나자식물과 심피에 싸여 있는 피자식물로 구분된다. 초기의 종자식물은 밑씨와 종자가 나뭇가지 또는 대

9. 나무양치식물(사이아테아과)
10, 11. 소철(암구과, 수구과)

포자엽의 가장자리에 드러나 있어서 이 식물을 나자식물, 즉 "나출된 종자를 가진 식물"이라고 한다. 소철류, 은행나무, 구과식물(침엽수)과, 매마등목이 나자식물에 속하며 중생대 때 번성했다. 그중 소철류는 현존하는 나자식물 중 원시적인 방법으로 배열된 밑씨를 갖는 가장 오래된 종자식물이다. 소철류는 꽃가루와 밑씨가 각기 다른 개체에 달리는 암수딴그루이며, 암그루의 정단부에 밑씨가 달린 대포자엽과 이보다 큰 일반 잎이 하나씩 번갈아 달리는 원시적인 방법을 유지하고 있다. 현생 소철류는 12개 속에 약 300종 이상이 중앙아메리카, 사하라 사막 이남의 아프리카, 동아시아에서 오스트레일리아 지역까지 분포해 있다.

주위에서 흔히 볼 수 있는 은행나무(*Ginkgo biloba* L.)는 중국 원산으로 은행나무문(Ginkgophyta), 은행나무강(Ginkgoopsida), 은행나무목(Ginkgoales), 은행나무과(Ginkgoaceae), 은행나무속(*Ginkgo*)에 속하는 유일한 종이다. 은행나무의 조상종은 오래전에 멸종되었으나, 현존하는 은행나무 잎의 화석이 2억 7000만 년 전 페름기 퇴적물에서 발견되어 살아 있는 화석(living fossil) 식물이라 한다. 은행나무도 소철처럼 암수딴그루(자웅이주) 식물이다.

12. 은행나무 암구과(좌), 수구과(우)

침엽수로 잘 알려진 소나무, 잣나무, 전나무 등의 구과식물(conifer)은 소철류와 비슷한 생식기관을 갖고 있지만 구과의 크기가 훨씬 작다. 또 소철과 마찬가지로, 구과식물의 수구과(male cone)는 소포자엽들로 구성되고 소포

자엽의 소포자낭에는 소포자들이 들어 있다. 소철류의 소포자엽에는 소포자낭(화분낭)이 많으나 현대의 구과식물은 오직 두 개를 갖고 있다. 소철류와 구과식물의 암구과(female cone)는 각 비늘잎(대포자엽)에 두 개의 밑씨가 있는 점에서 매우 유사해 보이지만 구과식물의 암구과는 소철류보다 훨씬 복잡한 구조를 갖는다.

우리나라에는 분포하지 않는 나자식물인 매마등목(Gnetales)에는 매마등속(*Gnetum*), 마황속(*Ephedra*), 웰위치아속(*Welwitschia*)의 3개 속(또는 과로 분류)만이 현존한다. 열대 지역의 매마등속 식물은 일반적인 구과식물이나 소철과 비슷하지 않고 오히려 일반적인 활엽수(피자식물)의 형태와 매우 유사하다. 또한 나미비아부터 앙골라까지 아프리카의 해안을 따라 분포하는 웰위치아 미라빌리스(*Welwitschia mirabilis* Hook. f)는 매마등목 중 특이하게 잎 2장이 길이 3~5.5m이며 옆으로 길게 자라서 자이언트 옥터푸스(Giant Octopus)라고 불린다.

피자식물의 어원은 그리스 어로 그릇(angeion)+종자(sperma)로, 종자가 심피라는 닫힌 대포자엽 안에서 발달하는 것을 뜻한다. 피자식물의 심피(carpel)는 잎처럼 생긴 원시적 대포자엽에서 진화된 것이다. 피자식물이 나자식물에서 갈라져 나온 시기는 쥐라기 후기나 백악기 초기로 알려져 있었으나 최근 분자계통분류학적 연구에 의하면 약 2억 9천만 년 전 후기석탄기까지 거슬러 올라간다(Willis & McElwain 2002). 나자식물에서 피자식물로 진화하는 과정에서의 중간형은 알려져 있지 않으나 피자식물은 "빅뱅(대폭발)"이라고 할 만큼 빠르게 진화해왔다. 피자식물의 진화 초기에 전체 게놈 복제(모든 유전자가 두 배로 됨)로 인해 식물에게 유익한 유전자가 생겨 빠른 속도로 다양화되었으며, 서식처도 적도부터 극지방까지 퍼져나갔다. 예컨대 남극에는 남극좀새풀(*Deschampsia antarctica* É. Desv, 벼과)과 남극개미자리(*Colobanthus quitensis*(Kunth) Bartl., 석죽과) 같은 피자식물이 분포하고 있다.

반면, 검정말, 붕어마름과 나사말처럼 일부 피자식물은 먼 조상이었던 조

13. 웰비치아 미라빌리스
14. 마황

류(algae)의 생활 방식과 유사한 수중 생활로 돌아가기도 했으며, 거머리말과의 식물처럼 일부 피자식물들은 바다에도 적응했다. 이렇게 다양한 서식처에서 다양한 형태로 지구상에 우점하고 있는 피자식물은 떡잎이 한 개인 외떡잎식물과 두 개인 쌍떡잎식물로 구분된다.

2. 식물의 계통진화와 분류계급

식물계통수와 종

식물이 선태식물-양치식물-종자식물의 나자식물(겉씨식물)-피자식물(속씨식물) 순으로 진화된 것을 그림으로 나타낸 것을 계통수(phylogenetic tree)라고 한다. 식물계에 대한 계통수뿐만 아니라 지구상에 우점하고 있는 피자식물 내에서도 식물들의 계통을 나타낼 수 있다. 즉, 최초의 피자식물은 뉴칼레도니아에 자생하는 암보렐라(*Amborella*)이며, 그다음에 도관요소가 발달한 수련이 나타나고, 오미자와 붓순나무가 진화한 이후 단자엽, 후추와 생강나무 및 목련으로 구성된 목련식물무리, 붕어마름, 쌍자엽식물의 4개의 큰 가지가 발달했다. 이러한 계통수를 만들기 위해서는 식물을 구분해야 하는데 이 분류의 기본 단위는 종(species)이다. 종의 개념에는 형태학적 종, 생물학적 종 등 여러 가지가 있으며, 자연 상태에서 상호교배 가능한 개체들의 무리를 생물학적 종의 개념이라 한다. 종 밑에 일부 특징의 변이가 있는 변종(variety)이나 생태적 조건에 따라 일부 특징의 변이가 나타나는 아종(subspecies), 미소한 특징의 변이가 있는 품종(forma)이 있을 수 있다.

계통수

식물의 이름과 분류계급

앞 장에서 많은 식물명을 언급했다. 식물의 이름(학명과 보통명)은 어떻게 지어지는 것일까? 식물명에는 학술적으로 쓰이는 학명(scientific name)과 일반적으로 불리는 일반명(보통명, common name)이 있다. 무궁화(Rose of Sharon) 같은 이름은 보통명이고, *Hybiscus syriacus* L.은 학명이다. 식물의 학명은 라틴명이라고도 하며, 새로운 식물을 발견했을 때 그 식물의 기준표본(type specimen)을 만들고 식물의 특징, 지명, 인명, 신화의 주인공 이름 등을 바탕으로 라틴어로 또는 라틴어화하여 짓는다. 이때 집안을 나타내는 속명은 단수명사를 대문자로 시작하고, 집안 내 구성원을 나타내는 종소명은 형용사를 소문자로 시작하며 속명과 종소명의 성을 일치시키고, 속명과 종소명은 각각 이탤릭체로 쓰거나 속명과 종소명을 구분해서 밑줄을 긋는다. 속명과 종소명 다음에는 그 이름을 지은 명명자명을 보통체로 쓴다.

예를 들어, 복수초의 학명은 속명(*Adonis*) + 종소명(*amurensis*) + 명명자(Regel & Radde)로 이루어지며 이 경우 명명자는 Regel과 Radde 두 명이다. 감국의 학명인 *Dendranthema indicum* (L.) Des Moul.을 보자. 여기서 (L.)은 맨 처음에 Linne가 *Chrysanthemum*속의 종인 *indicum*으로 명명한 것을 나중에 Des Moul.이 *Dendranthema*속으로 이전시킬 때 처음의 종소명을 그대로 가져가고 종소명을 명명한 첫 명명자인 Linne를 괄호 안에 표기한 것이다. 일반명(보통명)은 각 나라의 언어에 따라 다르다. *Dendranthema* *indicum* (L.) Des Moul.의 경우 우리는 '감국'이라 하는데 영어 보통명은 'Indian Dendranthema', 일본어 보통명은 'ハマカンギク(ha-ma-kan-gi-ku)'이다.

종은 비슷한 종(species)들이 모여 속(genus)을 이루고, 비슷한 속들은 족(tribe), 과(family)를 이루며, 비슷한 과들이 모이면 목(order), 비슷한 목들이 모이면 강(class), 비슷한 강들이 모이면 문(phylum)이 된다. 또한 강 밑에 아강(subclass), 목 밑에 아목(suborder), 과 밑에 아과(subfamily), 속 밑에 절(section)과 같이 낮은 분류 계급을 두기도 한다. 이러한 분류군들은 분류계급에 따라 배열되며 분류 체계를 나타낸다. 이러한 체계는 큰 인형에서 작은 인형이 점차적으로 계속 나오는 러시아 전통 인형인 마트료시카를 연상케 한다. 또한 각 분류 계급에는 알맞은 어미를 나타내는데 과명은 -aceae, 목 이름은 -ales, 강은 -opsida를 사용한다(예: 찔레꽃 *Rosa multiflora* Thunb. 장미과Ros**aceae** – 장미목Ros**ales**). 식물명은 국제식물명명규약(International Code of Botanical Nomenclature, ICBN)의 규칙과 권고에 따르며, 식물명을 명명할 때는 기준 표본(type specimen)에 근거를 둔다. 즉, 같은 식물에 여러 개의 이름이 있을 때는 선취권에 따라 가장 먼저 출판된 인쇄물에 기재된 식물명이 정명(legitimate name)이, 나머지 식물명들은 이명(synonym)이 된다.

식물명 중 일반명(보통명)에 해당하는 우리말 식물명은 어떻게 지어질까? 우리나라의 건국 신화에서부터 쑥과 마늘이 등장하듯이 식물은 인간의 생활과 밀접한 관계가 있다. 그래서 많은 식물명들이 백과전서식의 류서류(類書類), 농서류(農書類), 산림서류(山林書類) 및 본초류(本草類), 문집류와 한글음식서류 등에 나타나 있다. 특히 조선시대에는 식물이 본초서에 많이 수록되어 있는데, 식물명과 생약명이 다른 식물이 많다. 예를 들어, 둥굴레의 생약명은 옥죽(玉竹)이다.

1937년 조선박물연구회에서 생물학적 식물명에 대해 조선 각지에서 식물명을 실제로 조사하여 수집하고 이미 발표된 문헌의 식물명들을 참고하여 『조선식물향명집』을 발간했다. 이는 일제 강점기에 우리말 이름을 정리했다는 점에서 그 의의가 있다. 1949년에는 조선식물학회에서 『조선식물명집』을 발간했으며, 같은 해 문교부에서는 『우리나라식물명감』을 발간했다. 이후 식물학 잡지와 도감 등에 발표된 식물명들은 일반적으로 식물의 특징, 지명, 인명 등을 바탕으로 국명이 지어졌다. 학명에도 정명과 여러 개의 이명이 있을 수 있듯이 하나의 식물에 대해서도 여러 개의 국명이 있어서 표준명을 추천하고 있으며 산림청의 국가표준식물 홈페이지에서 식물명을 쉽게 검색해볼 수 있다.

3. 기이한 식물들

거인 나무

생존하고 있는 식물 중 가장 키가 큰 나무는 미국 캘리포니아 훔볼트카운티(Humbolt county)에 있는 세쿼이아 국립공원의 히페리온(Hyperion)이라는 미국삼나무(Coast Redwood, *Sequoia sempervirens*(D. Don) Endl.)이다. 그리스어로 히페리온이 '높은 곳을 달리는 자' 또는 '높은 곳에 있는 자'를 뜻하는 데서 알 수 있듯 이 나무는 키가 크다. 히페리온은 직경 4.84m, 높이 115.2m로 서울 남산의 N서울타워 높이의 반에 해당하며, 영국 런던 웨스트민스터 궁전의 96.3m 시계탑에 달린 종인 빅벤보다도 키가 크다. 캘리포니아 소노마카운티(Sonoma county)의 암스트롱레드우드 주립자연보존지구에는 1400년 된 콜로넬 암스트롱(Colonel Armstrong Tree)과 파슨 존스(Parson Jones Tree)라는 1300년 된 미국삼나무가 있다. 이 보존지구 내에서 가장 큰 파슨 존스 삼나무는 미국삼나무 중 10위에 포함되지 않는데도 높이 94m로 축구장 길이보다 길다. 또한 세쿼이아 국립공원에는 셔먼장군(general Sherman)이라는 자이언트 세쿼이아나무(Giant Sequoia, *Sequoiadendron giganteum*(Lindl.) J.

15. 파슨 존스 삼나무
16. 낙우송
17. 메타세쿼이아

Bunchh.)가 있다. 이 나무의 무게는 1,385톤으로 지구상 가장 큰 동물인 흰긴수염고래 열 마리를 합한 무게보다 무겁다. 약 2,500살로 추정되는 이 나무의 키는 83.8m로 자유의 여신상보다 높으며, 줄기 밑 부분의 둘레는 31.3m로 3차선 도로를 막을 정도이고, 껍질 두께만 해도 61cm에 달한다. 이 나무의 무게는 1,385톤으로 지구상 동물 중 가장 큰 흰긴수염고래 열 마리를 합한 무게보다 무겁다.

일반적으로 세쿼이아는 연간 1.8m씩 자라며 키가 워낙 커서 물관이 위쪽까지 물을 전달하지 못하여 수분의 25~50%는 안개에서 얻는다. 또한 두꺼운 껍질과 껍질에 있는 타닌 성분이 질병과 병충해를 막고 화재로부터 보호해준다. 측백나무과(Cupressaceae)에 속하는 세쿼이아와 자이언트 세쿼이아와 가까운 식물로는 메타세쿼이아속(*Metasequoia*)과 낙우송속(*Taxodium*)이 있다.

뚱뚱보 나무

그런가 하면 세계에서 가장 뚱뚱보 나무는 멕시코의 와하카(Oaxaca)에 있는 툴레나무(Tule tree)라고 하는 멕시코낙우송(Montezuma cypress, *Taxodium mucronatum* Ten.)이다. 레이저로 측정된 2005년도 자료에 따르면 이 나무의 수명은 1,433~1,600년으로 추정되며, 나무둘레는 35.4m이다. 26명 이상의 사람들이 양팔을 벌려야 나무줄기를 둘러쌀 수 있다.

숲 같은 나무

또한 세계에서 가장 넓게 퍼져 있는 나무는 인도의 콜카타식물원에 있는 벵골보리수(반얀 트리Banyan Tree, *Ficus benghalensis* L.)로, 높이 25m에 300개가 넘는 줄기들이 주위 420m에 퍼져 있어 멀리서 보면 한 나무가 아닌 여러 나무들이 있는 숲처럼 보일 정도이다.

장수 나무

단일 개체로 세계에서 가장 오래 산 나무는 미국 캘리포니아 화이트산맥에 자라는 소나무과의 브리스틀콘소나무(bristlecone pine)이다. 브리스틀콘소나무는 암구과 표면에 가시가 있어서 붙여진 보통명이고, 학명은 *Pinus longaeva* D. K. Bailey이다. 구약성경에서 969세로 최고령자로 알려진 므두셀라(Methuselah)로도 불리는 이 나무는 매우 천천히 자라며 4,846년 된 것으로 추정된다. 그보다 더 오래 산 프로메테우스(Prometheus)라는 브리스틀콘소나무는 5,065년 되었으며 1964년 Harlan이 미국 산림청의 허가를 받아 잘라서 표본을 만들었다. 현재 므두셀라의 정확한 위치는 공개되지 않고 있다.

한편 세계에서 가장 오래된 나무 중 클론(clone)으로 자라는 나무는 노르웨이가문비나무(Norway spruce, *Picea abies* (L.) H. Karst.)이다. 이 노르웨이가문비나무는 유럽 중부와 동부에 분포하는데, 스웨덴에 있는 노르웨이가문비나무의 수명은 9,550년 정도이다.

18. 벵골보리수

화석 나무

과거 지질시대에 분포했던 식물 중 현재까지 살아 있는 화석나무로는 은행나무와 울레미소나무가 잘 알려져 있다. 은행나무(*Ginkgo biloba* L.)는 공룡시대 이전 중국에 분포하여 신생대 에오세에 번성하던 식물로 현재도 중국 저장성에서 발견된 살아 있는 화석식물이다. 중국에서는 은행나무의 잎이 오리발과 닮았다 하여 압각수(鴨脚樹)라 하며, 은행(銀杏)이란 은빛 나는 살구라는 뜻으로 살구 모양의 씨와 표면이 은빛 가루로 덮여 있어서 붙여진 이름이다.

19. 울레미 소나무

1994년에 발견된 호주 블루마운틴의 울레미 소나무(Wollemi pine)는 살아있는 공룡나무(Dinosaur tree)로 비유되며, 가장 오래된 화석은 2억 년 전으로 거슬러 올라간다. 이 소나무는 울레미 국립공원에서 데이비드 노블에 의해 발견되어 학명이 *Wollemia nobilis* W. G. Jones, K. D. Hill & J. M. Allen으로 명명되었다. 100그루 이하의 개체들을 보호하기 위해 정확한 위치는 비밀로 유지되며, 멸종되지 않도록 2006년 번식 프로그램을 만들어서 여러 식물원뿐 아니라 대중에게 묘목을 공급하고 있다.

깨알보다 작은 식물

피자식물 중 깨알보다 가장 작은 식물은 천남성과(Araceae)의 울피아속(*Wolffia*) 식물이다. 울피아속 식물은 수생식물로 워터밀(watermeal)이라고 불리는데, 옥수수가루를 닮았다는 뜻에서 붙여진 이름이다. 울피아속 식물은 9~11종으로 구성되고, 직경은 1mm이며, 뿌리 없이 녹색 또는 황록색의 보트 모양으로 생겼으며 물에 떠서 사는 꽃피는 식물로 수술 1개, 암술 1개이다. 울피아속 종에는 콩단백질과 거의 같은 단백질이 40% 정도로 풍부하게 들어 있어서 동남아시아 여러 나라에서 식용된다.

악취 나는 식물

악취를 내는 식물로는 천남성과의 앉은부채(스컹크캐비지skunk cabbage)가 흔히 알려져 있다. 그러나 더욱 괴이한 식물로 인도네시아 수마트라섬의 열대우림에 자생하는 타이탄 아룸(Titan Arum)으로 불리는 아모르포팔루스

20. 타이탄 아룸

티타늄(*Amorphophallus titanum*(Becc.) Becc. ex Arcang)이 유명하다. 이 식물의 화서를 받치고 있는 깔때기 모양의 불염포는 사람 키보다 크다. 꽃이 필 때 동물이 썩는 듯한 심한 악취를 내기 때문에 꽃이 필 때마다 사람들의 시선을 끌곤 한다.

공중 부양 식물

최근 나무 같은 곳에 착생하여 공중에 매달려 사는 공중식물(에어플랜트)이 인기를 끌고 있다. 멕시코 등 해발 450~1700m의 건조한 남아메리카에 서식하는 파인애플과에 속하는 틸란드시아 이오난사(*Tillandsia ionantha* Planchon)와, 미국과 멕시코 등에 분포하는 스페니쉬모스(Spanish moss, Tillandsia usneoides(L.) L.,)는 이끼나 지의류가 아니다. 틸란드시아속은 흙이 필요하지 않는 식물로 약 730여 종 이상이 있다. 뿌리로 물과 양분을 흡수하는 것이 아니라 잎에 있는 미세한 솜털을 이용하여 공기 중 수증기와 유기물을 흡수한다. 일반적인 식물과 달리 낮에 이산화탄소를 배출하지 않으면서 밤에는 산소를 만들어내어 공기 정화 기능이 뛰어나고, 번식력이 강하다.

21. 틸란드시아 이오난사
22. 스페니쉬모스

3장

식물도 생각한다

식물은 움직이지 못하고 말이나 소리로 표현하지 못하여 수동적인 것처럼 보인다. 그러나 '녹색동물'이라는 표현이 과하지 않을 정도로 각기 처한 다양한 환경을 수용하면서 살아남기 위해 지혜로운 적응 방안을 마련한다. 마치 두뇌가 있는 것처럼 식물체 자신의 주변 환경을 통합적으로 생각하고 치밀하고 합리적으로 대처하는 식물을 보면 어떨 때는 즉흥적으로 행동하는 우리 인간들보다 훨씬 생각이 깊은 것 같기도 하다. 여기서는 식물을 구성하는 세포와 조직 및 기관의 특징, 식물의 생활환, 생존을 위한 다양한 서식처와 환경에서의 생존 전략을 알아보고자 한다.

1. 식물의 형태와 기능

동물과 다른 식물 세포

식물 세포는 동물과 달리 세포벽이 발달한 다면체이다. 세포벽은 섬유소(cellulose)를 주성분으로 하며 세포의 형태를 유지하고 보호하며 용질과 용

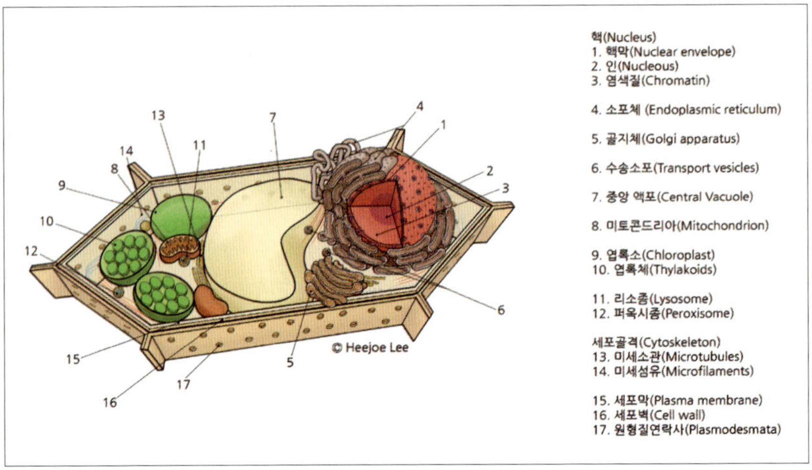

식물의 세포

매를 투과시킨다. 세포벽 중 1차 세포벽에는 원형질연락사, 2차 세포벽에는 벽공(pit)이 있어서 세포 간에 물질을 이동시킬 수 있다. 그리고 세포질에는 백색체, 엽록체와 잡색체 등의 색소체, 세포판 형성에 중요한 역할을 하는 딕티오좀(dictyosome), 물과 색소 등 여러 가지 물질을 저장하며 식물 세포의 팽압을 유지시키는 액포(vacuole)가 있다.

식물의 조직과 기관

식물은 지하부의 뿌리, 지상부의 줄기, 잎, 꽃과 열매 같은 기관(organ)으로 구성되며, 각 기관은 부위에 상관없이 표피조직, 유관속조직과 기본조직으로 구성된다. 먼저 표피조직(epidermal tissue)은 식물체를 싸서 균의 침입이나 햇빛의 자외선과 건조한 외부로부터 내부를 보호하는 조직이다. 표피조직은 2기 생장을 하는 나무에서는 주피(periderm)로 발달하며 나무껍질의 일부가 된다. 영화 〈닥터 지바고〉에 등장하는 시베리아 숲의 수많은 만주자작나무는 나무껍질이 우아하고 기품 있는 흰색이며, 옆으로 벗겨지는 특징이 있다. 여기서 나무껍질(수피, bark)이란 나무줄기에서 물관부와 체관부를

1. 자작나무의 환상수피
2. 버즘나무의 인상수피
3. 코르크참나무

만드는 형성층보다 바깥쪽의 체관부(phloem)와 주피(periderm)를 말한다. 수피 중 주피는 코르크피층, 코르크형성층, 코르크층으로 구성된다. 수피에는 체내외의 통기작용을 하는 피목(lenticel)이라는 조직이 있는데, 이 피목의 형태와 배열은 나무의 종류에 따라 특정 무늬를 만든다. 또한 나무줄기가 굵어짐에 따라 수피는 당겨져 파괴되며 점차 바깥 둘레로부터 벗겨져 떨어진다. 이때 수피에는 자작나무 수피처럼 축을 둘러싸는 상태로 점차적으로 형성된 주피가 윤상으로 벗겨지는 윤상수피(환상수피, ring bark)와 버즘나무와 모과나무 수피처럼 주피가 형성되는 과정에서 표면부를 완전 둘러싸지 못하고 비늘 모양으로 벗겨지는 인상수피(인피, scale bark)가 있다.

수피는 코르크, 섬유, 수지(resin), 고무, 타닌 및 기타 함유 성분 등에 의해 일상생활에서 다양하게 이용된다. 자작나무 껍질은 백화피라는 한약재로 쓰이며, 천마총의 천마도 그림에도 사용되었고, 방부제 성분이 있어서 시체를 싸는 데 이용되기도 했다. 소나무, 전나무와, 굴참나무의 수피는 너와집을 만드는 데 이용해왔으며, 포루투칼과 스페인 및 이태리 남부에 자라는 코르크참나무의 수피는 와인 코르크마개를 만드는 데 이용된다.

식물의 유관속조직(vascular tissue)은 뿌리에서 흡수한 물과 무기염류를 줄기와 잎 등 다른 기관으로 이동시키고 잎에서 합성한 양분을 식물체의 다른 곳으로 보내어 식물의 생장과 양분 저장을 위해 이동시키는 통도 기능을 하는 조직이다. 이 조직은 물을 이동시키는 목부(물관부, xylem)와 양분을 이동시키는 사부(체관부, phloem), 목부세포와 사부세포를 만드는 유관속형성

4. 쌍자엽식물의 줄기
5. 단자엽식물의 줄기

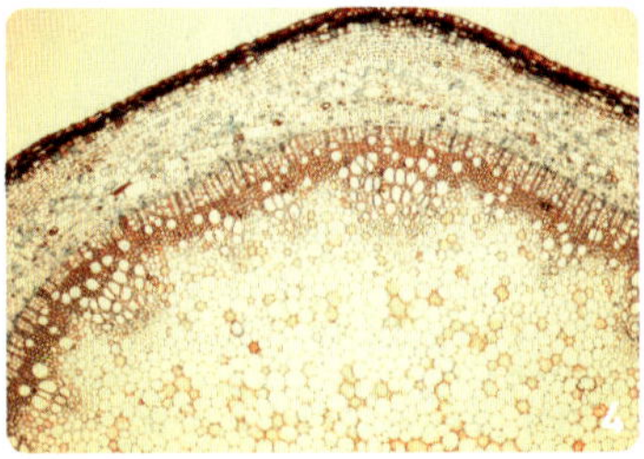

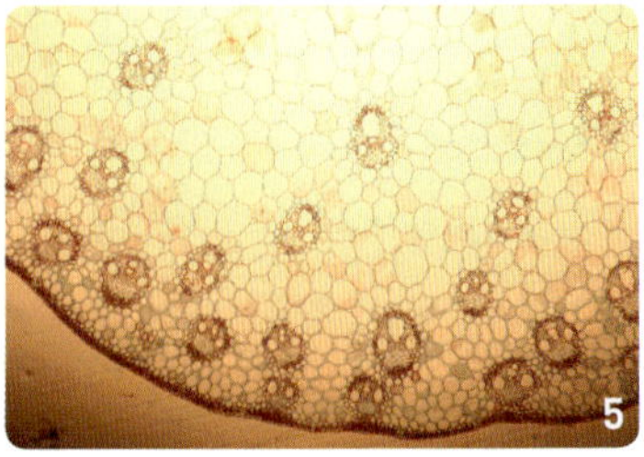

층(vascular cambium) 및 목부와 사부를 둘러싼 유관속초(bundle sheath)로 구성된다. 식물의 종류에 따라 나자식물의 목부는 가도관(tracheid), 일부 피자식물을 제외한 대부분의 피자식물의 목부는 도관요소(vessel element)로 구성되며, 나자식물의 사부는 사세포(sieve cell)와 알루미늄세포(aluminum cell), 피자식물의 사부는 사관요소(sieve tube element)와 동반세포(companion cell)로 구성된다.

표피조직과 유관속조직 사이에는 기본조직(ground tissue)이 차지하고 있다. 기본조직에는 분화능력이 있는 어린 세포로 구성된 유조직(parenchyma), 일차 세포벽이 두꺼워진 후각조직(collenchyma), 이차 세포벽이 두꺼워진 후막조직(sclerenchyma)이 있다. 셀러리의 잎자루에서 볼 수 있는 후각조직과 배(pear)의 과육에 들어 있는 깔깔한 보강세포(석세포)와 섬유 같은 후막조직은 지지 기능을 한다.

2. 식물의 생활사

피자식물도 선태식물(이끼류)이나 양치식물 및 나자식물과 마찬가지로 암, 수 배우자체가 있는 유성세대와 배우자 결합체가 성장하여 다시 새로운 암, 수 배우자체를 형성하기 전까지의 포자체에 해당하는 무성세대가 번갈아 나타나는 세대교대를 한다. 선태식물은 2n세대인 포자체가 1n세대인 배우체에 의존하여 살며 일생의 대부분을 배우체(n)로 살아간다. 그러나 양치식물의 포자체는 배우체에 의존하지 않고 독립적이며 포자체 세대 길이가 더 길어진다. 씨를 맺는 종자식물은 생활사의 대부분을 포자체(2n)로 살며 배우체는 매우 작고 포자체 안에 있다. 식물의 진화에 있어서 식물의 본체는 배우체(n)세대에서 포자체(2n)세대로 진화되었다. 즉, 선태식물은 1n세대가 2n세대보다 훨씬 오랫동안 환경에 맞서 살아야 했는데, 1n의 생물체는 2n의 생물체보다 적응력이 낮기 때문이다.

피자식물의 수 배우자체는 수술의 꽃밥에 있는 소포자낭에서 발달한 꽃가루에 해당하고, 암 배우자체는 암술의 씨방 안에 있는 대포자낭에서 발달하는 배낭이다. 꽃이 꽃가루받이가 되어 정세포와 밑씨(배주) 속의 난세포가 만나면 종자로 발달한다. 종자는 종피로 둘러싸이며 속에 어린 식물체에 해당하는 배(embryo)와 영양분을 저장한 배젖(배유, endosperm) 또는 자엽(cotyledon)이 있다. 배젖이 있는 종자를 유배유종자, 배젖이 없는 종자를 무배유종자로 구분한다. 종자는 성숙하면 휴면 상태로 들어가 건조한 시기를 잘 견디다가 수분, 온도, 산소 조건 등 적당한 환경 여건이 되면 배젖 또는 자엽의 양분을 이용하여 발아하여 싹을 틔우고 자라서 꽃을 피우는 생활사(life cycle)를 갖는다.

이러한 식물의 생활사가 1년 안에 이루어지면 1년생(annual) 식물, 2년 내에 이루어지면 2년생(biannual) 식물, 여러 해에 걸쳐 이루어지면 다년생(perennial) 식물이라고 한다. 또한 이들 식물의 목질부가 발달하면 목본식물(woody plants), 목질부가 발달하지 않으면 초본식물(herbs)이라고 한다. 예를 들어 꽃과 잎 모양은 비슷하나 작약은 목질부가 발달하지 않고 여러 해에 걸쳐 생활사를 마치는 다년생 초본인 반면 모란(목단)은 목질부가 발달하고 여러 해에 걸쳐 생활사를 마치는 다년생 목본이다. 이렇듯 식물을 생활사에 의해 구분하는 것을 습성(habit)이라고 한다. 이러한 습성 또한 식물이 오랫동안 환경에 적응하며 생존에 유리한 길을 선택해온 결과물이다.

3. 식물의 생장과 발달

짧은 기간 동안 생장하는 동물과 다르게 식물은 대부분 무한하게 생장한다. 식물의 수명은 유전적인 요소 외에도 추위, 가뭄이나 질병 같은 환경적 요소에 의해 결정되기 때문이다. 어떤 다년생 식물은 수천 년에 이를 정도로 수명이 길다. 그러나 식물은 모든 부분이 같은 시기에 자라는 것이 아니라 그 생장이 분열조직(meristem)에 제한되어 있다. 분열조직에 국한되어 생장한다는 것은 식물의 생장과 발달에서 중요한데, 이는 식물이 어린 분열세포, 성숙해가는 세포 및 성숙한 세포들로 이루어져 있음을 뜻한다. 식물의 분열조직에는 줄기 끝과 뿌리 끝에서 일차적으로 길이 생장을 하는 정단분열조직(apical meristem)과 이차적으로 부피생장을 하는 측분열조직(lateral meristem), 성숙한 줄기의 절간이나 잎의 기부에서 게재성장을 일으키는 절간분열조직(intercalary meristem)이 있다. 이 중 줄기 끝 정단분열조직은 비늘 잎 등으로 싸인 눈(bud) 또는 겨울눈의 형태로 추위와 건조로부터 보호되고, 뿌리 끝 분열조직은 뿌리골무(근관, root cap)로 보호된다. 이들 분열조직은 원표피, 원피층, 원중심주로 분화되고 이어서 차차 표피, 피층, 중심주라는 영구조직이 된다. 배 이후 계속해서 분열기능을 갖고 있는 조직을 1차분열조직, 그 활동에 의해 이루어지는 생장을 1차생장이라 하며 주로 식물의 신장에 관여한다. 그에 비해 한 번 분화한 조직이 다시 분열능력을 회복한 경우 2차분열조직, 그 활동에 의한 생장을 2차생장이라 하며, 주로 비대생장에 관계한다. 그리고 식물의 생장과 발달은 전류, 호르몬, 위치조절, 생물리적 조절 및 유전적 조절의 영향을 받는다.

나무에도 갱년기 호르몬이 있다?

사람의 인체가 성숙기에서 노년기로 접어드는 갱년기 때 호르몬의 영향으로 신체 변화가 생기듯이 나무도 식물호르몬의 변화에 의해 예정된 노화의 길을 걷게 된다. 즉, 나뭇잎이 오래되고 가을에 기온이 낮아지면 식물에서 합성되는 생장호르몬인 옥신(auxin)의 양이 감소하여 나무줄기와 잎자루 사이의 탈리층(떨켜층) 세포들이 노화와 관련된 호르몬인 에틸렌(ethylene)에 대해 상대적으로 더욱 민감해진다. 이 탈리층에서 에틸렌의 효과가 증가하면서 세포들은 셀룰로오스 등의 식물세포벽 구성물질을 분해하는 효소들을 합성하여 낙엽을 떨어뜨린다. 잎자루가 줄기에서 떨어지기 전에 줄기 쪽의 탈리층(abscission layer)에서는 병원균이 식물체에 침입하지 못하도록 코르크층으로 된 보호층(protective layer)을 형성하여 자신을 보호한다. 아름다운 사랑도 이별의 상흔을 남기듯이 나무도 한때 줄기에 잎이 있었다는 흔적으로 잎자루가 떨어진 자리인 엽흔(leaf scar)을 남긴다. 그 엽흔 안에는 혈관처럼 물과 양분이 지나던 유관속의 흔적인 관속흔(bundle scar)도 남는다.

나무에도 몸매가 있다?

해마다 12월이 되면 크리스마스트리를 장식하느라 세계 곳곳이 들썩인다. 이때 가장 인기 있는 크리스마스트리는 나무의 형태가 아름답고 잎 끝이 날카롭지 않은 우리나라 특산식물인 구상나무(*Abies koreana* WILS.)이다. 나무의 뿌리, 줄기, 가지와 잎 등이 종합적으로 나타내는 외부형태를 수형(tree type)이라고 하는데, 사람마다 몸매가 다르듯이 수형도 나무의 종류에 따라 다르다. 같은 사람이라도 어릴 때의 몸매가 크면서 변할 수 있듯이 같은 나무도 수령에 따라 변하지만, 구상나무나 전나무와 낙우송 같은 침엽수의 수형은 대체로 원뿔형이다. 느티나무, 벚나무, 단풍나무와 같은 대부분의 활엽수의 수형은 구형에 가깝다. 이러한 나무의 수형은 우리의 몸이 호르몬의 영향을 받는 것처럼 식물 호르몬의 영향을 받는다. 구상나무, 전나무, 가문비나무, 낙우송과 메타세쿼이아 등 대부분의 침엽수들이 원뿔형이 되는 이유는 식물의 생장호르몬과 관련이 있다. 즉, 줄기 위쪽 끝눈(정아)에서 옥신(auxin)을 생산하여 끝가지가 빨리 자라는 정단우세(apical dominance)현상이 있다. 옥신의 농도가 높은 나무의 정단(끝) 가지는 잘 자라지만 정단에 가까운 곁가지는 생장이 느리다. 정단에서 멀리 떨어진 아래쪽 곁가지에서는 옥신의 농도가 점점 낮아져서 생장저해를 덜 받아 위쪽 곁가지보다 잘 자란다. 결국, 맨 위가 좁고 아래로 갈수록 점차 넓어지는 원뿔형의 수형이 된다. 그래서 크리스마스트리를 장식용으로 만들거나 그림으로 그릴 때 위는 뾰족하게 하여 그 위에 별을 달고, 위쪽 나뭇가지는 짧게, 아래쪽 나뭇가지는 점점 길게 만드는 것이다. 이러한 침엽수들은 주로 눈이 많은 추운 곳에 자라므로 이러한 원추형의 수형은 눈이 많이 쌓이지 않기 위한 전략일 수도 있다. 나무의 수형은 유전적으로 고정되어 있지만 너무 밀집된 환경에서 자라면 햇빛을 더 많이 받기 위하여 위로 빨리 자라서 긴 원추형이 되는 등 서식환경에 적응하여 달라질 수도 있다.

이와 같이 식물은 생장, 대사, 발달 등을 조절하는 것을 돕는 신호물질인 호르몬(hormone)을 갖고 있는데 그 어원은 '활기를 띠게 하다(set in motion)' 라는 뜻이다. 식물호르몬은 생장과 발달에 관계된 내부적인 화학적 조건들과 빛과 물과 같은 외부 환경적인 조건에 따라 반응하여 작용한다. 식물의 주요 호르몬은 7가지로 옥신, 지베렐린, 시토키닌, 에틸렌, 브라시노스테로이드, 앱시스산, 자스몬산이 있다. 옥신(auxin)은 식물의 정단분열조직과 발달 중인 잎과 배(embryo)에서 생성되며, 줄기의 생장과 신장, 곁뿌리 형성과 곁눈의 휴면, 과실의 발달을 촉진하고 가을에 낙엽이 지는 탈리현상을 늦춰준다. 또한 옥신은 빛과 중력의 방향 변화에 따라 위치 생장 방향을 설정하는 데 도움이 된다. 지베렐린(gibberellin)은 뿌리와 줄기 끝, 어린 잎, 발달 중인 배에서 생성되어 줄기의 세포분열, 생장과 신장, 및 종자 발아를 촉진한다. 시토키닌(cytokinin)은 주로 뿌리 끝에서 생성되어 세포분열을 촉진하고, 잎의 노화를 지연시키며, 옥신과 함께 뿌리와 줄기의 생장을 조절한다. 에틸렌(ethylene)은 줄기 끝, 뿌리, 잎의 마디, 꽃과 과일에서 생성되는데 어린 묘의 줄기와 뿌리세포의 분열과 신장을 조절하고, 성숙한 식물에서는 노화와 잎, 꽃과 과일의 탈리를 조절한다. 그래서 덜 익은 과일을 잘 익은 사과와 같이 두면 잘 익은 사과의 에틸렌에 의해 덜 익은 과일이 빨리 익는다. 그리고 브라시노스테로이드(brassinosteroid)는 어린 종자, 줄기와 잎에서 생성되며, 세포분열과 신장을 촉진하고 물관의 분화를 촉진한다. 앱시스산(abscisic acid)은 잎에서 생성되어 생장 억제와 휴면 촉진 등의 환경스트레스반응을 촉진하며, 수분스트레스 식물에서는 기공 폐쇄를 촉진한다. 자스몬산(Jasmonic acid)은 뿌리, 종자 등에서 생성되며, 단백질분해효소(protease) 억제 전사를 촉진하고 영양소 결핍 반응에도 관여하는 것으로 알려져 있다.

이러한 호르몬들 외에도 올리고당은 곰팡이나 균의 침입을 받을 때 항생제 역할을 하는 파이토알렉신(phytoalexin)의 합성을 촉진하고 생장조절 기능을 담당한다. 상처조직에서 생성되며 방어기작에 관여하는 시스티민(systemin)과 살리실산(salicylic acid)도 있다. 시스티민은 식물펩티드호르몬으로 곤충에 의해 피해를 받았을 때 전신획득형질을 활성화시키고 자스몬산 생성을 증가시켜 방어작용을 하고, 살리실산은 병원성 관련 단백질 합성과 그 밖의 방어기작에 관여한다.

식물도 운동을 한다?

식물은 한 자리에서 움직이지 않고 있는 것 같아도 실제로는 빛, 중력, 접촉 등의 자극에 의해 느리게 운동하고 있는 셈이다. 식물은 자극으로 향하는 방향(향지성, positive tropism), 혹은 자극에서 멀어지는 방향(배지성, negative tropism)으로 구부리거나 방향을 바꿀 수 있다. 식물이 여러 가지 외부 조건에 반응하는 움직임을 굴성(tropism)이라 하며, 가장 흔한 세 가지 요소로 중력(gravity), 햇빛(sunlight), 접촉(touch)이 있다.

중력굴성(gravitropism)으로 알려져 있는 굴지성(geotropism)은 지구의 중력에 대한 식물의 반응이다. 씨앗이 자라기 시작할 때, 뿌리는 중력 방향으로 아래로 자라는 반면에, 줄기는 중력과 반대로 위쪽으로 자란다. 뿌리 끝의 근관(root cap)에 있는 평형포(statocytes)라 불리는 특별한 세포들이 중력을 감지할 수 있다. 이 세포에는 중력을 인지하는 녹말체의 특정한 형태인 평형석(statoliths)이 세포의 아래쪽을 향하여 가라앉아 있다. 이 평형포의 평형석 위치에 따라 아래로 향할지, 위로 향할지를 결정한다. 이러한 특수한 세포들은 나머지 뿌리세포에게 신호를 전달하여 뿌리가 중력의 방향으로 자라게 한다. 이와 유사한 구조가 줄기에서도 나타나는데, 그 반응은 정반대이다. 즉 줄기는 중력의 힘에서 멀리 떨어진 토양 표면의 위쪽을 향해 생장한다.

굴광성(phototropism)은 빛에 대한 식물의 반응이다. 우리는 창문 가까이에 둔 실내 화초의 줄기나 잎이 창 쪽을 향해 있는 것을 종종 본다. 만약 그 식물을 돌려 놓으면 수 시간 내에 그 식물은 다시 창 쪽으로 구부러질 것이다. 그러한 식물생장의 원인은 옥신(auxin)이라 불리는 호르몬 때문이다. 호르몬은 빛이 한 방향에서만 오는 경우 식물체에 고르게 퍼지지 않아 어두운 쪽에서 더 빠르게 자라도록 한다. 이러한 생장률의 차이가 식물이 빛이 비치는 방향으로 향하는 원인이다.

나팔꽃과 스위트피(sweet peas) 같은 많은 덩굴식물들은 접촉에 반응하여 굴촉성(thigmotropism)을 보여준다. 이러한 식물들은 물체를 이용하여 식물을 지지시키고, 기어오르게 하는 덩굴손(tendril)을 갖고 있다. 덩굴손은 펜스의 기둥이나 유사한 물체에 닿으면 옥신을 만들어 그 물체가 닿지 않은 다른 세포로 전달한다. 그러면 이 세포들은 접촉한 세포보다 더 빨리 자라 그

6. 미모사 잎 운동(펴진 잎)
7. 미모사 잎 운동(접은 잎)
8. 미모사 꽃과 잎자루의 엽침

6

7

8

물체 주위를 휘감는다. 이에 반해 많은 뿌리들은 반작용 굴촉성(negative thigmotropism)의 형태를 나타낸다. 뿌리는 굴촉성과 유사한 과정을 통해 그들이 토양에서 접촉하는 물체로부터 먼 쪽으로 자란다.

미모사 잎은 비를 맞거나 손으로 살짝 건드리면 빠른 시간 내에 잎이 갑자기 접히고 잎자루가 아래로 처지는데, 이것은 접촉이라는 자극에 의해 잎자루와 잎의 기부에 있는 엽침(pulvinus)의 팽압이 갑자기 달라지는 팽압운동에 의한 것이다. 즉, 열이나 빛 등의 자극으로 엽침의 아래쪽과 위쪽에 있는 세포의 팽압(tugor pressure)이 달라짐에 따라 잎이 열리거나 접힌다. 식물 잎의 뒷면에 있는 기공이 열리고 닫히는 것도 팽압운동에 의한 것이다.

4. 식물의 방어기작

식물은 동물에게 먹히다 보니 나름대로 살기 위한 방어 장치를 가진다. 일반적으로 식물의 털은 동물에게 먹히지 않게 하는 방어기작의 하나이다. 특히 쐐기풀은 화학물질이 들어 있는 털로 동물을 방어한다. 산행을 하다가 갑자기 손이 따끔따끔할 때가 있다. 이는 주사바늘 모양의 털 끝이 꼬부라져 날카로운 끝이 포름산을 살 속으로 넣기 때문이다. 찔레꽃과 해당화, 탱자나무, 아카시나무, 두릅나무, 음나무, 선인장의 가시도 털과 마찬가지로 동물을 방어하는 기작의 하나이다. 이러한 가시는 표피, 잎, 턱잎, 줄기 등이 변해서 된다. 예를 들어 두릅나무는 표피가 변한 피침을, 선인장은 잎이 가시처럼 변한 엽침, 아카시나무는 턱잎이 변한 엽침, 탱자나무는 줄기가 변한 경침을 갖고 있다. 식물의 가시로 가장 무서운 것은 호주에 분포하는 나래새속에 속하는 종(*Stipa setacea* R. Br.)이다. 이 식물은 코르크스크루 스피어 그래스(corkscrew speargrass)로 불릴 만큼 이삭 끝이 날카로운 창끝 모양처럼 생겨 양의 털과 피부를 뚫을 수 있다. 동물의 살에 박힌 구부러진 털을 제거하는 것은 거의 불가능하고, 극심한 고통에 시달리는 동물이 근육을 움직일수록 열매는 점점 더 깊이 박힌다. 심지어 이 종의 이삭이 죽은 양의 심장 근육에서 발견된 적도 있다고 한다.

가끔 산에서 몸에 좋은 식물인 줄 알고 먹었다가 응급실로 실려간 사람들의 뉴스가 보도된다. 식물이 동물을 방어하기 위해 만든 독성식물을 먹은 탓이다. 실제로 가지과의 미치광이풀은 이름 그대로 먹으면 발작을 할 정도로 독성이 강하다. 가지과의 독말풀도 독성이 강한 식물로 주성분은 히요스시아민(Hyoscyamin)이고 아트로핀(Atropin)도 소량 함유하고 있다. 또한 사극에서 흔히 나오는 사약의 원료 중에는 미나리아재비과에 속하는 초오속 식물의 뿌리를 말린 부자(附子)가 있는데 이 식물에는 아코니틴(aconitine)이라는 독성물질이 들어 있다. 이러한 식물의 독성물질은 식물이 동물을 방어하기 위해 만들어낸 2차 대사산물이다. 알칼로이드(alkaloids), 테르펜류(terpenoids), 페놀류(phenolics), 지방산, 아미노산, 펩티드 등이 방어작용을 하는 2차 대사산물이다. 그러나 극과 극은 통한다고 이들 식물의 화합물들은 동물에게 독이 되는 한편 질병 치료에도 쓰이는데, 약재로 이용할 때는 용량을 엄수해야 한다. 이렇듯 식물은 동물로부터 방어하기 위한 생존 전략으로 구조 및 물리화학적 방어기작을 진화시켜왔다. 약용으로 쓰이는 식물에 대해서는 13장에서 자세히 언급할 것이다.

5. 식물의 생존 전략

식물은 수동적으로 보이지만 실제로는 상당히 적극적인 자세로 환경에 적응하여 살아간다고 할 수도 있다. 다음의 몇 가지 예에서 연약해 보이는 작은 식물들이 얼마나 다양한 형태로 지혜롭게 살아가는지를 살펴보고자 한다.

바지런둥이, 작은 풀꽃

이른 봄 숲이 잘 보존된 광릉, 광덕산, 태백산이나 점봉산 등에 가면 너도바람꽃, 꿩의바람꽃, 홀아비바람꽃, 모데미풀, 앉은부채, 노루귀, 얼레지, 현호색, 제비꽃, 산자고 등 수없이 많은 풀꽃들이 아름다운 색의 조화를 이루면서 천혜의 꽃밭을 이룬다. 이 초본식물들은 낙엽활엽수인 서나무, 참나무, 단풍나무 같은 나무들 밑에 살며 나무들이 잎을 내기 전에 일찍 싹을 틔우고 꽃을 피워 열매를 맺는다. 주변에 있는 나무들의 잎이 무성해지면 햇빛을 충분히 받을 수 없게 될 뿐 아니라 물이나 양분도 큰 나무들에게 빼앗겨 자기의 생활사를 무사히 끝내기 어렵기 때문이다. 이는 사람 사회에서의 경쟁과 마찬가지로 큰키나무들과의 경쟁을 피해 부지런을 떨어서 먼저 꽃을 피우고 열매를 맺어 종족을 보존하기 위한 방법이다. 즉, 생존의 지혜를 터득하고 유리한 생육 시기를 택하여 적응해서 살아온 연약하디 연약한 작은 풀꽃들의 진화의 결과라고 할 수 있다.

연약한 풀꽃의 생존과 번식 전략

식물들은 땅 위에서 빛을 받고 추위를 견디는 데 적응할 뿐 아니라 땅속에서도 살아남기 위한 형태적 특징을 갖기도 한다. 얼레지, 현호색, 꿩의바람꽃이나 변산바람꽃의 경우 줄기가 연약하여 채집할 때 자칫 잘못하면 끊어져서 땅속의 인경, 괴경이나 지하경을 놓치기 십상이라 온전한 표본을 만들기가 어렵다. 식물의 입장에서는 설령 식물체의 윗부분이 끊기더라도 영

9. 얼레지(인경)
10. 얼레지(열매속 종자의 지방체)
11. 너도바람꽃(골돌)

12. 민들레(로제트형) 잎
13. 우산나물(털)

양분이 저장된 중요한 부분을 땅속에 남겨 다음 해에 살아남기 위한 생존 전략의 한 방편이다. 뿐만 아니라 이들 식물은 비록 스스로 이동할 수는 없으나 종 보존을 위하여 종자를 가능한 멀리, 그리고 많이 퍼뜨리기 위한 나름대로의 전략을 갖고 있다. 얼레지는 제비꽃과 마찬가지로 종자에 지방체(elaiosome, 종침)를 갖고 있어서 개미 같은 동물들의 이동 거리만큼 종자를 멀리 산포시킨다. 모데미풀, 너도바람꽃, 동의나물 같은 식물들은 빗물이 벌어진 열매(골돌)에 떨어지는 힘으로 종자를 산포시킨다. 이렇듯 이른 봄에 피는 풀꽃들은 작고 연약해 보이지만 실은 매우 사려 깊게 자기에게 맞는 저마다의 생존 전략으로 무장하여 이른 봄을 아름답게 장식하고 있다.

빛을 받기 위한 식물의 형태적 전략

냉이, 꽃다지, 민들레와 처녀치마 같은 식물들은 뿌리에서 나는 잎의 마디 사이가 매우 짧고, 뿌리에서 나는 잎(근출엽)들이 아래의 잎과 그 위의 잎이 겹치지 않고 엇갈리게 동심원을 이루며 지표면에 펼쳐져 있다. 이 모양이 장미꽃조각 같다 하여 로제트(rosette)형이라고 하며, 이 또한 잎을 지표면에 방석을 깔듯 펼쳐 놓음으로써 지열과 태양열을 모아 추위를 견딜 뿐 아니라 모든 잎이 햇빛을 잘 받아 광합성을 하게 하기 위한 생존 전략이다.

눈 속에서 피는 풀꽃

대부분의 식물들이 어릴 때는 털이 많거나 있다가 생장 후에는 점차 털이 적어지거나 없어진다. 식물의 털은 표피세포가 변형된 것으로 모용(trichome)이라고 하며, 식물세포를 얼지 않게 단열시키고, 바람과 열로부터 보호함으로써 증발을 감소시킨다. 또한 식물의 털은 많은 경우 초식 곤충에게 먹히지 않게 보호하는 역할을 한다. 냉이, 꽃다지, 봄맞이꽃, 노루귀와 할미꽃 같이 이른 봄에 피는 식물에는 유난히 털이 많다. 우산나물처럼 이른 봄에는 잎에 털이 많다가 자라면서 점차 적어지거나 없어지는 식물들도 있다. 이러한 털은 식물세포가 얼지 않게 바람과 열로부터 보호하는 단열 기능을 한다.

눈이 채 녹기도 전에 피는 복수초는 향일성(heliotropism)의 특성을 가져서 햇빛을 흡수하여 조직의 온도를 높일 수 있다. 이러한 특성은 추운 환경에서 성장과 생존을 좋게 할 뿐 아니라 생식을 위한 수분매개체를 유인하여 씨를 잘 맺게 한다. 한편 앉은부채(*Symplocarpus nippponicus* Makino)처럼 스스로 열을 발산하는(exothermic) 식물도 있다. 많은 꽃이 달린 앉은부채의 육수화서(spadix)는 스스로 열을 내어 주위의 눈을 녹이는 데다가 바람막이처럼 육수화서를 둘러싸는 불염포(spathe)를 갖고 있어서 그 안쪽의 온도를 유지한다. 앉은부채는 꽃을 피울 때 고기 썩는 불쾌한 냄새를 풍겨서 영어로는 스컹크 캐비지(skunk cabbage)라고 한다. 이는 단순히 열을 내어 추위를 이기기 위한 것이 아니라 결국은 종 보존을 위해 파리 등 수분매개체인 곤충을 유인하기 위함이다.

낙엽의 지혜

잃는 것이 있으면 얻는 것이 있듯이 낙엽이 지는 것은 나무에게 손해인 것 같아도 이점이 있다. 뿌리에서 물을 흡수하기 어려운 계절이 되면 낙엽이 짐으로써 잎에서 증산작용이 일어나지 않아 나무가 마르지 않는다. 또한 떨어진 낙엽은 식물의 뿌리가 얼지 않게 하는 이불 같은 보온 역할을 하며, 분해되면 거름이 되기도 한다. 뿐만 아니라 우리들이 재활용 물건을 모으듯이 나무도 낙엽을 떨어뜨리기 전에 죽어가는 잎에서 질소(N), 인(P), 칼륨(K) 등의 가용성 물질들을 모아 줄기의 유조직에 저장했다가 다음 해에 잎을 낼 때 다시 사용하고, 불필요한 나머지를 체외로 배출한다. 실제로 낙엽에는 질소(N), 인(P), 칼륨(K) 등이 적게 들어 있는 반면, 칼슘(Ca), 마그네슘(Mg)과 규소(Si) 등 불용성 물질은 많이 축적되어 남아 있다. 우리가 물건을 오래 쓰기 위해 부속품을 새것으로 교체하듯이, 오래된 잎을 낙엽으로 떨구고 다음 해에 새로운 잎을 내는 것은 나무가 장수할 수 있는 지혜로운 전략의 하나인 듯하다.

낙엽은 주로 생육조건이 급격하게 변동되는 가을에 떨어지지만, 많은 경우 낙엽이 지는 시기는 일장(日長)에 의하여 결정된다. 즉, 낮의 길이가 길면 낙엽이 늦게 지고 낮의 길이가 짧으면 낙엽이 빨리 진다. 가로수로 심어진 은행나무 등도 가로등이 비춰지는 쪽이 비춰지지 않는 쪽에 비해 낙엽이 늦게 진다. 또한 온도도 낙엽에 영향을 미치는데, 떡갈나무의 일종은 가을이 되어 낮의 길이가 짧아지면 자연 상태의 온도에서는 낙엽이 지지만, 온실에서 기르면 낙엽이 지지 않는다. 또한 건조지의 식물을 습한 장소로 옮겼을 때나 그 반대의 경우에도 낙엽이 지기 쉽다. 강한 빛 아래서 자란 나무가 약한 빛 아래로 옮겨졌을 때에도 마찬가지이다. 당 이외에 질소, 칼륨, 마그네슘, 황과, 아연 등의 결핍, 노숙(老熟), 병충해에 의해 손상된 잎도 낙엽을 유도하며, 에틸렌 등의 가스도 낙엽을 촉진시킨다.

일반적으로 낙엽활엽수에서 나타나는 낙엽현상은 상록수에서도 일어나는데 흔히 새 잎이 나오는 시기에 낙엽이 지기 쉽다. 열대에서는 연중 계속 낙엽이 떨어지는 종류와 주기적으로 낙엽이 떨어지는 종류가 있으며, 낙엽이 질 때에는 잎이 황색 또는 적색을 띠는 경우가 많다.

구상나무의 겨울나기

추운 곳에서 살아온 사람과 더운 곳에서 살아온 사람은 추위를 느끼는 정도가 크게 다르다. 구상나무는 원래 추운 곳에 자라는 식물로 한라산, 지리산, 덕유산 등 해발이 높은 서늘한 곳에 잘 자란다. 그래도 기온이 떨어지면 낙엽활엽수들이 매년 가을 잎을 떨구어 겨울을 준비하듯이, 구상나무도 다른 상록수들처럼 나름대로 추운 겨울을 버텨낼 준비를 한다. 구상나무의 바늘잎 표면은 왁스로 덮여 있으며, 겨울이 되면 바늘잎의 세포 안에 아미노산과 당분 등 여러 물질이 많아져 세포질의 용질농도가 높아지고 그 결과 빙점이 낮아져 세포가 얼지 않게 함으로써 추위를 견딘다. 그리고 봄이 오면 오래된 바늘잎을 떨구고 새로 바늘잎이 난다.

겨울잠 자는 겨울눈

외부 형태적으로 낙엽수는 비늘이나 털로 덮인 겨울눈(동아, winter bud)으로 살아가기 위한 전략을 세운다. 겨울눈이란 늦여름부터 가을에 걸쳐 생겨 겨울을 넘기고 그 이듬해 봄에 자라는 싹이다. 겨울눈 속에는 잎이나 꽃이 될 것이 들어 있고 그 겉을 비늘잎이 여러 겹으로 기왓장처럼 싸고 있어 속을 보호한다. 또는 식물의 종류에 따라 겨울눈은 백목련처럼 비늘잎에 솜털로 덮여 있거나, 치자나무와 같이 밀랍이 있거나, 또는 소나무처럼 끈끈한 진액으로 싸여 있다. 그러나 상록수는 비늘조각과 털 같은 것에 싸여 있지 않은 눈(나아, naked bud)을 갖는다.

14. 백목련의 겨울눈

겨울눈은 줄기에 붙는 위치에 따라 끝눈(정아, terminal bud), 곁눈(측아, lateral bud 또는 겨드랑이눈(액아, axillary bud)), 그리고 정아와 측아가 생기는 이외의 부위에서 생기는 막눈(부정아, adventitious bud)으로 구분된다. 또한 어떤 기관으로 발달하느냐에 따라 잎으로 발달하는 잎눈(leaf bud), 꽃으로 발달하는 꽃눈(flower bud), 잎과 꽃 모두를 발달시키는 혼합눈(mixed bud)으로 구분된다.

추운 겨울 동안 곰이나 개구리가 겨울잠을 자듯이 나무의 겨울눈도 얼마 동안 싹트지 않은 채 겨울잠을 잔다. 이를 휴면이라 하며, 그 기간은 나무마다 다르다. 가을에서 겨울로 접어들면서 날씨가 추워지면 나무의 세포들은 물을 밖으로 내보내고 당분을 많이 만들어 휴면하는 동안 겨울눈의 세포 속 물이 얼지 않도록 한다. 봄이 되어 날씨가 따뜻해지면 물이 세포 속으로 들어가서 겨울눈이 싹을 틔운다.

6. 식물의 영양분 확보 전략

기생식물

광합성을 전혀 하지 않거나 부분적으로 하면서 살아 있는 다른 식물에 기생하여 양분을 흡수하는 식물을 기생식물(parasite)이라고 한다. 기생식물은 영양분의 의존 정도에 따라 광합성을 전혀 하지 않는 완전기생식물과 광합성을 하면서 기생을 하는 반기생식물로 구분된다. 완전기생식물에는 새삼, 야고, 초종용, 오리나무더부살이, 산호란 등이 있고 반기생식물에는 겨우살이, 참나무겨우살이, 동백나무겨우살이, 꽃며느리밥풀 등이 있다. 기생식물은 일반적인 육상식물과 달리 뿌리가 없거나 스스로 뿌리를 없애버렸기 때문에 정상적인 뿌리대신 흡기(haustoria)를 숙주식물에 붙여 수분이나 영양분을 흡수한다. 흡기가 숙주식물의 어디에 붙느냐에 따라 줄기나 잎에 붙으면 '줄기-기생 식물', 뿌리에 붙으면 '뿌리-기생 식물'로 나뉜다. 줄기 기생식

15. 새삼
16. 야고
17. 겨우살이
18. 꽃며느리밥풀

15

16

17

18

물에는 새삼, 실새삼, 뿌리기생식물에는 야고, 초종용, 오리나무더부살이, 산호란 등이 있다.

라플레시아(*Rafflesia*)는 동남아시아의 섬과 말레이 반도 등에 분포하는 라플레시아과에 속하는 기생 식물이다. 줄기, 잎, 심지어 뿌리도 제대로 갖지 않은 상태에서 덩굴식물의 줄기에 얇은 조직을 침투시켜 영양분을 흡수하며 성장한다. 라플레시아는 꽃의 직경이 1미터까지 자라며 무게도 10킬로그램 내외로 꽃의 크기와 무게 면에서는 세계에서 가장 크다고 할 수 있다. 이 꽃은 개화할 때 지독한 냄새를 풍겨 파리나 딱정벌레 등 암모니아 향을 좋아하는 벌레들을 유혹한다. 거의 모든 꽃은 암수로 구분되어 있지만 간혹 양성을 지닌 꽃도 발견된다. 씨는 나무두더쥐나 기타 동물에 의해 과육이 먹혀 퍼져나가는 것으로 추정된다.

부생식물

살아 있는 식물에 기생하는 기생식물과 달리 부생식물(사물기생식물, saprophyte)은 죽은 동물이나 곤충의 사체나 배설물들을 분해하거나 분해되어 생성된 유기물을 흡수하여 양분을 얻는다. 수정난풀, 구상난풀, 한라천

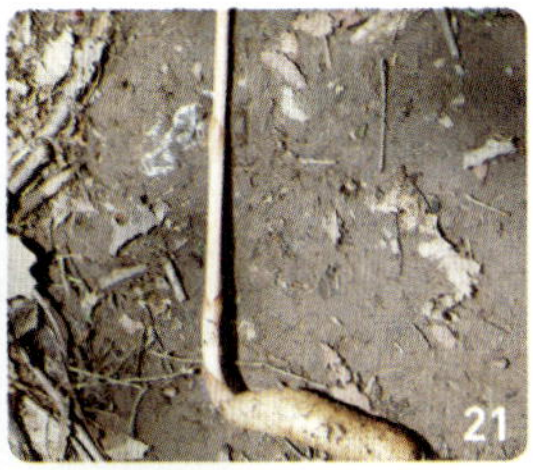

19. 수정난풀
20. 구상난풀
21. 천마
22. 한라천마
23. 무엽란

24. 석곡
25. 지네발란
26. 제주난초
27. 브로멜리아드

마, 애기천마, 무엽란, 천마, 버어먼초 같은 부생식물은 광합성을 하지 않고 동물의 사체에서 양분을 흡수하며, 생태계에서 분해자 역할을 함으로써 물질 순환의 한 부분을 담당하고 있다.

착생식물

동남아의 열대우림에서는 찾기 위해 땅이 아닌 나무꼭대기를 쳐다봐야 한다. 동남아처럼 온도가 높고 습기가 많은 지대에는 착생란이 많기 때문이다. 석곡이나 일엽초처럼 다른 식물에 붙어 살면서 숙주식물의 영양분이나 수분을 빼앗지 않는 식물을 착생식물(epiphyte)이라고 한다. 주로 난초과, 스페인이끼(spanish moss)와 브로멜리아 같은 파인애플과(Bromeliaceae), 양치식물, 선태식물 및 지의류에 많다. 우리나라의 착생란으로는 석곡, 콩짜개란, 혹난초, 지네발란, 차걸이란, 풍란, 나도풍란, 제주난초(비자란), 금산자주난초 등이 있다. 착생식물은 주로 열대우림에 3만여 종이 자란다. 키가 큰 나무들이 서로 경쟁하여 높이 자라기 때문에 나무들 수관에 가려 햇빛을 보기 어려운 곳에서 살아남기 위한 생존방법이다. 착생식물 중 난초과 식물들은 빗물이나 수증기 또는 여기에 녹아 있는 영양염류를 흡수하는 근피(벨라민, velamin)라는 다층표피를 갖고 있어 대기 중에서 수분을 흡수하여 수분을 보유한다. 잎에 수분을 흡수하거나 배출하는 조직이 발달한 것도 있고, 잎의 표피에 왁스층이 덮여 있어서 수분 손실을 줄일 수 있다. 파인애플과의 브로멜리아드, 아크메아(*Aechmea*)와 같은 식물들은 단단한 잎들이 모여 나서 작은 수반 같은 물탱크를 만들어 수분을 저장하기도 한다. 착생식물들은 흔히 화려한 색의 포나 꽃을 만들거나 곤충의 페로몬 냄새 같은 향기로 수분매개체를 유혹한다. 어린 싹이 날 때까지 종자를 나무에 잘 고정시킬 수 있도록 끈끈한 물질로 씨를 덮어 싸기도 한다.

7. 서식지별 식물의 특징

오래 전 더운 여름 한 미국인 친구는 사막에 자라는 크레졸나무(Larrea tridentata)를 보여주겠다며 필자를 모하비 사막으로 데려갔다. 식물을 보며 설명을 듣는 짧은 시간조차 뜨거운 태양과 더운 바람을 도저히 견딜 수가 없었다. 그러나 잠시도 견디기 힘든 환경 속에서도 일부 식물들은 지혜롭게 적응하여 살고 있다. 이 장에서는 특정 서식처에 사는 식물들의 종류와 특징을 살펴보고자 한다.

수생식물

식물은 육지뿐 아니라 물에도 적응하여 살고 있다. 식물체가 물속 토양에 뿌리를 박고 사는지 또는 물에 떠서 사는지, 줄기와 잎이 물에서 어떤 상태로 사는지에 따라 수생식물은 크게 네 부류로 나뉜다. 첫째는 부레옥잠, 개구리밥, 생이가래처럼 식물체가 완전히 물 표면에 떠서 사는 부유식물(free-floating plant)이다. 둘째는 마름, 수련, 가래, 순채, 어리연꽃, 좀어리연꽃, 왜개연꽃, 가시연꽃 같이 강가나 물의 흐름이 느린 곳에 살며 줄기 일부와 뿌리는 물속 흙에 뿌리를 박고 잎과 생식기관은 수면에 뜨거나 수면 위로 올라와 있는 부엽식물(floating-leaved plant)이다. 셋째는 갈대, 줄풀, 꽃창포, 흑삼릉, 부들, 네가래, 물옥잠 같이 물속의 땅에 뿌리를 뻗고 줄기의 일부나

28. 부레옥잠의 조직단면
29. 부레옥잠의 잎자루

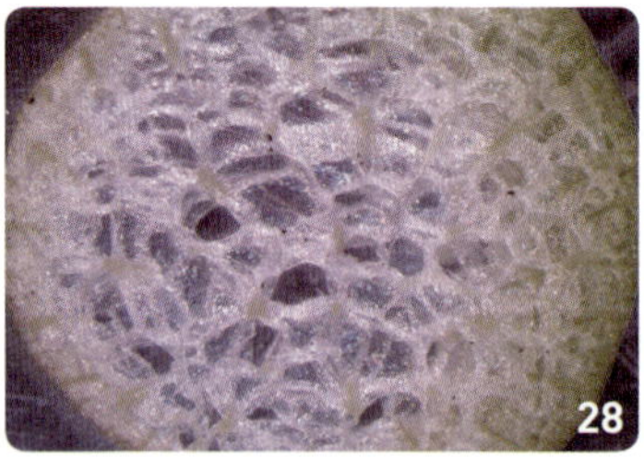

대부분이 수면 위나 수면 바로 밑에 잠겨 있는 정수(삽수)식물(emergent plant)이다. 그리고 넷째로 물질경이, 물수세미와 매화마름 같이 식물체 전체가 물속에 잠겨서 고착하여 사는 침수식물(submerged plant)이 있다.

서식 방식과 형태적 생김새는 다르지만 이들 수생식물은 공통된 특징을 갖는다. 이들이 물에 잘 뜨는 이유는 잎이나 잎자루에 공기주머니를 갖고 있기 때문이다. 즉, 자라풀의 잎 뒷면에는 자라등 무늬 모양의 공기주머니가 있고, 부레옥잠의 잎자루에는 물고기 부레처럼 공기가 들어 있는 스펀지 형태의 통기조직이 있다. 그리고 육상식물과 달리 수생식물의 줄기와 뿌리에는 엽육조직(mesophyll)이 적고 공기가 이동할 수 있는 통로인 통기조직(aerenchyma)이 잘 발달되어 있어 식물체가 물속에서 썩지 않고 살 수 있다. 수생식물의 또 다른 특징은 매화마름이나 생이가래처럼 물 위의 잎과 달리 물속에 있는 잎이 뿌리 모양으로 잘게 갈라진 것인데, 이는 물의 흐름의 저항을 덜 받기 위한 적응 형태이다.

염생식물

시원한 바닷가는 바라보기에는 좋으나 바람, 바닷물과 해무, 강한 햇빛, 침수, 염분 섞인 지하수 등으로 식물이 살기에 좋은 환경은 아니다. 바닷가에 사는 염생식물(halophyte)은 분포가 제한적이며 종수도 적은 편인데 우리나라에서는 약 40종이 알려져 있으며, 섬의 해안가, 갯벌, 해안사구, 기수지역, 간척지 및 염전 근처 등에 분포한다. 식물 이름에 주로 "갯"자가 들어 있

30. 갯메꽃
31. 갯까치수영
32. 갯강아지풀
33. 가는갯능쟁이 잎의 염분
34. 갯잔디
35. 순비기나무
36. 망그로브 뿌리

고 각각의 서식지에 따라 분포하는 종들의 특징이 있다. 토양수분함량이 적은 해안사구에는 좀보리사초, 갯메꽃, 갯씀바귀, 갯까치수영, 갯쇠보리, 갯그령, 갯강아지풀 및 순비기나무 등이 분포한다. 지하수위가 매우 낮은 서식지에 살고 있는 이들 사구 식물들은 수분을 흡수하기 위하여 뿌리를 깊이 내리거나 땅속줄기가 옆으로 뻗으면서 실뿌리를 깊이 내리는 경우가 많다. 또 바닷가의 바위가 많은 곳에 사는 식물들은 바람에 견디기 위해 대부분 바위틈에 뿌리를 내며, 키가 작고 옆으로 누워서 자라거나 바닥을 긴다. 잎은 비교적 두껍고 표면은 큐틴질이 발달하여 강한 햇빛을 차단하고 증산작용을 억제하며 바람에 날리는 염분이 잎으로 침투하지 못하게 하여 조직을 보호하는 역할을 한다. 한편 식물체내의 염분을 해결할 수 있는 형태적 및 생리적 적응기작이 필요하다. 예를 들어 명아주과에 속하는 퉁퉁마디를 비롯한 수송나물, 나문재, 칠면초와 해홍나물 등은 몸속에 염분이 쌓여 농도가 높아져서 삼투현상에 의해 주위의 물을 빨아올리므로 잎이 통통하다. 특히 퉁퉁마디는 이름 그대로 통통한 마디처럼 생겼으며 '짤 함(鹹)'자를 붙여 함초라고도 한다.

그리고 가는갯능쟁이의 잎 표면에는 하얀 소금덩어리가 묻어 있는데 이는 식물체내에 쌓인 염분이 배출하는 특수한 분비조직인 염선(salt gland)에 저장되었다가 밖으로 배출된 것이다. 또한 갈대, 천일사초, 갯잔디, 모새달은 에너지를 써서 식물 체내로 들어오는 염분을 차단한다. 뿐만 아니라 열대지방의 바닷가에서 흔히 보는 망그로브숲은 라이조포라(*Rhizophora*)와 아비세니아(*Avicennia*) 같은 염생식물들의 뿌리와 가지들이 복잡하게 얽혀있다. 라이조포라는 뿌리에서 흡수한 염분을 능동적으로 배출한다. 아비세니아의 뿌리는 기근(pneumatophore)이 수면 위로 나와서 뿌리 호흡을 돕는다.

지구온난화와 환경파괴로 인해 토양환경에 변화가 나타나면서 외국에서는 염생식물을 중요한 생물자원으로 인식하여 그 특이한 생리 기작을 다각도로 활용하려는 연구가 활발하다. 우리나라에서는 각종 개발로 인해 바닷가나 기수지역 및 섬의 환경이 파괴되면서 염생식물의 자생지가 대규모로 소실되었다. 이러한 염생식물은 바닷가 생태계의 중요 종으로 보전가치가 있을 뿐 아니라 경제적 잠재성을 위해서도 중요하다. 최근에는 퉁퉁마디(함초)를 이용한 함초소금이 생산되어 판매되고 있다.

고산식물

산림한계고도를 기준으로 더 높은 지역의 기후를 고산 기후(高山氣候), 산림한계고도보다 낮은 지역의 기후는 산악 기후라고 한다. 고산 기후 지역에서는 고산대의 다양한 지형, 토양요인, 기층의 불안정성, 극도로 짧은 생육기간, 많은 적설량, 넓은 일사량의 변화와 온도교차 등 평지와 다른 점이 많다. 즉, 기온이 낮고, 일교차가 크며, 강수량이 적고 토양의 수분함량도 낮으며 바람이 강하고 산소가 부족하기 쉽다. 따라서 식물학적으로는 삼림한계선보다 위의 고산대(alpine zone)에 살고 있는 작은 관목이나 풀, 사초 등을 고산식물이라고 한다. 한반도 중부이남에는 2,000미터가 넘는 산이 없으므로 엄밀히 말해 고산식물은 없는 셈이다.

고산식물은 추위에 잘 견디며, 봄이 늦게 오고 가을이 일찍 오므로 생육

37. 암매
38. 시로미
39. 담자리꽃

기간이 석 달 남짓 정도로 매우 짧다. 그래서 고산 식물은 급속생장을 위해 물질을 저장하는 근계가 발달하고, 뿌리가 깊다. 줄기의 마디 사이가 짧고 땅에 가까이 자라며, 잎과 줄기에 털이 밀생하며 잎은 작고 두꺼우며 로제트형이 많다. 꽃은 식물체에 비해서 대형이고 대개 색이 선명하며 무성생식을 많이 한다. 고산식물의 엽록소의 총량은 적지 않으나 클로로필 a와 b의 비율이 5~7 : 1로 평지식물에서의 값(보통 3 : 1)에 비해 클로로필 a가 b보다 훨씬 높은 값을 갖는다.

한라산은 2,000미터 이하이므로 고산식물대는 아니지만 과거 빙하기의 한랭기후가 지배할 때 많은 한지식물이 한라산까지 남하했다가 기후가 온난해지면서 고산에 이주 격리되어 남아있는 것으로 추정된다. 한라산에는 암매, 솜다리, 눈향나무, 제주달구지풀, 흰땃딸기, 두메대극, 산진달래, 들쭉나무, 설앵초, 금방망이, 산솜방망이, 게박쥐나물, 한라꽃창포, 시로미, 흰그늘용담, 손바닥난초 등의 북방계식물이 있다. 한편 백두산에는 두메양귀비, 담자리꽃나무, 좀참꽃나무, 개들쭉나무, 두메자운, 쑥국화, 애기월귤 등이 있다.

식충식물

식물에게 필요한 영양소인 질소나 인 같은 무기물질이 부족한 곳에 사는 식물들은 영양분을 섭취하기 위해 곤충을 잡아먹는다. 이렇듯 동물을 잡아먹는 식물을 식충식물(insectivorous plants)이라고 한다. 식충식물은 일반 식물과 마찬가지로 엽록소로 광합성을 하여 양분을 만들기도 하지만, 한편으로는 특별한 기관을 가지고 곤충 등의 작은 동물을 잡아 소화시켜서 양분의 일부를 얻는다. 식충식물은 포충낭, 개폐하는 포충엽, 그리고 점액을 분비하는 선모를 이용해 동물을 잡는다. 이 중 우리나라에서 점액을 분비하는 선모가 있는 식충식물로는 끈끈이주걱, 끈끈이귀개, 벌레잡이제비꽃 등이 있다. 끈끈이주걱의 잎에는 벌레를 잡아 소화시키는 두 종류의 털, 즉 끈끈한 점액을 분비하는 긴 털과 소화효소를 분비하여 잡힌 동물을 소화시키는 짧은 털이 있다. 통발 모양의 포충낭(벌레잡이 주머니)을 가진 식충식물로는 통발, 개통발, 들통발, 이삭귀개, 땅귀개, 자주땅귀개 등이 있다.

동남아와 같은 열대지방에 사는 네펜테스(*Nepenthes*, 벌레잡이통풀)는 잎 끝이 덩굴손으로 길어지다가 길쭉한 단지 모양의 포충낭과 빗물막이 덮개가 있어 포충낭 입구에 냄새나는 액체를 분비하여 벌레를 유인하여 통 속에 빠지게 한다. 포충낭 속에 빠진 곤충은 미끄러운 내벽과 아래쪽을 향해 난 털 때문에 위로 올라오지 못하여 죽는다. 네펜테스는 포충낭에서 분비된 소화효소로 죽은 곤충을 분해하여 양분을 흡수한다. 한편 사라세니아(*Sarracenia*)는 포충낭을 갖고 있으나 유인 물질을 분비하지 않으며, 달링토니아(*Darlingtonia*)는 포충낭 입구에 반투명의 덮개를 갖고 있는 모습이 마치 코브라 같은 모양이다. 그리고 주로 북아메리카의 이끼 낀 습지에는 파리, 나비, 거미 등을 잡아먹는 파리지옥(*Dionaea*, venus fly trap)이 서식한다. 파리지옥은 곤충이 감각모를 건드리면 포충엽을 닫아서 곤충을 잡는데 소

40. 끈끈이주걱
41. 사라세니아
42. 벌레잡이제비꽃

43. 네펜테스
44. 파리지옥

화가 완전하게 될 때까지(7~10일) 포충엽을 닫고 있다. 최근 이러한 식충 식물들은 원예용뿐 아니라 실내의 모기나 파리를 제거하기 위해 이용되기도 한다.

사막식물

선인장이나 선인장처럼 보이는 일부 대극과 식물과 스타펠리아(*Stapelia*) 같은 박주가리과 등의 사막식물들은 수분 손실을 최소화하는 생육형태를 가진다. 즉, 수분을 저장하기 위해 줄기와 잎이 다육화되고, 수분의 손실을 줄이기 위해 잎의 수와 면적을 줄여서 잎이 작거나 가시 모양이다. 수분 증발을 막기 위해 식물체 표면은 두꺼운 큐티클 층으로 싸여 있으며, 햇빛을 반사시켜 온도 상승을 억제하기 위해 잎을 털로 뒤덮기도 하며 흰색을 띄기도 한다. 또한 광합성에 필요한 이산화탄소를 흡수하기 위해 기공을 열더라도 수분 증발을 최소화시키기 위해 기공은 표피 안쪽으로 깊숙이 묻혀 있다. 그러나 이보다 더 적극적으로 수분 손실에 대처하는 식물들은 CAM식물과 C4식물이다. 선인장, 파인애플, 돌나물, 리톱스(*Lithops*) 등 CAM(Crassulacean acid metabolism, 돌나물형 유기산대사)식물은 밤에 기공을 열어 이산화탄소를 흡수하여 4탄소화합물의 형태로 액포에 저장한다. 그렇게 밤에 고정한 C4화합물을 이용하여 낮에 기공을 닫고 광합성의 암반응을 함으로써 수분 손실을 최소화한다. 또한 사탕수수, 옥수수, 수수 등의 C4식물은 광호흡이 없으며 엽육과 유관속초 세포에서 두 번의 탄소고정을

45. 스타펠리아
46. 리톱스

통해 4탄소화합물을 만들었다가 광합성의 암반응을 하여 수분 손실을 줄인다.

한편 사막식물은 뿌리를 깊이 내려 모래 속 깊은 곳에 있는 물을 이용할 수 있으며, 뿌리의 흡수력이 커서 토양 속의 적은 물도 잘 빨아들일 수 있다. 대부분의 삭과 형태의 열매는 마르면서 열리는 것과 달리 아프리카 남부의 건조한 지역에 서식하는 리톱스류(*Lithops* spp.)와 같은 석류풀과 식물들은 삭과 열매가 젖었을 때 열린다. 즉, 종자가 싹트는 데 필요한 물을 자유로이 이용할 수 있을 때에만 종자를 확실히 산포시키는 전략을 갖는다.

극지식물

남북 양극지방에서 삼림한계보다 고위도의 한대에 생육하는 식물로 왜생관목과 선태식물이 주를 이룬다. 이러한 지역은 비교적 저온이므로 생육기간이 짧고, 성장은 느리며 키가 낮은 초본식물이나 관목이 이끼류, 지의류와 함께 자란다. 식물의 생활형에서 볼 때 고위도 지방으로 갈수록 1년생 식물이 줄어들고, 다년생 식물과 지표식물의 비율이 증가한다.

일반적으로 대부분은 지표 부근 또는 땅속에 월동아를 가지며, 잎이 작고 꽃은 안토시안에 의해 홍색을 띠는 것이 많다. 북극의 식물은 북반구의 아한대(냉온대)나 고산지대의 식물과 공통이며, 관목에는 월귤, 콩버들, 담자리꽃나무 등이 있고, 초본에는 사초과, 벼과 및 바람꽃, 딸기속 등이 많다. 남극에는 남극좀새풀과 남극개미자리가 있으며 아남극식물에는 아

47. 월귤
48. 콩버들

카에나(*Acaena adscendens*, 장미과), 아조렐라(*Azorella selago*, 산형과), 프린글리아(*Pringlea*, 십자화과), 리알리아(*Lyallia kerguelensis*, Montiaceae) 등이 있다.

4장

유전자로 빚어지는 꽃

'꽃은 신의 창조물 가운데 최고의 작품'이라는 말이 있다. 일반적으로 꽃을 위에서 내려다보면 바깥쪽에서부터 각각 꽃받침, 꽃잎, 수술, 암술의 순서로 이루어져 있다. 맨 바깥에 꽃받침이 꽃봉오리를 보호하기 위해 있고, 그 안쪽으로 가장 눈에 띄는 색으로 곤충을 유혹하는 꽃잎이 있다. 꽃잎 안쪽으로는 꽃가루를 만들어 수분과 수정에 관여하는 수술이 있고, 맨 가운데에는 다음 세대를 위해 밑씨를 만드는 암술이 있다. 이렇게 4열을 모두 갖추고 있는 꽃을 완전화(갖춘꽃, perfect flower), 그중 어느 하나라도 없는 꽃을 불완전화(안갖춘꽃, imperfect flower)라고 한다. 불완전화 중 할미꽃처럼 암술과 수술 바깥쪽으로 한 열만 있으면 대개 맨 바깥열을 꽃받침으로 본다.

꽃받침과 꽃잎 안쪽에 암술과 수술이 둘 다 있으면 양성화(bisexual flower)라고 한다. 반면에 꽃받침과 꽃잎 안쪽에 세 번째 열의 수술이 없고 암술만 있으면 암꽃(female flower), 네 번째 열의 암술이 없고 수술만 있으면 수꽃(male flower)이라 하며, 이러한 암꽃과 수꽃을 단성화(unisexual flower)라고 한다.

1. 꽃의 구조와 ABC 모델: 갖춘꽃과 안갖춘꽃

일찍이 괴테는 정원을 산책하다 우연히 이상하게 생긴 장미꽃을 발견한다. 꽃의 중심에는 수술과 암술 대신 줄기가 올라오고 거기에 빨간색 작은 꽃잎과 녹색 작은 잎이 여러 장 붙어 있었다. 이 기형의 꽃을 자세히 관찰한 괴테는 꽃이 결국은 잎의 변형이라는 것을 알게 되었다. 즉 괴테가 본 기형 장미꽃은 잎의 변형이 불완전하여 꽃받침과 꽃잎은 만들어졌으나 수술과 암술은 형성되지 못한 상태였다. 그는 『식물 변태론』(1790)에서 꽃은 잎이 변형된 기관이라고 주장했다.

20세기 후반에 유전학과 분자생물학 연구에 의해 꽃의 구조에 대한 ABC 모델이 발표되었다. 이 모델에 따르면 맨 바깥 열인 꽃받침은 A유전자만 관여하고, 두 번째 열인 꽃잎은 A와 B유전자의 작용으로 생긴다. 세 번째 열인 수술은 B와 C유전자에 의해서, 네 번째 가장 안쪽 열의 암술은 C유전자에 의해서 형성된다. 즉, A유전자가 바깥쪽 두 열에 있고, B유전자는 중간의 두 열에, 그리고 C유전자는 맨 안쪽 두 열에 있다는 것이 밝혀졌다. 예를 들어 돌연변이에 의해 B유전자가 발현되지 않는 경우 꽃은 B유전자가 관여하는 꽃잎과 수술이 없이 꽃받침-꽃받침-암술-암술의 꽃 구조를 갖는다. 실제로 모델식물인 애기장대(*Arabidopsis thaliana* L. Heynh)의 경우 A유전자가 없는 꽃에서는 꽃받침과 꽃잎이 없다. 그리고 B유전자가 결손된 돌연변이체의 꽃에는 꽃잎과 수술이 없고, C유전자가 없으면 수술과 암술이 없게

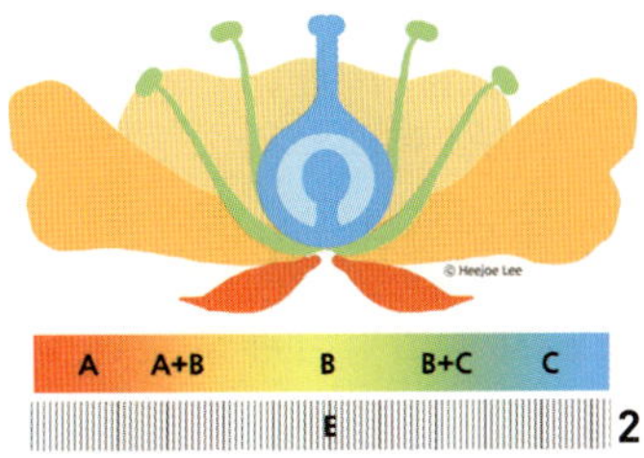

1. 애기장대
2. ABCE 모델

3. 할미꽃

되어 꽃 구조는 유전자에 의해서 결정되는 ABC모델로 설명된다.

이후 E유전자가 발견되었는데, A, B, C유전자가 정상적으로 있어도 E유전자가 없을 경우 정상적인 꽃이 만들어지지 않기 때문에 'ABC 모델'은 'ABCE 모델'로 개정되었다. ABCE 모델은 이들 유전자가 만들어낸 단백질 4분자가 짝을 이루어야만 작용을 할 수 있다 하여 '4분자 모델'이라고도 한다. 즉, 맨 바깥쪽의 꽃받침은 A단백질 2개, E단백질 2개가 복합체를 이루며, 꽃잎은 A단백질 1개, E단백질 1개, B단백질 2개가 복합체를 이룬다. 수술은 C단백질 1개, E단백질 1개, B단백질 2개의 복합체, 암술은 C단백질 2개, E단백질 2개의 복합체에 의해 만들어진다. 이런 패턴은 애기장대 뿐 아니라 금어초, 튤립, 페튜니아, 앵초 등에서도 나타나며, 벼나 옥수수 같은 외떡잎식물의 꽃에서도 존재한다고 밝혀졌다. 자연에서 볼 수 있는 호박꽃과 같은 단성화와 할미꽃, 환삼덩굴 같이 꽃잎이 없는 안갖춘꽃은 특정 유전자가 없거나 발현되지 않은 꽃이다.

2. 홑꽃에서 겹꽃으로

동백꽃과 겹동백꽃, 벚꽃과 겹벚꽃, 황매화와 겹황매화 등에서 볼 수 있듯이 야생종과 기본적 구조는 같으나 수술 대신 꽃잎이 많아 화려해진 겹꽃들은 원예품종으로 재배된다. 이러한 겹꽃에 대한 관심은 기원전 286년 이전에 발간된 테오프라스투스(Theoprastus)의 『식물에 대한 조사(Enquiry into Plans)』에 언급되었을 정도로 오래되었다. 겹꽃은 ABC모델에 의하면 C유전자가 없어서 꽃받침과 꽃잎만 중복되어 발현된 돌연변이체이다. 장미, 카네이션, 다알리아 등의 원예품종은 C유전자가 없는 돌연변이체를 선별 육종

4. 겹황매화
5. 수련 꽃잎과 수술의 변이

한 것이다. 이러한 겹꽃은 수술과 암술이 없어서 대부분 불임성이다. 형태적으로 겹꽃은 수술, 암술 등이 변화하여 꽃잎이 되는 현상(화판화花瓣化, petalody)에 의해 원래의 꽃잎 수가 증가한 것이며, 일반적으로 유전적인 형질에 의한다. 이러한 화판화 현상은 꽃을 구성하는 꽃받침, 꽃잎, 수술, 암술이 상동기관임을 나타낸다. 이러한 현상은 수련의 수술 모양이 점차적으로 달라지는 것에서도 입증된다. 즉, 암술 쪽에 가까이 배열된 수술은 완전한 수술의 형태를 띠지만 꽃잎과 꽃받침 쪽으로 가면서 수술의 수술대 부분이 점점 편평화하여 커지고 결국 꽃밥이 없어지다가 꽃잎이 된다. 또한 가장 바깥쪽의 수술은 초록색으로 변하고 단단해져서 꽃받침으로 변화하는 점진적인 이행을 보인다.

무궁화는 나라꽃이어서인지 수많은 품종이 개량되어 있다. 꽃잎이 5장인 홑꽃은 꽃의 중앙에 씨방에서부터 암술대가 곧게 위로 올라와 암술머리가 5갈래로 갈라지고, 20~40개의 수술의 수술대들이 붙어 하나의 단체수술로 암술대를 싸고 있다. 꽃잎이 많은 반겹꽃의 품종은 암술대 주위에 있는 수

6. 무궁화(백단심계 홑꽃)
7. 무궁화(배달계 겹꽃)

술의 일부가 꽃잎으로 분화하여 꽃잎이 30~53매까지 생긴다. 무궁화의 겹꽃 품종은 수술과 암술이 모두 꽃잎으로 변하여 40~95매까지 변화를 보인다. 이러한 겹꽃의 분화는 환경조건의 변화 등에 의한 일시적인 기형이나 약품처리에 의해서도 유도될 수 있으며 꽃잎의 원기 수가 완전히 새롭게 증가하여 생기는 경우도 있다.

꽃의 형태뿐 아니라 색도 유전자에 의해 결정된다. 관상용으로 인기 있는 국화 꽃잎의 색은 주로 플라보노이드, 안토시아닌과 카로티노이드를 포함한 색소에 의해 결정되므로 다양한 색상의 국화 품종을 개량하기 위해 색소변이를 유발하는 돌연변이 육종법을 이용하여 색 조절 유전자를 찾아내기도 한다.

새로운 품종을 개량하기 위한 방법에는 암수 수정을 통해 더 나은 품종을 만들고 선별하는 전통 육종법, 유전자 조작에 의한 품종 개량법, 그리고 자연 또는 인공 방사선 처리로 돌연변이를 유발하여 좋은 특성을 갖는 품종을 선별하는 육종법이 있다.

5장

식물에도 성이 있다

1. 식물의 성

우리는 대개 동물에게만 성이 있는 것으로 생각하기 쉽다. 그러나 식물에게도 성이 있고, 성염색체가 있다. 대부분의 식물은 한 꽃 안에 암배우체(암술)와 수배우체(수술)가 있는 양성화(bisexual flower)이다. 그러나 식물의 약 10% 정도는 서로 다른 꽃에 암배우체와 수배우체를 갖고 있는 단성화(unisexual flower)이다. 개나리와 같이 한 꽃 안에 암배우체와 수배우체의 형태를 갖고 있어도 어느 한쪽의 발달이 미약하여 기능상 단성화에 해당하는 식물도 있다. 단성화의 경우, 옥수수, 피마자(아주까리), 붉나무, 밤나무, 개암나무, 자작나무, 오이와 호박처럼 암꽃과 수꽃이 한 식물체에 있으면 자웅동주(암수한그루, monoecious)라고 한다. 반면 버드나무, 은행나무, 생강나무, 뽕나무, 호프, 시금치, 아스파라거스, 삼(대마)처럼 암꽃과 수꽃이 서로 다른 식물체에 있으면 자웅이주(암수딴그루, dioecious)라고 한다. 이러한 자웅이주 식물의 성 결정은 유전적 요인과 환경적 요인에 의한 것으로 구분된다. 유전적으로 식물의 성은 성염색체, 유전자, 그리고 발육단계에서 결정

1. 자작나무
2. 버드나무속(암)
3. 버드나무속(수)
4. 소리쟁이(수)
5. 애기수영(암)
6. 산쪽풀

된다. 예를 들어 자웅이주인 일부 끈끈이대나물속(*Silene*)에는 성염색체가 있어서 포유동물의 성염색체(XY) 체계와 마찬가지로 암(자성)식물체는 XX, 수(웅성)식물체는 XY 염색체를 갖는다. 아스파라거스속, 뽕나무, 삼, 애기수영, 소리쟁이 등도 보통염색체 외에 2개의 X성염색체를 갖는 암식물체와 XY성염색체를 갖는 수식물체가 있다. 한편, 자웅이주 식물에서 성은 시금치와 파파야에서처럼 여러 개의 대립인자(allele)에 의해서 결정되기도 한다. 그리고 식물의 성이 결정되는 시기는 식물의 종류에 따라 다르다. 산쪽풀과 삼(대마)는 화기분열조직(floral meristem)에서 꽃 기관이 시작될 때, 옥수수는 암술과 수술 발달의 초기 단계에, 끈끈이대나물속은 암술과 수술의 성숙 시기에, 아스파라거스는 대포자(megaspore)와 소포자(microspore) 발생 과정에, 포도는 대배우자체(macrogametophyte)와 소배우자체(microgametophyte) 형성 때 성이 결정된다.

비유전적 요인인 토양, 빛, 온도 같은 환경 역시 성의 결정에 영향을 미친다. 즉, 일반적으로 비옥하고 질소가 과다하게 사용된 토양에서 암(자성화)개체가 많아지지만, 삼의 경우는 척박한 토양에서 암식물체가 증가한다. 빛에 있어서 일장과 광도를 감소시키고 개화를 촉진하는 광조건을 갖추면 암꽃이 촉진되지만, 오이에서는 일장이 짧을 때 수꽃이 증가한다. 일반적으로 고온은 수꽃, 저온은 암꽃을 촉진한다. 자웅이주인 대마와 파파야에 저온 처리하면 수(웅성)식물체에서 암꽃이 피고, 자웅동주인 오이와 옥수수에서는 수꽃 위치에 암꽃이 핀다. 식물호르몬 역시 식물의 성 결정에 영향을 미친다. 지베렐린(GA3)은 오이에서 수꽃을 증가시키는 반면, 피마자에 처리하면 암꽃이 증가한다. 사이토키닌(cytokinins)은 암꽃을 증가시킨다. 예컨대 화학물질 처리로 식물의 성 결정에 영향을 주는 CO_2나 NAA(1-naphthaleneacetic acid-synthetic auxin), 에테폰(Ethephon (2-chloroethylphosphonic acid)을 오이에 처리하면 암꽃이 증가한다. 에테폰을 호프의 수(웅성)식물체에 처리하는 경우에도 암꽃이 핀다. 말레인히드라지드(maleinhydrazide)는 옥수수, 토마토, 수박 등에서 수술의 발달을 억제하는 것으로 알려져 있다.

2. 무성생식

모든 생명체는 자손을 생산하여 종족을 보존하려는 본능이 있다. 동물은 교배를 위하여 적극적으로 다른 성을 찾아다니지만 식물은 동물보다 수동적이다. 식물의 암배우체와 수배우체는 수분매개체에 의해서 교배가 이루어지는데 수분매개체가 없을 경우 교배가 되지 않을 수 있다. 이러한 경우에 대비하여 식물은 식물체의 영양기관인 뿌리, 줄기나 잎 등으로 새로운 개체를 만들어낼 수 있다. 즉, 한 자리에서 이동할 수 없는 식물은 유성생식에 실패했을 때를 대비하여 무성생식(asexual reproduction) 또는 영양번식(vegetative reproduction)이라는 전략을 갖고 있다. 무성생식의 예로는 마늘쪽이 각각 하나의 개체로 발달하는 마늘의 인경, 땅 위를 수평으로 뻗는 딸기 줄기(지상경)나 대나무의 지하경, 또는 꽃줄기에서 새 개체를 만들어 내는 접란이 있다. 또한 아프리카제비꽃(African violet)의 잎 한 개, 선인장 줄기

7. 딸기
8. 아프리카제비꽃
9. 선인장
10. 칼랑코에

의 한 마디를 따서 심거나 개나리를 두세 마디 잘라 심으면 새로운 개체가 된다. 참나리와 마의 줄기에 달리는 주아, 잎 가장자리에 어린 개체들이 달리는 칼랑코에(Kalanchoe)나 식물의 조직을 배양하여 수많은 개체를 대량생산하는 희귀종들도 모두 무성생식의 예다. 이와 같이 대부분의 식물은 상황에 따라 유성생식을 하기도 하고, 무성생식을 하기도 한다.

이와 같은 영양기관에 의한 영양번식(또는 분절증식, fragmentation) 외에도 무성생식에는 감수분열과 수정 없이 밑씨(배주) 또는 밑씨주변의 조직으로부터 배(embryo)가 발달하고 씨를 만들어 새로운 개체가 생기는 무수정생식(아포믹시스, apomixis)이 포함된다. 무수정생식에는 단위생식과 무수정결실, 무배생식이 있다. 먼저 단위생식(처녀생식, parthenogenesis)은 반수체 또는 이배체의 난세포가 정자에 의해 수정되지 않고 배를 만들어 새로운 개체로 발달하는 것이다. 이렇게 발달된 열매에는 네이블오렌지, 슈퍼마켓에서 파는 바나나와 포도 변종들이 있다. 무수정생식의 또 다른 형태는 주심과 내주피 같은 배낭 주위의 조직으로부터 배(주심배, nucellar embryo)가 발달하거나 배낭 내 난세포 이외의 다른 세포가 배로 발달하는 무수정결실(agamospermy)로 조밥나물, 민들레, 무화과 및 망고스틴에서 볼 수 있다. 양치식물에서 난세포 이외의 조세포와 같은 배우체세포가 수정하지 않고 포자체를 만드는 것을 무배생식(apogamy)이라고 한다.

무성생식은 모든 세포가 모체와 동일한 개체를 재생할 수 있는 유전적 능력인 전형성능(totipotency)이 있어서 결과적으로 유전적으로 동일한 개체,

즉 클론(clone)을 만들어낸다. 그렇기 때문에 반드시 짝이 있어야 하는 유성생식에 비해서 더 빠르고 효율적으로 자신의 유전자를 퍼트릴 수 있다. 씨로 번식할 수 없거나 어려운 식물을 번식시킬 수 있고, 어린 생장기를 거치지 않고 접목이나 눈접(모수의 눈을 잘라 대목에 붙이는 법)을 통해서 개화할 때까지의 시간을 감소시키는 장점도 있다.

무성생식은 일반적으로 번식 능력은 대단히 좋으나 동일한 형질을 가지고 있어서 환경이 크게 변화하면 집단 전체가 전멸할 수 있다. 그리고 조직배양을 제외하면 각 모체에서 소수의 개체만을 번식시킬 수 있고, 많은 노동을 필요로 하는 단점도 있다.

3. 유성생식

동물의 정자세포는 특별한 보호 장치 없이도 수분이 많은 환경에서 암컷으로 이동하여 번식한다. 그러나 한 장소에 뿌리를 내리고 사는 식물은 정자가 난자에 도달할 때까지 정핵을 마르지 않게 해야 한다. 식물은 정자세포를 밀폐된 운반체에 넣어 이동시켜야 하고 암배우체에게 도달했을 때 정자가 운반체 밖으로 나와 성공적으로 수정을 해야만 한다. 이러한 기능을 하는 것이 화분이다. 화분에는 정자를 운반하기 위해 화분관을 발달시키는 발아구가 한 개 이상 있으며, 발아구의 막은 내벽이 팽창될 때 터져서 화분관이 발아할 수 있도록 화분벽보다 훨씬 얇다. 그리고 비록 풍매화의 화분은 훨씬 건조하고 끈적거리지 않지만, 충매화의 화분 외벽은 끈끈한 폴른키트(pollenkitt)로 덮여 있어서 정자가 옮겨지는 동안 스포로폴레닌(sporopollenin)성 물질을 분비하여 건조와 병원균 및 자외선으로부터 정자를 보호하는 역할을 한다. 이렇듯 화분벽으로 정자를 감싸 보호하는 것은 유성생식을 성공시키기 위한 하나의 전략이다. 식물은 자가수정을 피하기 위해 정자를 운반하는 화분립을 같은 종의 다른 개체의 암술 표면에 옮기는데, 이때의 수분 매개체는 바람, 물, 곤충, 새 그리고 박쥐를 포함한 포유동물이다.

식물이 유성생식(sexual reproduction)으로 번식할 수 있다는 것은 매우 오래전에 알려졌다. BC 800년경 고대 아시리아인들은 꽃이 수분되기 위해 수꽃에서 암꽃으로 옮겨 주는 화분이 필요하고, 수분이 되어야 열매가 발달한다는 것을 알고 있었다. 실제로 대추야자나무의 화분이 수꽃에서 암꽃의 화서로 옮겨지는 것을 나타낸 많은 화상석 조각들이 여러 박물관에 보관되어 있다. 이러한 유성생식의 장점은 부모 세대의 유전적 특성이 조합된 다양한 유전자를 가짐으로써 새로운 유전적 변이체들이 서로 다른 환경에서 살아남을 수 있다는 점이다. 그러나 어떤 식물은 생존할 수 없는 종자를 만들기도 하고, 어떤 종자들은 발아하기 어렵거나 느리기도 하며, 잡종교배를 통해 원하지 않는 유전적 변이체를 생기게 한다. 그럼에도 불구하고 유성생식은 무성생식보다 훨씬 성공적인 전략이라 할 수 있다.

6장

식물의 짝짓기

1. 꽃가루받이(수분)

식물이 꽃을 피우는 것은 벌과 나비를 위해서가 아니라 자손을 번식시키기 위함이다. 꽃의 정자와 난자가 만나 수정을 하기 위해서는 우선적으로 수배우체가 들어 있는 수술의 꽃가루를 암술머리에 닿게 하는 꽃가루받이(수분, pollination) 과정이 필요하다.

꽃가루받이에는 두 가지 유형이 있다. 한 꽃 안에 있는 수술이 암술머리에 닿게 되는 자가수분(self-pollination)과 다른 꽃의 수술과 암술이 만나는 타가수분(cross-pollination)이다. 생식과정에서 자가수분은 자가수정(self-fertilization)으로 이어지고, 타가수분은 타가수정(cross-fertilization)으로 이어진다. 자가수분의 가장 완벽한 형태는 폐쇄화(Cleistogamous flower)를 갖는 것이다. 폐쇄화는 땅콩이나 일부 제비꽃의 경우처럼 성숙해도 꽃이 벌어지지 않고 꽃잎 속에서 자신의 수술과 암술로 꽃가루받이를 하는 꽃이다. 이러한 꽃들은 수분매개체가 없이 자가수분을 하며, 일부 식물은 항상 자가수분에 의해 수정을 하기도 한다. 반면에 자웅이주와 자웅동주의 단성화를 갖

1. 폐쇄화(제비꽃)

는 식물들은 타가수분을 할 수밖에 없다. 흥미로운 것은 한 꽃 안에 암술과 수술을 갖고 있는 양성화도 자가수분을 피하고 타가수분을 하기 위해 여러 가지 전략적 방법을 발달시켜왔다는 점이다. 이렇듯 식물들이 자기 꽃 안의 암술과 수술이 수분되지 못하게 하고 타가수분의 효율을 높이는 방향으로 진화해온 이유는 종의 유전자 다양성을 높여서 환경 적응에 유리하게 하기 위함이다. 이를 위해 일부 피자식물들은 같은 꽃의 암술과 수술이 있어도 이형화주, 자웅이숙 등에 의해 자가수분되지 못하도록 자가불화합성(self-incompatibility)을 발달시켜 왔다.

자가불화합성

식물이 자가수분을 막는 자가불화합성 기작에는 두 가지가 있다. 일반적인 배우체성 자가불화합성은 암술의 2n체세포에서 만들어진 S-단백질과 1n인 화분에서 만들어진 S-단백질 간의 상호작용에 의한다. 즉, 암술머리에 닿은 화분의 S-대립인자가 암술머리 세포에 있는 2개의 S-대립인자 중 하나라도 맞으면 불화합성이 되어 화분관이 발아되지 않는다. 그러나 다소 일반적이지 않은 체세포적 자가불화합성에서는 암술의 2n체세포에서 만들어진 S-단백질과 화분의 모체인 2n에서 만들어진 S-단백질 간의 대립인자가 모두 다른 경우에만 화분관이 발아되고 한 개만 같아도 화분관 발아를 억제하여 자가수정을 막는다.

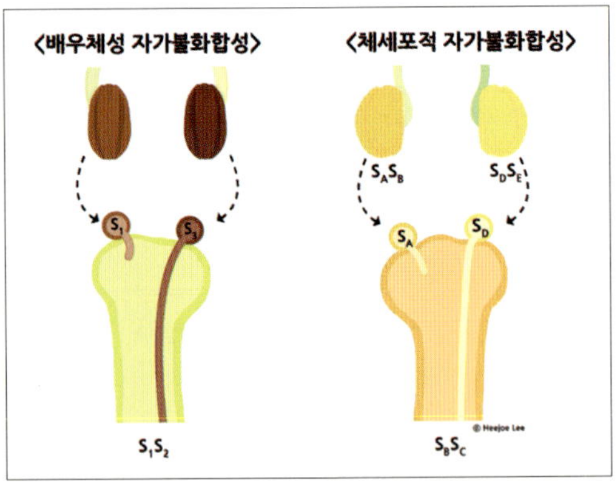

자가불화합성

이형화주

이형화주(heterostyly)는 꽃의 다형성(polymorphism)과 자웅이위(herko-gamy)의

독특한 형태이다. 이형화주의 종은 집단 내에서 두 개 또는 세 개의 꽃의 형태적 유형(morphs)을 갖는다. 각 식물 개체의 모든 꽃들은 같은 유형을 공유한다. 꽃의 유형은 암술과 수술의 길이에 있어서 다르고 이러한 특성은 연속적이지 않다. 형태적 표현형은 유전적으로 이형구조적 자가불화합성(heteromorphic self-incompatibility)을 나타내는 유전자에 달려 있다. 즉, 한 유형의 꽃에서 생긴 꽃가루는 같은 유형의 다른 꽃을 수정시킬 수 없다.

두 가지 유형의 화주(distyly)를 갖는 식물의 예는 개나리로, 하나는 암술대가 길고 수술은 아래 부분에 짧게 있는 '장주화(long-styled flower)' 형태이다. 다른 하나는 수술이 꽃통의 윗부분 가까이 올라와 있고 암술대가 짧아 수술 아랫부분에 아주 작은 크기로 있는 '단주화(short-styled flower)' 형태이다.

부처꽃과 괭이밥은 세 가지 유형의 암술대를 갖는 삼화주성(tristyly) 꽃으로, 각 유형의 꽃은 두 가지 유형의 수술을 갖는 이형화(dimorphic flower)이다. 즉 첫째로 암술이 짧고 수술은 긴 것과 중간 것의 형태, 둘째로 암술은 중간형이고 수술은 짧은 것과 긴 것, 셋째로 암술은 길고 수술은 짧은 것과 중간형인 것이 있다. 이형화주의 꽃에서 암술과 수술의 길이는 다른 수분매개체에 또는 같은 수분매개체의 다른 부위에 의해 수분되도록 적응되었다. 그래서 긴 수술에서 생긴 꽃가루는 짧은 암술보다 우선 긴 암술에 닿고, 그 반대로 짧은 수술에서 생긴 꽃가루는 긴 암술보다 우선 짧은 암술에 닿는다. 꽃가루가 동일한 유형의 두 꽃들 사이에 전달되었을 때는 자가불화합성 기작 때문에 수분이 일어나지 않고 서로 다른 유형의 꽃 사이에서만 수분이

2. 개나리(단주화)
3. 개나리(장주화)

4. 달맞이꽃(자예선숙)
5. 도라지꽃(웅예선숙)

이뤄진다.

자웅이숙

자웅이숙(dichogamy)은 한 꽃 안의 암배우체와 수배우체가 서로 다른 시기에 성숙하여 자가수분을 방지하는 매우 흔한 전략의 하나이다. 양성화이긴 하지만 암술과 수술이 서로 다른 시기에 성숙하여 기능적으로는 단성화와 같은 상태가 되어 성적으로 활력 있는 꽃가루가 다른 꽃의 활력 있는 암술머리로 옮겨가는 것이다. 자웅이숙의 식물들 중 암배우체가 먼저 성숙하는 자예선숙(protogyny)의 식물에는 목련, 십자화과, 질경이와 달맞이꽃 등이 있다. 수배우체가 먼저 성숙하는 웅예선숙(protandry)의 식물에는 도라지, 초롱꽃, 물봉선, 옥수수, 딸기, 양파, 담쟁이덩굴과 분홍바늘꽃 등이 있다.

2. 수분매개체

식물은 이동하지 못하므로 다른 꽃의 꽃가루를 받아 타가수분을 하는 꽃들은 꽃가루를 옮겨 암술머리에 닿게 하는 수분매개체(pollinator)가 필요하다. 수분매개체에는 환경적 수분매개체와 생물적 수분매개체가 있다. 환경적 수분매개체가 바람이면 그 꽃을 풍매화, 물이면 수매화라고 한다. 곤충에 의해 수분이 되는 꽃은 충매화, 새에 의해 수분되면 조매화라고 한다. 이

외에도 열대지방에서는 박쥐에 의해서 수분되는 꽃들도 있다. 여기서는 수분매개체의 종류별로 해당 식물의 특징에 대해 알아보고자 한다.

바람과 물

벼과 식물, 쐐기풀, 오리나무, 참나무, 자작나무, 개암나무 등을 포함한 속씨식물의 약 20%와 침엽수 등의 식물들은 바람에 의해 수분되도록 적응해온 풍매화이다. 풍매화의 화분립은 작고 건조하며, 많은 양이 생산되고, 꽃가루의 이동이 방해되지 않게 나뭇잎들이 무성해지기 전인 이른 봄에 꽃이 핀다. 벼과의 수꽃이삭화서는 약한 바람에도 효과적으로 움직일 수 있도록 보통 길고 가늘다. 낱개의 양성화에는 꽃잎이 작은 인편(인피)으로 퇴화되어 있고, 화분을 잡기 위해 암술머리가 2개의 깃털 모양이다. 이 수술대는 실처럼 가늘고, 꽃밥은 바람을 타기 위해 수술대 위에 느슨하게 매달려 있다. 침엽수의 화분립은 공기역학과 관련된 한 쌍의 기낭(공기주머니)이 있어서 화분이 공기와 물에 의해 잘 이동할 수 있게 한다. 물에 의해 수분되는 가래, 거머리말, 좀개구리밥, 나자스말 등의 식물종들은 꽃가루를 물 표면으로 분산시키거나 물속으로 떨어뜨리는 두 가지 방법으로 퍼뜨린다. 나사말에서는 수꽃에서 방출된 꽃가루가 물 표면으로 올라와서 암꽃에 닿게 된다. 거머리말의 경우 꽃가루는 긴 리본같이 생겼으며 물속의 암꽃으로 운반된다.

물을 매개체로 수분되고, 열매와 종자를 산포하는 식물의 꽃가루, 종자

6. 벼꽃
7. 개구리밥

및 열매는 가벼워서 물 표면에 쉽게 떠다닐 수 있다. 또한 꽃가루가 점액에 싸여 있기도 하다.

곤충

곤충은 가장 크고 오래된 그룹의 수분 매개체이다. 특히 벌, 나비, 나방과 딱정벌레 등은 종류별로 찾는 식물이 다르다. 이러한 과학적 사실은 문인의 눈에도 포착되어 고려시대 문신인 설장수의 「꽃과 나비」라는 시의 "좋아하는 꽃을 따라"라는 시구는 특정 꽃을 찾는 나비의 습성을 잘 표현하고 있다. 실제로 곤충은 식물과 특별한 관계를 갖고 서로 적응하면서 상호 진화(coevolution)를 해왔다.

먼저 벌은 매우 효율적인 수분 매개체로, 속씨식물의 약 65%에 해당하는 많은 식물들이 벌들과 상호 간의 이익을 위해 서로 적응해왔다. 충매화의 특별한 분비샘(밀샘)에서는 꽃꿀(nectar)을 분비하여 벌을 유인한다. 일벌은 꿀샘이 숨겨져 있는 꽃 안쪽으로 주둥이를 깊게 찔러서 꿀을 흡입한다. 벌은 꿀을 모으기 위해 이 꽃에서 저 꽃으로 날아다니는 동안 다리 위의 빗 같은 털을 이용해서 몸에 붙은 화분을 뒷다리 위에 있는 화분주머니(corbiculae)로 모은다. 벌은 밀샘에 있는 꽃꿀을 이용하여 화분립을 촉촉하고 끈적이는 '화분경단'을 만들어 벌통안의 빈 방에 저장한다. 화분 수집은 벌이 기본적으로 꿀을 찾아 떠나는 과정에서 부수적으로 얻는 단백질원이다. 그래서 벌은 꽃꿀이 없는 꽃도 화분을 목표로 찾는다. 벌들의 화석 기록은 약 8천5백만 년 전부터 나타나는데, 잎벌 종류는 딱정벌레(2억3천만 년 이전)만큼이나 오래된 수분매개체로 여겨진다.

나비와 나방은 냄새를 감지하므로 이들이 수분하는 꽃은 흔히 달콤한 향기를 풍긴다. 나비와 나방이 가지고 있는 긴 '흡관(proboscis)'은 특히 통 모양의 꽃 안에 있는 꿀을 흡입하는 관으로 적응했고, 사용하지 않을 때는 스프링 코일같이 돌돌 말린 상태로 있다. 대부분의 나방은 야행성이라서

8. 쑥부쟁이와 벌
9. 용담과 벌
10. 큰까치수영과 나비
11. 마가렛국화와 파리
12. 금불초와 무당벌레
13. 미국자리공과 노린재

밤에 향기를 풍기며 피는 꽃을 찾는다. 나방의 초기 화석이 피자식물의 가장 초기 증거와 거의 같은 시기에 나타난 것으로 미루어 볼 때, 나방은 오래된 수분매개체이다. 특히 다윈의 난초(Darwin's orchid)와 수분매개체인 나방의 이야기는 유명하다. 다윈은 마다가스카르에서 채집된 27~43cm 정도로 긴 앙그래쿰속 난초(*Angraecum sesquipedale* Thouars)를 보고 수분매개체의 흡관이 그 난초의 거(spur) 만큼 길 것으로 추측했다. 이 난초의 종소명인 *sesquipedale*는 라틴어로 1.5 피트라는 뜻이다. 실제로 그가 죽은 지 21년이 지난 후 주둥이가 35cm정도로 긴 크산토판 박각시나방이 발견되었다. 다윈이 예상했음을 강조하여 아종명을 *Xanthopan morganii praedicta*로 명명했는데 현재는 *Xanthopan morganii*의 이명이 되었다.

파리와 딱정벌레도 개미처럼 먹이인 꿀이나 화분을 찾기 위해 꽃의 안팎을 기어 다니다가 식물의 수분을 돕는다. 딱정벌레는 꽃을 찾는 수분 매개체 중 매우 오래된 종류로, 화석 기록은 초기 피자식물보다 더 이른 시기인 약 1억 년 전으로 거슬러 올라간다. 파리의 일부 계열은 적어도 1억9천만 년 전인 원시 초기부터 꽃의 수분 매개체가 되어왔다. 일부 종에서는 많은 파리 종의 전형인 짧은 주둥이가 더 길게 진화했는데, 이것은 변화된 꽃의 형

14. 꽃과 벌새
15. 꽃과 달팽이

태에 적응한 것이다. 천남성과(Araceae), 박주가리과(Asclepiadaceae)와 난과(Orchidaceae)의 일부 종들은 캐리온파리(carrion fly)와 똥파리를 유혹하기 위한 냄새를 진화시켜 왔다.

곤충 이외의 동물

곤충을 제외한 동물 수분 매개체로는 박쥐, 소형 포유동물과 유대류, 조류와 달팽이 등이 있다. 야행성인 박쥐는 대부분 식충성이고 음파 시스템이 매우 잘 발달되어 있다. 그러나 열대 신대륙의 일부 박쥐는 열매를 먹는 종으로 진화했고, 구대륙의 일부 박쥐는 거의 꿀과 화분만을 섭취하며 후각이 매우 발달했다. 조류 수분 매개체로는 짧은부리연작류새, 아메리카의 긴부리벌새와 호주의 꿀빨이새 등이 있다. 소형 초식동물, 특히 열대와 아열대의 종들인 하와이의 소형 야행성 설치류, 소형 유대목, 꿀먹이주머니쥐는 먹이 활동을 하면서 자주 화분을 옮긴다. 달팽이는 땅 위로 핀 엽란의 꽃 위를 기어다니며 꽃에서 꽃으로 화분을 옮기는 수분 매개체로 보고되었다.

3. 식물과 수분매개체의 상호 진화

초기 피자식물의 수분 요인은 바람보다는 곤충으로 알려져 있다. 파리와 딱정벌레를 포함한 많은 곤충 그룹이 초기 피자식물보다 먼저 진화했다. 그러나 화분 운반과 관련된 형질에 있어서 지난 1억2천~1억3천만 년에 걸친 곤충과 식물의 종 분화는 상호 간에 매우 유익하게 진화되었다. 식물은 곤충을 유인하기 위하여 꿀샘과 꽃밥의 위치, 꽃향기, 자외선으로 볼 수 있는 색과 곤충 모양 흉내 내기 등의 방식을 진화시켰다. 한편 곤충은 나비와 나방의 흡관, 후각과 자외선을 볼 수 있는 시력 등을 발달시켰다.

수분 매개체와 좌우대칭화 사이에는 진화적인 면에서 앞선 확실한 형태적 상호 적응을 했다. 잘 알려져 있듯 난과식물의 꽃은 파리, 거미 또는 벌 등을 유인하기 위하여 곤충의 모양을 흉내 낸 형태이다. 난과식물은 꽃밥이 아닌 화분덩어리, 즉 화분괴(pollinia)의 형태를 갖고 있다. 화분괴는 매우 끈적거리며 꽃의 윗부분에 있기 때문에 찾아오는 곤충들이 화분괴를 머리나 몸통에 묻혀 날아가 다른 꽃들에게 전달한다. 또한 금어초, 물꽈리아재비, 디기탈리스와 콩과 및 꿀풀과 식물의 많은 종들도 꽃의 구조에 맞는 형태의 곤충을 수분 매개체로 갖는다.

뽕나무과 식물의 '은두화서'는 무화과말벌류의 종과 상호적인 관계이다. 무화과의 은두화서는 바깥쪽의 보라빛 과육이 부풀어 오른 화탁 안에 많은 꽃들이 핀다. 말벌은 무화과의 개화기에 꽃자루 반대편에 있는 딱지 같은 작은 부분으로 들어가 무화과 안에 있는 단주화의 암술에는 알을 낳는 한편, 장주화를 수분시켜 종자를 맺게 한다.

일부 매우 작은 꽃을 피우는 종들은 꽃을 서로 가까이 모여 무리로 피는 화서를 이룬다. 국화과의 해바라기 같은 화서는 바깥쪽에 꽃잎이 잘 발달된 꽃이 있고, 안쪽에 작은 통꽃들이 빽빽하게 모여 원반 형태를 이룬다. 이러한 원반 형태는 곤충이 내려앉기 좋은 착륙대로 작용한다. 산형과의 많은 종들과 딱총나무의 성글게 배열된 착륙대 형태의 화서에서도 곤충들이 모여드는 것을 볼 수 있다.

16. 무화과 열매
17. 무화과 종단면

꽃 향기와 화분으로 수분매개체 유인

진달래속, 달맞이꽃, 푸크시아(*Fuchsia*, 바늘꽃과) 같은 일부 식물의 화분립에는 작은 실 가닥(점사, 粘絲) 같은 구조가 있다. 이 점사들은 화분립들을 덩어리로 묶어 놓을 뿐 아니라 곤충의 몸에 화분립을 붙이는 장치로도 작용한다. 화분립 바깥쪽의 기름진 지방 성분은 꽃을 찾는 수분매개체의 몸에 잘 붙게 하며 곤충을 유인하기 위해 꽃에서 방향성 화학 물질인 향기를 낸다. 그러나 이러한 특징들에 의해 때때로 동물들에게 먹히기도 한다. 화분립은 비지방성 식량원으로서 벌, 딱정벌레와 파리를 포함한 다른 많은 곤충, 일부 박쥐, 벌새, 호주의 꿀빨이새 등의 수분매개체들의 먹이가 된다.

4. 정자와 난자의 형성과 만남(수정)

꽃에서 꽃받침이나 꽃잎은 동물을 유인하기 위한 장식에 불과하며 실제로 식물이 유성생식을 하기 위해서는 암, 수 배우체가 있어야 한다. 암배우체와 수배우체는 각각 어디서 어떻게 형성되는가? 암술의 씨방(자방, ovary) 안에는 밑씨(배주, ovule)가 있다. 밑씨 안에 있는 대포자모세포(megaspore mother cell)는 감수분열해 4개의 대포자를 만들지만 3개는 퇴화되고 1개만 기능적인 대포자(megaspore)로 발달한다. 대포자는 3회 분열하여 대배우자체(megasporophyte)인 배낭(embryosac)을 만든다. 배낭 속에는 7개의 세포(난

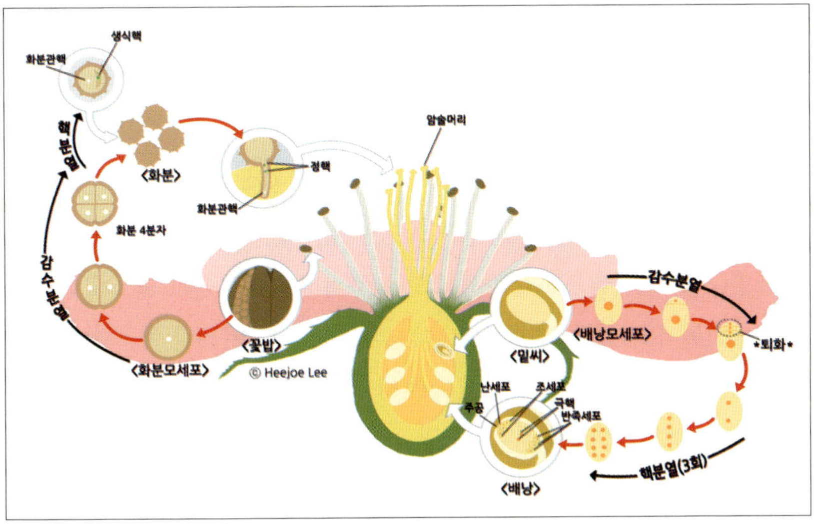

피자식물의 정자와 난자 형성 및 중복 수정

세포1, 조세포2, 중앙세포1, 반족세포3)와 8개의 핵(난핵 1, 조세포핵 2, 극핵 2, 반족세포핵 3)이 있다.

꽃밥은 4개의 소포자낭으로 구성되며, 소포자낭 안의 소포자모세포(화분모세포)는 감수분열을 하여 4개의 소포자(화분립)를 만든다. 꽃밥이 터져서 나온 꽃가루(소포자, 화분립)는 생식세포와 화분관세포로 분열한다. 꽃가루가 암술머리 표면에 닿으면 화분관세포는 화분관을 만들고, 생식세포는 분열하여 2개의 정세포(정핵)를 만든다.

수분매개체를 이용하여 꽃가루가 암술머리에 닿으면 암술머리에서는 화분립의 화학 물질을 인식하는 부정적인 신호(포자체의 불화합성) 또는 긍정적인 신호가 발생한다. 화분립이 암술머리로부터 받아들여지면 화분립은 암술머리로부터 수분을 흡수하고, 화분벽이 얇은 발아구를 통해 정핵과 화분관핵이 들어 있는 화분립에서 화분관이 발달한다. 이 화분관핵은 식물 세포 중에서 가장 빨리 성장하는데, 이는 배주에 첫 번째로 도달하기 위해 서로 경쟁해야 하기 때문이다. 화분관은 씨방 속 배주에 도달하기 위해 암술

18. 감 종자의 배와 배젖

관을 통해 내려오면서 더 길고 가늘고 빠르게 발달하고, 두 개의 정핵은 화분관이 신장됨에 따라 화분관핵과 함께 이동한다.

이때 암술관(stylar canal)을 통해 이동한 발아 중인 화분관이 같은 종으로부터 온 화분이 아니면 비록 암술머리 표면에서 포자체 부적합성 테스트를 통과했을지라도 배주에 도달하기 전에 사멸된다(배우체 불화합성). 그리고 정상적으로 이동된 화분관핵은 배주에 도달하는 즉시 씨방 안에서 붕괴되고, 정핵은 배주의 배낭 안으로 들어가기 전에 세포질을 잃는다.

두 개의 정핵 중 한 개는 난세포와 결합해서 이배체인 배가 되고, 다른 한 개의 정핵은 극핵과 결합해서 종자의 저장 조직인 3배체 '배유(배젖)'로 발달되는 '중복 수정(double fertilization)'을 한다(95쪽의 그림 참조).

식물에서 배(embryo)는 씨앗의 일부로서 수정한 접합자에서 발생하여 어린 자엽(cotyledone), 배축(embryonic axis), 유아(plumule), 유근(radicle)으로 구성된 어린 식물체를 말한다. 씨앗을 뿌렸을 때 싹이 트는 것은 바로 이 배의 성장을 의미하며, 이때 배는 배젖(또는 자엽)에 의해 영양을 공급받는다.

7장

생명의 타임캡슐

가을이 되면 '천고마비의 계절', '사색의 계절', '결실의 계절', '수확의 계절' 등의 귀에 익은 표현이 오르내린다. 이해인 시인의 「익어가는 가을」에서 볼 수 있듯 가을을 결실의 계절이나 수확의 계절이라고 하는 것은 식물의 열매와 관련된 표현이다. 봄이나 여름에 열매를 맺는 식물도 있지만 대부분 열매라는 단어는 가을을 연상하게 한다. 가을의 열매 중에는 도토리와 밤 같은 마르고 딱딱한 열매(견과, nut)가 있는가 하면 감, 사과, 모과, 배, 밀감과 같은 살과 즙이 많은 열매(육질과, 액과)도 있다. 그중 도토리는 다람쥐, 어치, 멧돼지들의 겨울 식량으로 저장되는데 어치의 경우 한 겨울을 나기 위한 식량으로 5,000개의 도토리를 모으는 것으로 알려져 있다. 다람쥐나 어치가 겨울을 대비하여 도토리를 저장하듯이 사람들도 도토리를 주워 가루를 만들어 저장할 뿐 아니라 과거에는 밤을 토기에 넣어 땅속에 보관했다가 그 이듬해 여름까지 사용했다고 한다. 다람쥐나 사람이나 살기 위해 먹거리를 저장하기는 매한가지이다. 7장에서는 동물이나 사람에게 이용되는 열매와 종자를 식물은 왜, 어떻게 맺으며 우리의 주변에는 어떠한 열매와 종자들이 있는지, 그리고 왜 중요한지를 되새겨 보자.

1. 쌀과 잣은 열매인가? 종자인가?

이해인의 「익어가는 가을」에서 "꽃이 진 자리에 열매가 익어간다"와 헤르만 헤세의 「낙엽」에 나타난 "꽃마다 열매가 되려고 한다"와 같은 시구에는 꽃이 열매가 된다는 과학적 사실이 표현되어 있다. 열매는 피자식물이 수정한 후 자방(씨방, overy)이 자란 것으로 열매 껍질은 자방벽(ovary wall)이 발달한 것이고 열매 속에는 종자가 들어 있다. 열매 속 종자는 자방 속의 배주(밑씨)가 자라서 된 것으로 종피(씨껍질)는 배주의 주심을 싸고 있는 주피가 발달한 것이다. 종자 안에는 장차 식물체로 자라날 배(胚, 씨눈, embryo)가 들어 있다. 잣은 나자식물(겉씨식물)인 잣나무에 달리는데 나자식물이란 자방이 없이 나출된 배주가 성숙해서 되는 것이니 열매라고 할 수 없고 종자이다. 반면에 벼는 피자식물(속씨식물)로 벼꽃의 자방이 발달하여 '영과(곡립)'라는 열매를 맺는데 볍씨라고 말하지만 실제로는 씨가 아닌 열매이다. 벼를 도정하여 쌀로 만드는 것은 열매의 가장 바깥인 자방벽이 성숙한 과피를 벗겨내는 것이다.

2. 삼배체 도시락

종족 보존을 위한 번식방법에 있어서 식물은 이끼류와 양치식물처럼 포자로 번식하는 포자식물에서 나자식물과 피자식물 같이 종자로 번식하는 종자식물로 진화해왔다. 종자식물 중 나자식물은 구과를 구성하는 인편(대포자엽)에 있는 배주(밑씨)에 꽃가루가 수분되면 화분관이 발아하여 수정된 후 배주가 발달하여 종자를 맺는다.

그러나 피자식물은 꽃을 피우고 수분(꽃가루받이)되어 수정(精받이)이 되면 한 개 이상의 심피로 구성된 자방이 성숙하여 열매를 맺고, 대개는 이 열매 속에 한 개 내지 다수의 배주(밑씨)로부터 발달된 종자가 들어 있다. 종자에는 장차 어린 식물체로 자라게 될 배와 배젖이 있고 바깥은 종피로 싸여 있다. 배유(배젖)에 녹말과 단백질 또는 오일이 있는 경우도 있다. 배유는 발아하는 동안 에너지원으로 사용되는 반면 배유가 없는 무배유 종자에서는 떡잎에 영양분을 함유하고 있다. 피자식물이 지구상의 우점식물로 될 수 있었던 주요 이유 중의 하나는 필요할 때 먹을 수 있는 도시락 같은 삼배체 배유를 가진 종자 덕택이다.

3. 0.3mm부터 50cm까지

사람도 키가 작은 피그미족부터 키가 큰 딩카족이 있고, 철이 빨리 드는 사람과 늦게 드는 사람이 있듯이 종자의 크기와 성숙 기간도 식물의 종류에 따라 다르다. 식물연구의 모델식물인 애기장대는 6주 이내에 열매를 맺는가 하면 망고는 꽃이 핀 후 4~5개월 후 수확하고, 코코넛은 수분된 후 성숙하기까지 1년이 걸린다. 인도양의 세이셸 군도에 자라는 세이셸야자나무(double coconut)는 꽃이 핀 후 열매를 맺기까지 7~10년이 걸리고 발아하는데 2년이 걸리는 것으로 알려져 있다. 이 세이셸야자나무의 열매의 직경은 40~50cm이며 무게는 15~30kg에 달하여 식물계에서 가장 큰 종자를 갖는다. 반면 현미경으로 보아야 하는 가장 작은 피자식물인 수생 워터밀(월피아

1. 섬잣나무
2. 벼의 일종
3. 망고
4. 세이셸야자(종자)

속 *Wolffia*)의 열매 길이는 0.3mm로 소철류인 자미아 로즐리(*Zamia roezlii* Linden)의 정자보다 작다. 그리고 무게가 가장 큰 호박은 600kg에 달한다.

4. 열매 분류법

수많은 종자식물의 열매를 분류하는 기준은 다소 간단하다. 첫째 자방의 유형(이생인지, 합생인지), 둘째 열매 껍질의 밀도(부드러운지 또는 단단한지), 그리고 셋째로 열매가 익어서 종자를 방출할 때 열리는지와 열리지 않는지 등이다. 피자식물에서는 이들의 모든 조합이 가능하다.

피자식물의 열매는 과피의 성질과 과피를 형성하는 세포 종류에 따라 '건과'와 '즙이 많은 액과(육질과)'라는 기능적으로 다른 두 종류로 구분할 수 있다. 건과에는 익었을 때 벌어지는 열개과와 벌어지지 않는 폐과가 있다. 열개과에는 모란 같은 골돌과, 냉이 같은 단각과, 무 같은 장각과, 콩 열매인 협과, 무궁화와 무릇 같이 심피수대로 벌어지는 삭과 등이 있다. 폐과에는 도토리 같이 단단한 견과, 벼와 보리 같은 영과(곡립), 단풍나무 같이 날개 달린 익과(시과), 해바라기와 관모(갓털) 달린 민들레 같은 수과와 미나리 같이 둘로 갈라지는 분리과 등이 있다.

액과(육질과)에는 근본적으로 다른 두 종류의 열매인 장과와 핵과가 있다. 포도와 꽈리 같은 장과는 외과피가 얇지만 중과피와 내과피는 두껍고 수분이 많은 유연한 조직의 과육이 되며, 그 안에 비교적 작은 종자가 들어 있다.

대부분의 열매에서 과피는 가장 바깥의 외과피, 중간의 중과피 및 가장 안쪽의 내과피로 분화된다. 내과피는 살구나 복숭아 같은 핵과의 딱딱한 층으로서 후벽세포로 되어 있으며, 안쪽에 빈틈이 거의 없고 살아 있는 세포질도 없다. 살구와 자두의 종자는 잘 알려진 내과피의 예이다. 중과피는 유조직 세포로 이루어진 육질의 층으로 종종 고농도의 당이 포함된 과육에 해

5. 액과(구기자)
6. 협과(자귀나무)
7. 골돌과(모란)
8. 삭과(무릇)
9. 견과(상수리)
10. 수과(민들레)
11. 익과(미선나무)
12. 분리과(어수리)

당하며, 석세포라는 후벽세포가 분포하고 있다. 사과를 한입 깨물 때 아삭하는 소리가 나는 것은 이 석세포들에 의해서다. 외과피는 열매의 껍질이고 대개 표피세포와 유조직 세포에 있는 잡색체에 의해 밝은색을 띤다. 잡색체는 색소체의 일종으로 엽록체와 유사하지만, 광합성을 하기보다는 동물을 유인하도록 변형된 것이다. 때로는 외과피에 분비세포들로 구성된 지방분비선이 존재하는데, 예를 들어 감귤은 향을 내는 정유를 분비한다. 핵과는 살구나 자두처럼 하나인 경우도 있지만 산딸기와 멍덕딸기처럼 부푼 화탁 위에 여러 개의 작은 핵과들이 모여 하나의 열매처럼 보이는 것도 있다. 또한 열매는 뽕나무열매나 파인애플처럼 하나의 꽃이 아닌 화서(꽃차례)에서 생길 수도 있다. 즉, 파인애플은 다화과에 해당되는 또 하나의 예로서, 파인애플의 각 인편은 한 개의 꽃이고 이러한 꽃들이 나선형으로 배열된 솔방울 모양의 꽃차례가 열매로 자란 것이다. 무화과나무속의 열매는 안팎이 뒤집힌 특수한 화서의 수많은 꽃으로부터 만들어진 것이다.

13. 핵과(살구나무)
14. 복합과(산딸기)
15. 다화과(뽕나무)

5. 종자

종자(씨)는 씨방 안에 있던 배주(밑씨)가 성숙한 것이다. 종자에는 알맞은 조건이 되면 언제든지 잎과 꽃이 될 배(씨눈)가 들어 있어 생명의 타임캡슐이라 할 수 있다. 식물로서는 종자 상태만이 이동할 수 있는 기회를 갖는다. 종자 속의 배와 배젖 또는 자엽을 둘러싸는 종피는 1장 또는 2장으로 구성되며, 2장인 경우는 내종피와 외종피가 있다. 내종피는 대체로 부드럽고, 외종피 및 종피가 1장인 경우는 세포벽이 목질화 또는 코르크화되어 후막조직이 되는 경우가 많다.

종자는 중요한 자원으로서 벼, 보리, 밀, 옥수수, 조, 귀리 등 곡류와, 콩, 땅콩, 피마자(아주까리), 참깨, 들깨, 동백기름 등 유지류가 있다. 또한 커피, 코코아 등의 기호식품과, 후추, 겨자, 육두구와 같은 향신료도 있으며 연밥, 결명자, 복숭아씨 등 약용으로 이용되는 종자도 많다.

종자를 이루는 주성분은 전분, 단백질, 지방이고, 식물에 따라 타닌(tannin), 알카로이드(alkaloids), 글루코사이드(glucoside), 피틴산(phytates), 호르몬, 비타민, 무기염류 등의 성분이 있다. 이러한 성분의 조성 중 곡류에는 전분이 많고 단백질과 지방이 적으며, 땅콩이나 유채에는 전분은 적으나 단백질과 지방이 많다.

식물은 종자를 어떻게 퍼뜨릴까?

"엉겅퀴 씨앗은 바람 따라 살랑/도깨비바늘 씨앗은 토끼 따라 폴짝/연꽃 씨앗은 물결 따라 둥실/해바라기 씨앗은 새똥 속에 쏙쏙!!"이라는 어린이 동요「씨앗」의 가사는 나름 종자산포에 대한 과학적 내용을 담고 있다. 여기서 씨앗(종자)은 식물에서 수정 후 배주가 발달하는 부분을 뜻하고, 일반적으로 휴면상태를 거쳐 발아하는 것으로 정의된다. 속씨식물의 종자는 종피, 배유(배젖)와 배로 구성되는데 종자형성 중에 무배유종자도 많고 그 대부분은 자엽에 양분을 저장한다. 종자를 퍼뜨리기 위해 식물은 종자산포의 네 가지 기본 전략을 이용한다. 즉, 낙하산 같은 갓털을 가진 민들레나 프로펠라 같은 날개를 가진 단풍나무 열매처럼 바람에 의한 산포, 수생식물이나 동의나물, 코코넛 같이 물(비, 해류)에 의한 산포, 쥐손이풀, 봉선화와 땅콩처럼 열매 자체가 능동적으로 종자를 산포하는 자가산포(탄도분산, 지하결실), 그리고 동물(새, 포유류, 열대의 어류, 파충류)을 유인하는 먹이와 부착으로 종자를 퍼트리는 동물산포이다.

바람에 의한 종자산포

민들레의 낙하산은 꽃받침이 변형된 관모(갓털)로 열매에서 종자 부분을 운반하는 길고 가느다란 자루 끝에 있다. 열매는 약간의 바람에도 모체로부터 떨어지고 상승 온난 기류에 의해 대기 중으로 높이 올라갈 수 있으며 기류를 타고 수 킬로미터를 이동할 수 있다.

연꽃은 중앙에 있는 화탁에 움푹 들어간 여러 개의 심피(이생심피)가 있고, 각 심피 안에 하나의 종자가 들어 있는 소견과를 발달시킨다. 위쪽이 넓은 원뿔형으로 샤워꼭지 모양을 한 화탁은 15~25개의 검은 종자가 생긴다. 화탁은 구조적으로 익으면 아래를 향해 숙이고 각 심실 안에 박혀 있는 소견과는 긴 열매자루가 바람에 흔들릴 때 밖으로 튀어나와 물속으로 떨어진다.

공기역학적 날개를 부착하는 또 다른 형태는 목화 종자에서 볼 수 있다. 목화 종자는 다량의 털이나 공기를 채우는 부분을 넓힘으로써 산포체의 표면을 증가시키는 동시에 무게를 감소시킨다. 모감주나무와 고추나무는 일반적으로 씨방을 부풀려서 부레 또는 얇고 투명한 풍선 모양의 열매를 만들어 공기가 들어갈 공간을 만들어 이동 산포된다.

난과식물은 바람을 타고 먼 거리를 이동하기 위한 가장 효과적인 전략으로 극도로 작고 가벼운 종자를 많이 생산한다. 새우난초속의 일종인 칼란테 베스티타(*Calanthe vestita* Wall. ex Lindl.)에는 1g에 200개 이상의 종자가 들어 있다. 이러한 종자는 내배유와 배를 줄여서 무게를 가루 수준으로 감소시킨다.

물에 의한 종자산포

물에 의해 산포되는 종자는 부력을 갖도록 공기나 발수성 조직을 가진다. 빅토리아연과 수련의 종자에는 주병에서 기원된 은색의 반투명 공기주머니가 있다. 또한 물에 떠다니다가 적당한 곳에 정착할 수 있도록 갈고리나 가시를 갖기도 한다. 마름속 식물(*Trapa* spp.)의 열매는 2개 또는 4개의 날카롭고 휘어진 갈고리로 다른 동물에 붙거나 땅에 정착한다. 마름은 'water caltrop' 또는 'water chestnut'으로 불리는데, 'water chestnut' 또는 'chinese water chestnut'로 불리는 남방개(*Elaeocharis dulcis*(Burm. f.) Trin. ex Hensch.)와 혼동된다. 중국요리에서 흔히 쓰이는 아삭아삭한 식감의 남방개는 열매가 아니라 사초과 식물의 알줄기(구경)이다.

석류풀과(Aizoaceae)에 속하는 종들과 동의나물의 종자들은 빗방울에 의해 꼬투리 밖으로 쏟아져 나온다. 동의나물의 열매는 여러 개의 골돌과로 이루어진 복합과이다. 이 골돌과는 위쪽으로 향한 봉합선을 따라 열리는데, 종자가 보일 때에는 그릇 모양으로 빗방울이나 이슬을 받고, 빗방울이나 이슬방울이 골돌과에 부딪칠 때 종자가 튀어 나간다. 물에 떨어져 떠다니던

16. 이질풀
17. 도깨비바늘
18. 청미래덩굴
19. 코코넛
20. 연꽃
21. 동의나물

종자는 합점의 끝에 공기로 채워진 조직이 있어서 4주까지 물에 떠 있을 수 있다. 또한 꿀풀과 식물들은 종자를 멀리 퍼뜨리기 위해 윗꽃받침이 스프링보드 역할을 하는 탄성 있는 구조를 발달시켰다. 즉, 빗방울이 윗꽃받침에 떨어지면 화경이 굽었다가 펴지면서 소견과가 튀어 나간다.

열대지방의 맹그로브는 종자가 조수에 씻겨나가는 것을 막기 위하여 모체에서 종자를 발아시켜 자라다가 아래로 떨어져 바로 진흙에 심어진다. 가장 흔한 적색 맹그로브(*Rhizophora mangle* L.)의 다 자란 배아의 길이는 25cm로 곤봉 모양이다. 열대 종자식물의 1% 미만이 해수에서 한 달 이상 표류하는 열매나 종자를 생산하는 것으로 추산된다. 특별히 물에 의해 산포되도록 적응된 종자들은 두꺼운 목질의 종피로 전체 공간을 채우지 않고 두 떡잎 사이에 공기로 채워진 틈을 남겨두거나 가벼운 떡잎조직 등의 부력 장치를 가진다.

바다에 떠서 산포되는 식물의 전형적인 예로 코코넛(*Cocos nucifera* L.)이 있다. 코코넛은 녹색 외과피, 안쪽에 섬유질로 된 스펀지 같은 중과피, 두껍고 단단한 내과피로 구성되어 있는 건핵과이다. 코코넛이 생존 가능한 상태로 떠다닐 수 있는 최대 거리는 평균 5,000km이다. 코코넛이 해변에 닿으면

22. 라이조포라 종자 싹트기
23. 해홍나물

비가 와서 코코넛에 묻은 소금기가 씻긴 후에 천천히 싹이 튼다. 바다 모래에는 수분이 거의 없어서 코코넛의 어린 싹이 발아하는 데 코코넛 속의 액체 배유에 저장된 수분이 이용된다.

스스로에 의한 자가산포

어떤 식물들은 종자를 바람, 물, 또는 동물에게 맡기는 대신 짧은 거리는 스스로 종자를 산포시킬 수 있는 자가산포 기작을 발달시켰다. 자가산포는 죽은 조직의 수동적인 움직임(흡습)이나 살아 있는 세포의 높은 압력으로 인한 능동적인 움직임으로 종자를 멀리 발사(탄도 분산)하거나, 열매를 땅에 묻음으로써(지하 결실) 일어난다. 삭과와 골돌과 같은 건열개과는 과피가 마르면 점차 열매 조직이 수축하여 결국 열매 벽의 선을 따라 파열한다. 이 중 봉선화속과 박과의 물총오이(squirting cucumber) 같은 다육질의 열개과는 얇은 벽의 세포로 된 조직이 물을 섭취하여 세포 내의 압력(팽압)을 증가시켜서 열매가 조금만 움직여도 터져서 종자를 방출한다.

봉선화(touch-me-not)의 열매를 두 손가락으로 가볍게 눌러본 사람이라면 그 꽃의 이름이 얼마나 적절한지를 알 것이다. 봉선화의 대롱거리는 열매는 5개의 심피(암술을 구성하는 기본 단위로 대포자엽에 해당)로 이루어져 있고, 심피 사이에는 이미 형성된 열개선들이 있다. 과피의 바깥층에 압력이 축적되고, 압력이 심피를 분리할 만큼 충분히 강해졌을 때는 아주 약간의 움직임에도 열매가 폭발한다. 과피의 바깥쪽이 안쪽보다 더 팽창되면 열매의 판막은 번개처럼 재빨리 안쪽으로 휘면서 종자를 5m 거리까지 던진다. 폭발의 도화선은 지나가는 동물, 빗방울, 나무에서 떨어지는 물, 바람, 또는 인접한 열매에서 내보낸 종자일 수도 있다.

지중해의 물총오이는 열매가 익어감에 따라 안쪽 조직 층들은 두껍고 비교적 탄력이 없는 외피에 대한 팽압을 축적한다. 줄기의 밑쪽에 이미 있던 열개선은 열매가 꽃자루에 대해 180° 가까이 회전함에 따라 공중을 향하게 된다. 결국 매우 작은 움직임으로 인해 줄기는 튀어 올라 구멍을 만들고, 그 구멍으로 물기가 많은 즙과 종자가 뿜어져 나온다. 열매 속의 압력은 매우 높아서 종자가 10m 넘게 멀리 이동할 수 있다.

수동적으로 발사되든 능동적으로 발사되든, 일반적으로 열매가 터질 때 종자가 몇 m 이상을 넘어서 분산되지는 않는다. 탄도 분산의 이점은 특수한 구조가 거의 없고, 동물에게 보상을 하지 않아도 된다는 점이다. 즉 열매로부터 종자가 분출되는 것은 흔히 단순한 산포방법에 해당한다. 그러나 물총오이, 팬지, 등대풀속 식물 및 가시금작화 등 많은 종자는 에너지가 풍부하고, 기름기가 많은 부속물이 있어 먹을 수 있는 미끼로 개미를 유혹해서 그들의 종자를 모식물체로부터 멀리 운반하게 한다. 그러한 부속물 외에 탄도학적으로 산포되는 종자는 보통 작고 매끄러우며, 거의 구형으로 공기 저항이 낮다.

땅콩의 열매는 어떻게 땅위에 핀 꽃으로부터 발달하여 땅속에 있게 될까? 수분 및 수정 후에 씨방이 땅속으로 밀려 내려가는 땅속 결실에 의한다. 즉, 배주가 수정되면 씨방자루가 아래로 휘고, 어리고 뾰족한 씨방을 땅속으로 밀어 넣을 때까지 길어진다. 종자가 지하로 들어가면 부풀어 올라 땅콩을 생산한다. 땅속 결실은 대부분 사막, 초원 및 사바나 서식지와 같은 건조하고 더운 기후에서 사는 일년생 식물에서 발견된다. 열매를 묻는 것은 초식동물에 대한 보호 장치이자 생존에 그리 적합하지 않은 환경에서 살아남기 위한 전략이다.

어떤 산포체들은 분산 후에 스스로를 묻는데 이는 동물 포식자로부터의 보호 외에 건조한 흙 표면 바로 밑의 습한 층에 도달하기 위한 것으로 간주된다. 국화쥐손이(*Erodium stephanianum* Willd.)의 열매는 습기 변화에 따라 꼬였다가 풀렸다가 하는 흡습성 부속물의 회전하는 움직임으로 땅을 뚫고 들어갈 수 있다. 쥐손이풀 종류의 산포체는 긴 부리가 있는 소과로 이루어진 분리과다. 열매가 분리되면 각각의 단일종자 소과들의 부리가 흡습성에 따라 움직이는 까락 역할을 한다.

메귀리, 나래새 같은 일부 벼과식물의 까락 아랫부분은 나선형으로 꼬여 있고 흡습성이 매우 크다. 습도에 따라 아랫부분이 감기거나 풀려서 까락의 곧은 말단 부분이 갑자기 움직여 짧은 거리를 뛸 수 있다. 수레국화 같은 국화과 식물에는 짧고 뻣뻣한 관모(변형된 꽃받침)가 있어 습도 변화에 따라 관모 비늘이 반복적으로 들어갔다 나왔다 하며 땅 위에서 열매를 몇 cm 정도 밀어 움직일 수 있다. 거리는 짧지만 적어도 모식물체로부터 이동할 수 있는 것이다.

동물을 유혹하다

동물은 바람과 물보다 훨씬 더 확실한 종자산포매개체이다. 동물과의 관계를 발달시킨 식물들은 상대적으로 적은 양의 종자를 생산한다. 마황(*Ephedra*), 매마등(*Gnetum*), 은행 및 몇몇 구과식물과 모든 소철류 등 나자식물의 약 50%가 동물매개체에 의해 산포된다. 피자식물은 동물에 붙어서 또는 동물 내부로 들어가서 이동할 수 있는 전략들을 발달시켜 피자식물군이 진화적으로 성공했다는 것을 이해하는 또 하나의 열쇠를 제공한다.

특히 온대 기후에서 척추동물의 가장 중요한 산포매체들은 새와 포유류이다. 열대 지방에서는 대부분 척추동물에 의해, 때로는 어류와 파충류에 의해 산포된다. 척추동물에 의해 산포되는 식물들의 열매는 익기 전에는 동물의 눈에 띄지 않고 단단하며 냄새도 없고 심지어 독성이 있기도 하다. 그러나 종자가 성숙되면 당, 단백질 또는 지방이 풍부한 영양가 높은 과육을 동물에게 보상하겠다는 약속의 신호를 보낸다. 이때 신호의 성격은 유혹할 동물의 종류에 따라 다르다. 뛰어난 시력을 가진 새들을 유혹하는 식물의 열매는 주로 녹색 배경에서 눈에 잘 띄는 적색이며, 자주색, 흑색, 청색, 또는 이들의 조합(특히 적색과 흑색)도 있다. 예리한 후각에 의지하는 야행성 포유류를 유혹하는 식물은 대체로 갈색이나 녹색 등 열매의 색이 단조로운 대신 성숙했을 때 강한 방향성 향기를 풍긴다. 예를 들어 사과, 배, 서양모과, 들장미, 감귤류, 망고, 파파야, 시계꽃, 멜론, 바나나, 파인애플, 잭프루트 및 무화과 같은 식물들은 설치류, 박쥐, 곰, 유인원, 원숭이 및 코끼리와 같은 포유류에 의해 산포된다. 특히 열대지방에서는 유인원, 원숭이, 그리고 특히 큰 박쥐 등 포유류에 의해 산포되는 열매가 훨씬 흔하다.

가장 중요한 동물소화산포의 매개체는 역시 조류이다. 조류는 종수가 많고, 먹이를 씹지 않기 때문에 열매를 먹으면서 종자를 파괴하지 않는다. 조류매개산포 열매는 일반적으로 크지 않은 하나의 종자를 가지거나 새가 삼키지 않는 종자(예: 버찌) 또는 과육(예: 건포도)과 함께 섭취되는 작은 종자를 많이 가진다. 온대 기후에서 조류에 의해 산포되는 열매는 가을에 성숙되는데, 이는 새가 남쪽으로 장거리 이동을 하기 전 에너지를 축적해야 하기 때문이다.

동물에 의해 분산되는 산포체는 보통 영양가 있는 과육을 제공하는 장과 및 핵과와 같은 부드러운 열매이지만, 어떤 식물에서는 산포에 대한 보상이 열매가 아닌 종자 그 자체이기도 하다. 먹을 수 있는 부분은 다육질 종피 또는 가종피라고 하는 특별한 부속물일 수 있다. 그래서 종피로 동물에게 먹이를 보상하는 식물의 바깥 종피는 눈에 잘 띄는 색의 다육질인 반면, 안쪽 종피는 배를 보호하기 위해 단단한 경우가 많다. 이미 매마등과 고시대의 은행 및 소철류 등의 나자식물이 다육질의 바깥 종피가 발달된 종자를 생산했던 것으로 미루어 동물산포매개체를 유혹하기 위해 먹을 수 있는 종피를

24. 은행 종자

제공하는 것은 고전적 전략임을 알 수 있다.

흔히 볼 수 있는 은행의 종자는 오렌지 빛의 노란색 다육외층이 두꺼워서 노란색을 띠는 장과나 핵과와 외양이 비슷하다. 성숙한 은행종자의 다육질 종피에는 뷰티르산이 있어 종자가 떨어진 후에는 썩으면서 불쾌한 냄새를 풍긴다. 아직까지 알려지지 않았으나 은행나무가 포유류보다 훨씬 이전에 나타났으므로 이 냄새로 공룡을 유인했으리라고 추측된다. 소철은 성숙했을 때 구과가 해체되고 대포자엽이 분리되면 종종 밝은색의 큰 종자를 드러낸다. 다육외층은 대부분 적색, 자주색 또는 진홍색이지만 종에 따라 오렌지색, 갈색, 노란색, 또는 흰색도 있다.

이렇듯 식물은 종족 보존을 위해 꽃을 피워 열매와 종자를 맺고 종자를 모식물체로부터 가능한 멀리 떨어지게 하기 위한 다양한 구조와 방법을 진화시켜 왔다. 동물과 달리 땅에 뿌리를 내리고 한 장소에 고정되어 있어 대부분의 식물에게 종자는 생활사 중에서 움직일 수 있는 유일한 단계이다. 종자의 이동은 식물이 다른 식물과의 경쟁, 좋지 않은 환경조건, 모식물체를 찾는 포식자 같은 위험 요소를 피할 수 있는 기회이다. 따라서 대부분의 경우, 종자가 생겨난 원래의 자리에서 발아하는 것은 좋지 않다. 어린 개체는 빛, 물 그리고 영양분을 차지하기 위해 같은 모식물체에서 나온 다른 개체들뿐 아니라 모식물체와도 경쟁해야 하기 때문이다. 이러한 이유로 열매와 종자는 이동할 수 있는 특별한 능력을 발달시켜 왔다.

휴면하면서 때를 기다리다

개구리, 박쥐, 곰은 겨울잠을 자고, 달팽이, 악어, 거북과 어떤 곤충은 여름잠을 잔다고 알려져 있다. 동물들이 너무 춥거나 너무 더운 경우 대사활동을 최대한 낮춘 상태로 겨울잠과 여름잠을 자듯이 식물의 종자, 포자, 겨울눈도 휴면을 한다. 특히 종자의 휴면은 종자식물 진화의 중요한 요인이다. 경남 함안 성산산성에서 출토된 2009년 5월 연꽃씨 두 알의 방사성 탄소의 연대를 측정한 결과 한 개는 650년 전, 다른 한 개는 760년 전으로 밝혀져 약 700년 전 고려시대의 연꽃에서 나온 것으로 추정되었다. 여덟 개의 종자를 심은 결과, 세 개가 싹을 틔웠고 다음해인 2010년 7월, 700년 만에 꽃을 피워 보도된 적이 있다. 대부분 식물의 종자는 발아할 때를 기다리며 휴면(dormancy)한다. 종자의 휴면은 내적인 요인에 의해 종자의 발아가 저해되어 있는 일시적 생육 정지 상태로 정의된다. 휴면 기간은 종자의 종류에 따라 다르며 휴면에는 두 종류가 있다. 종자가 식물체에서 성숙할 때 이미 자체 내 원인에 의해 휴면 상태에 있는 1차 휴면(자발휴면)과 종자와 눈은 생장 능력이 있으면서 특정한 환경 자극에 의해 일시적 생장이 정지되는 2차 휴면(유도휴면)이다.

휴면의 원인은 종피 또는 배에 있으며 식물의 종류에 따라서 그 생리적인 기작은 다양하다. 즉, 외견상 종자가 성숙해도 배가 미숙하여 발아 능력이 없거나, 종피가 산소와 수분을 흡수하지 못하거나, 어느 정도 흡수해도 배가 팽대하지 못하게 기계적 저항을 가함으로써 휴면한다. 휴면은 발아를 억제시키는 식물호르몬과 화학물질에 의해서도 일어난다. 예를 들어 사과와 자두나무는 앱시스산(abscisic acid)에 의해 휴면이 유도되고, 귀리는 배에 있는 지베렐린(gibberellin)에 의해 발아가 억제된다. 휴면을 타파하기 위해서는 종피에 상처를 내거나 에테르, 온수, 에탄알코올, 염산 등에 담그거나 지베렐린과 사이토키닌 같은 발아촉진 호르몬, 빛, 라듐, 저온, 가스와 연기 등을 처리한다. 종자의 휴면을 타파하기 위한 처리 중 일정 수준의 저온에 노출시키는 것을 춘화처리(vernalization)라고 한다. 종자뿐 아니라 히아신스, 무스카리, 수선화 등의 구경식물도 춘화처리를 할 수 있다. 구근을 냉장고 야채박스에 넣어 저온처리를 하면 원래의 개화 시기보다 일찍 겨울에도 실내에서 꽃을 피울 수 있다.

2부

인간 문화와 식물

8장

신들의 정원

2장에서 언급했듯이 식물의 학명은 속명과 종소명 및 명명자로 이루어진다. 이때 속명과 종소명은 식물의 특징, 지역명, 발견자명 또는 특정 인물명, 고어(古語), 신화에 등장하는 신의 이름 등을 따서 붙인다. 예를 들어 토끼풀의 학명은 '*Trifolium repens*'로 잎이 3장의 작은 잎으로 된 잎의 특징을 속명으로, 땅 위를 기는 식물의 특징을 종소명으로 나타내어 명명되었다. 탐라사철란의 학명은 '*Goodyera x tamnaensis*'로 식물이 자라는 지역명인 제주도의 옛 이름인 탐라도를 종소명으로 나타냈다. 계우옥잠난초는 식물분류학자 계우 이영노 박사의 이름을 기리기 위해 '*Liparis yongnoa*'로 명명했다. 비짜루속인 '*Asparagus*'는 희랍고어 'asparagos(새싹, 새순)'에서 유래했다. 그리스신화와 단군신화, 전설과 우화에도 여러 가지 식물이 등장하는데, 이는 아주 오래전부터 식물이 인류의 삶 속에 녹아 있기 때문인 듯하다. 신화에 나오는 신들의 이름이 그대로 식물명으로 되어 있는 경우도 있어서 신화를 알면 식물명의 유래와 식물명을 잘 기억하는 데 도움이 될 것이다.

1. 식물명과 신의 이름

여신 이름의 식물명

우리나라 고조선의 건국신화인 단군신화에는 마늘과 쑥이 등장한다. 그 중 쑥은 국화과에 속하는 식물로 속명인 '*Artemisia*'는 그리스신화에 등장하는 달의 여신 아르테미스(Artemis)에서 유래했다. 아르테미스는 제우스와 레토의 딸로 아폴론과 쌍둥이 남매이며 올림퍼스의 12신 중 하나이다. 아르테미스는 사냥꾼으로 산과 들에서 동식물의 다산과 번성을 주관하며 출산과 어린이의 성장을 수호하기도 했다. 그리스신화와 단군신화에서 모두 쑥이 등장한다는 점, 신화에서 아르테미스가 다산과 번영을 주관한 것과 실제로 한방에서 쑥이 부인병에 효과가 있다는 것이 서로 연결된 것은 흥미로운 일이다.

꿀풀과의 박하 속명인 '*Mentha*'는 여신 멘테(Menthe)에서 유래되었고 그 외에도 많은 식물명이 그리스신화의 이름에서 유래되었다. 백두산에 자라는 난과식물인 풍선난초의 속명 '*Calypso*'는 칼립소라는 바다의 요정, 함경도에 분포하는 진달래과 식물인 장지석남의 속명 '*Andromeda*'는 안드로메다 공주의 이름에서 유래했다. 서향과의 백서향과 서향이 속한 서향속 '*Daphne*'는 다프네 여신인 다프네(Daphne)에서, 벼과의 나도바랭이속인

1. 팥꽃나무
2. 상사화
3. 몬트부레치아

'*Chloris*'는 영웅 네스트로(Nestro)의 어머니인 클로리스(Chloris)에서, 백합과의 맥문동속인 '*Liriope*'는 물의 요정에서, 수선화과의 상사화 속명인 '*Lycoris*'는 해녀신인 라이코리스(Lycoris)에서 유래했다. 수련과의 가시연꽃 속인 '*Euryale*'는 괴물 메두사(Medousa)의 여동생이며 무서운 얼굴과 뱀 같은 머리카락을 가진 유리알레(Euryale)에서 유래했는데 아마도 잎과 꽃에 가시가 많아서인 듯하다. 붓꽃과에 속하는 식물로 유럽원산의 몬트부레치아 속명인 '*Tritonia*'는 바다의 여신 트리톤(Triton)에서 유래했다.

수선화와 나르시서스

대부분의 식물 이름은 여신의 이름을 따서 붙였지만 일부는 남신의 이름을 붙이기도 했다. 수선화의 영어명은 나르시서스(나르키소스, Narcissus) 또는 데포딜(Daffodil)이다. 그리스신화에서 숲과 샘의 요정인 에코는 나르시서스를 사랑하는데 나르시서스가 이를 받아들이지 않자 수치심으로 죽고 말았다. 그래서 다른 요정들은 복수의 여신에게 나르시서스를 벌하라며 조른다. 복수의 여신은 나르시서스로 하여금 연못에 비친 자신의 모습을 사랑하게 만들었고 그는 물에 비친 자신에게 입맞춤을 하려다가 그것이 자신의 반사된 모습인 것을 알고 슬픔에 빠져 칼로 자살한다. 그가 죽은 자리에 피어난 꽃이 수선화이고, 자기사랑, 자기주의 등의 꽃말을 갖는다. 수선화는 설중화라고도 하며 지중해 원산이다. 넓은 난형의 비늘줄기가 있고 잎은 줄 모양으로 늦가을에 자라기 시작하고, 흰빛을 띤 녹색이다. 꽃은 꽃자루 끝에 1~6개의 꽃이 옆을 향하여 피며, 꽃잎과 꽃받침이 구분되지 않는 6장의 화피 안쪽에 왕관 모양의 흰색, 주황색, 또는 노란색 부화관(corona, 副花冠)이 있다. 수선은 중국명으로, 물에 있는 신선을 뜻한다. 신화와 달리 나르키소스에 마취작용을 하는 향이 있어서 마취라는 의미의 '나르케Narke'에서 왔다는 설도 있다. 수선화의 생즙을 갈아 부스럼을 치료하고, 꽃은 향유를 만들어 풍을 제거한다. 비늘줄기는 거담과 백일해 등에 약용한다.

복수초와 아도니스

이른 봄에 피는 복수초(福壽草)의 속명은 아도니스(*Adonis*)이다. 아도니스는 그리스 신화에 나오는 미소년으로 미의 여신인 아프로디테(Aphrodite, 비너스)와 저승의 여신인 페르세포네(Persephone)가 서로 아도니스를 차지하려고 다투었다. 이를 중재하기 위해 제우스(Zeus)는 일 년 중 1/3은 지상에서 아프로디테와, 1/3는 지하에서 페르세포네와 지내게 하고 나머지 1/3은 아도니스가 택하게 했다. 아도니스는 아프로디테를 선택하여 2/3를 아프로디테와 보냈다. 아도니스는 사냥을 좋아했는데 사냥의 여신인 아르테미스는 아프로디테가 여자사냥꾼인 히폴리투스를 죽게 선동한 것에 대한 앙갚음으로 아도니스를 멧돼지에게 물려 죽게 했다. 이때 아도니스가 흘린 피가 떨어진 자리에서 복수초가 나왔다고 하여 복수초의 속명을 '*Adonis*'라고 한다. 유럽의 복수초(*Adonis annua* L.)는 'annua'라는 종소명이 의미하듯이 일년생이며, 아도니스가 흘린 피처럼 붉은색 꽃을 피우지만 우리나라 복수초는 다년초로 모두 노란색 꽃을 피운다.

히아신스와 히아킨토스

그리스신화에 따르면 태양의 신 아폴론과 서풍의 신 제포로스의 사랑을 받는 히아킨토스(Hyacinthus)라는 소년이 있었다. 어느 날 아폴론과 히아킨토스가 원반을 던지며 놀고 있는 모습을 본 제포로스는 질투를 느낀 나머지 강풍을 불어서, 아폴론이 던진 원반의 방향을 바꾸어 히아킨토스의 머리를 맞게 했다. 히아킨토스가 그 자리에서 즉사하자 아폴론은 슬퍼하며 그를 꽃으로 만들어 주었는데 그 꽃이 바로 히아신스이다.

4. 히아신스

히아신스(*Hyacinthus orientalis* L.)는 발칸반도 및 터키 원산이며, 비늘줄기(인경)는 난형이고 겉은 흑갈색이다. 잎은 뿌리에서 4~5개가 착생하여 비스듬히 벌어지고 선

형이며 안쪽으로 굽는다. 이른 봄 잎 사이에서 꽃줄기가 자라서 꽃이 총상꽃차례로 옆을 향해 깔때기 모양으로 핀다. 꽃은 청자색이지만 여러 가지 빛깔이 있으며, 화피의 윗부분은 6개로 갈라지고, 수술은 6개로서 화관통부 위쪽에 붙는다. 열매는 삭과로 달걀 모양의 원형이고, 종자는 겉에 잔돌기가 있다.

그 밖에 미나리아재비과에 속하며 뿌리를 약용으로 하는 작약의 속명 '*Paeonia*'는 의술의 신 파에온(Paeon)에서 유래했다. 우리나라 자생식물은 아니지만 흔히 재배되고 있는 국화과의 멕시코해바라기속(*Tithonia*)은 새벽의 여신인 에오스의 사랑을 받은 남신 티토노스(Tithon)에서 유래했다.

2. 전설과 신화 속 식물

개나리

이른 봄을 노란 세상으로 물들여 희망이라는 꽃말을 가진 개나리(*Forsythia koreana* Nakai)에는 새와 관련된 전설이 있다. 옛날에 새를 아주 좋아하는 공주가 있었다. 공주는 자기가 가진 예쁜 새장에 세상에서 가장 아름다운 새를 넣고 싶었다. 그러던 어느 날 어떤 노인이 깃털, 부리, 몸통이 모두 샛노란 아름다운 새를 가져왔다. 공주는 다른 새는 쳐다보지도 않고 그 샛노란 새만 돌보았는데, 시간이 지날수록 새의 모습과 색이 변했다. 알고 보니 노란 물감을 칠한 까마귀였고 공주는 속은 것이 분해 식음을 전폐하다가 결국 죽고 말았다. 그리고 다음 해 봄 공주의 무덤에 아름다운 샛노란 꽃이 피었는데 이 꽃이 바로 개나리라고 한다.

개나리는 가지 끝이 밑으로 처지며, 가지에 껍질눈(피목, lenticel)이 뚜렷하다. 타원형의 잎은 마주나고 톱니가 있으며, 길이 3~12cm이다. 잎 앞면은 짙은 녹색이고 뒷면은 황록색이다. 노란색 꽃은 4월에 잎겨드랑이에서 1

~3개씩 피며 꽃받침과 화관은 4갈래, 수술은 2개이고 화관에 붙어 있으며 암술은 1개이다. 암술대가 수술보다 위로 길게 올라온 것은 장주화이고, 암술이 수술보다 짧은 것은 단주화이다. 열매는 삭과로 9월에 익으며, 열매를 말린 것을 연교라 하고, 햇볕에 말린 열매를 술에 담근 것을 연교주라 하며, 개나리꽃으로 담근 술을 개나리주라고 한다. 번식은 가지를 휘묻이나 꺾꽂이로 하며, 병충해와 추위에 잘 견디므로 흔히 관상용과 생울타리용으로 심는다.

할미꽃

"뒷동산에 할미꽃, 꼬부라진 할미꽃, 젊어서도 할미꽃 늙어서도 할미꽃"으로 불리는 할미꽃에 대한 전설이 있다. 옛날 한 할머니가 두 손녀와 함께 살고 있었는데 큰 손녀는 얼굴을 예뻤지만 성격이 고약했고, 작은 손녀는 얼굴을 못생겼지만 마음씨는 고왔다. 후에 큰손녀는 부잣집에 시집을 가고 작은 손녀는 가난한 나무꾼에게 시집을 가게 되었다. 늙어 혼자 살기 힘들어진 할머니는 큰 손녀를 찾아갔지만 큰 손녀는 할머니를 문 앞에서 거절했다. 할머니는 할 수 없이 작은 손녀를 찾아가던 중 그만 죽게 되었다. 작은 손녀는 슬퍼하며 할머니를 양지바른 곳에 묻었고, 다음 해 봄 할머니의 무덤에서 꽃이 피어나 할미꽃이라 부르게 되었다.

할미꽃(*Pulsatilla cernua*(Thunb.) Bercht. ex J. Presl)은 산과 들판의 양지에서 자라고, 뿌리는 곧고 굵으며 잎은 잎자루가 길고 5개의 작은 잎으로 된 깃꼴겹잎으로, 작은 잎은 3개로 깊게 갈라지고 전체에 흰 털이 빽빽이 나서 흰빛이 돌지만 잎 표면은 짙은 녹색이고 털이 없다. 꽃은 4월에 피고 꽃자루 끝에서 밑을 향하여 달리며 꽃받침잎은 6개이고 긴 타원형이며 겉에 털이 있으나 안쪽에는 없으며 붉은 빛을 띤 자주색이고, 꽃잎은 없다. 열매는 수과로 긴 달걀 모양이며 끝에 암술대가 남아 있다. 머리 모양의 두상꽃차례를 이루고 있는 수과 열매들의 하얗고 긴 암술대들이 마치 백발의 노인을 연상

5. 개나리
6. 할미꽃
7. 동자꽃

시킨다 하여 노고초(老姑草), 백두옹(白頭翁)이라고도 한다.

동자꽃

강원도 어느 깊은 산속 작은 암자에 노스님과 어린 동자승이 살고 있었다. 그러던 어느 초겨울날, 겨울나기 준비를 위해 노스님은 동자승을 홀로 암자에 남겨두고 마을로 갔다. 그런데 갑자기 폭설이 내려 노스님은 암자에 돌아갈 수 없었다. 이듬해 봄이 되어서야 암자로 돌아가 보니 어린 동자승이 노스님을 기다리다 바위에 앉은 채로 얼어 죽어 있었다. 노스님은 동자승을 바위 아래 양지바른 곳에 묻었는데 그해 여름 무덤가에 동자승의 발그스레한 얼굴을 닮은 꽃들이 피어나 '동자꽃'이라 불리게 되었다.

동자꽃(*Lychnis cognata* Maxim.)은 석죽과에 속하는 다년생 초본으로 산지의 반그늘에 습기가 많은 곳에서 자란다. 줄기는 전체에 털이 많고 곧게 서며 약 40~120cm로 마디가 뚜렷하다. 잎은 넓은 피침형으로 끝이 뾰족하고 가장자리는 밋밋하며 털이 있고, 잎자루는 없다. 꽃은 6~8월에 줄기 끝과 잎겨드랑이에서 난 짧은 꽃자루에 한 개씩 피어 취산꽃차례를 이룬다. 꽃받침은 긴 곤봉 모양, 끝이 5갈래이며, 꽃잎은 주황색으로 5장이고 납작하게 벌어지며, 끝이 오목하게 들어가고 양쪽 아래에 돌기가 있다. 꽃잎 안쪽에 작은 비늘조각이 10개 있으며, 수술은 10개, 암술대는 5개이고, 열매는 삭과다.

꽃며느리밥풀

옛날에 효성이 지극한 며느리가 살았는데, 시어머니는 며느리가 아무리 잘해도 트집을 잡고 구박했다. 그러던 어느 날 며느리가 밥을 하다가 밥이 잘 되었는지 보려고 밥알을 입에 넣었다. 이것을 본 시어머니는 어른이 먹기 전에 아랫사람이 먼저 밥을 먹었다며 며느리를 마구 때려 죽게 했다. 이듬해 봄 억울하게 죽은 며느리의 무덤에서 꽃이 피어났다. 꽃들은 죽은 며느리가 흰 밥알을 물고 죽은 모양이어서, 며느리의 한이 꽃으로 환생했다고 한다.

꽃며느리밥풀(*Melampyrum roseum* Maxim.)은 산지의 볕이 잘 드는 숲 가장자리에 자란다. 줄기는 높이 30~50cm이며 곧게 서고, 가지가 마주 갈라진다. 잎은 마주나고 좁은 난형 또는 피침형으로 끝이 뾰족하다. 꽃은 7~8월에 수상꽃차례로 피며 꽃받침은 종 모양이고 4갈래로 갈라지며 털이 있다. 화관은 붉은 색이며 길이 15~20mm의 통 모양이고, 끝은 입술 모양이며 아랫입술의 가운데 조각에 2개의 흰색 무늬가 있다. 수술은 2개가 다른 것보다 길다. 열매는 삭과이며 난형이고, 종자는 타원형이고 검은색이다.

목련

옛날 하늘나라에 아주 아름답고 상냥한 공주가 살고 있었는데, 하늘나라의 젊은이들이 모두 공주에게 구애했지만 공주는 거들떠보지도 않았다. 사실, 공주는 언젠가 본 북쪽마을의 바다지기의 건장한 모습에 반해 그를 사모하고 있었기 때문이다. 그런데 바다지기는 이미 결혼하여 아내가 있었고 마음도 정직하지 못하고 흉악하기까지 했다. 공주의 속마음을 알 수 없었던 왕은 오로지 공주를 결혼시키려는 생각만 하고 있었다. 그러던 어느 날 밤 공주는 아무도 모르게 궁궐에서 빠져나와 바다지기가 있는 북쪽마을을 찾아갔다. 그러나 그에게 이미 아내가 있다는 소식을 듣고 실망한 나머지 바다에 몸을 던져 죽고 말았다. 뒤늦게 이 소식을 들은 바다지기는 공주의 사랑에 감동하여 공주의 시체를 잘 묻어 주었다. 그 일이 있은 후 바다지기는

8. 꽃며느리밥풀
9. 자목련
10. 함박꽃

기운도 없고 말도 잘 하지 않으며 우울한 나날을 보냈다. 그의 아내가 걱정이 되어 계속해서 묻자 그런 아내가 귀찮아진 바다지기는 아내에게 약을 먹여 죽이고 말았다. 나중에서야 소식을 들은 왕은 공주의 넋을 하얀 목련으로, 바다지기 아내의 넋은 자목련으로 태어나게 했다. 여인의 넋으로 무덤가에 피어난 목련은 죽어서도 북쪽의 바다지기를 그리워하여 모두 북쪽을 바라보고 피어났다. 이 전설처럼 목련의 꽃봉오리는 모두 북쪽을 향하는데, 실은 남쪽에 향한 화피의 생장이 북쪽의 화피생장보다 빨라서 봉우리 끝이 북쪽을 향하는 것이다. 중국 원산인 백목련(*Magnolia denudata* Desr.)과 자목련(*Magnolia liliflora* Desr.)이 많이 식재하며, 우리나라에 야생하는 목련(*Magnolia kobus* A. P. DC.)은 꽃받침이 꽃잎에 비해 현저히 작고, 꽃잎 또한 백목련과 자목련에 비해 좁은 것이 특징이다.

함박꽃나무

옛날에 결혼을 약속한 왕자와 공주가 행복하게 지내고 있었다. 전쟁이 일어나 왕자는 전쟁터에 가고, 공주는 왕자를 기다렸다. 그러던 중 공주는 성 앞을 지나가던 노파에게서 왕자가 전쟁터에서 죽었고 공주를 못 잊어 그 넋이 모란꽃이 되었다는 내용의 노래를 듣는다. 공주는 전쟁터로 가서 왕자의 넋이 변한 모란꽃을 발견하고는 곁에서 한참을 울다가 죽었는데, 그 자리에서 함박꽃이 피어났다는 전설이다.

함박꽃나무(*Magnolia sieboldii* K. Koch)는 목련과에 속하는 낙엽소교목으로 함백이꽃, 함박이, 옥란, 천녀목란, 천녀화라고도 하며, 북한에서는 목란이라고 한다. 산골짜기에서 높이 7m로 자라며, 가지는 잿빛과 노란빛이 도는 갈색이고 어린 가지와 겨울눈에 털이 있다. 잎은 어긋나고 도란형 또는 도란상 긴 타원형이며 가장자리가 밋밋하고 뒷면은 회색빛이 도는 녹색으로 맥 위에 털이 있다. 꽃은 양성화로 5~6월에 흰색으로 피며 향기가 있고, 꽃잎은 6~9개이고 수술은 밝은 홍자색이다. 열매는 타원형 골돌과로, 익으면 실에 매달린 종자가 나온다. 관상용으로 심으며, 민간에서는 수피를 건위제와 구충제로 이용한다.

삿갓나물

옛날에 섭씨 성을 가진 집안에 늠름한 아들 일곱과 꽃처럼 아름다운 딸 하나가 있었다. 그런데 갑자기 이무기가 내려와 집짐승을 잡아먹고 사람들에게 큰 해를 끼쳤다. 이에 일곱 아들은 마을을 구하기 위해 용감히 싸웠으나 힘이 달려 하나하나 잡아먹히고 말았다. 혼자 남은 딸은 오빠들의 원수를 갚기 위해 낮에는 무술을 닦고 밤에는 이무기와 싸울 때 입을 갑옷을 짰다. 49일 만에 갑옷이 완성되자 그녀는 사람들이 말리는데도 이무기와 싸우러 갔다. 딸 역시 힘이 모자라서 잡아먹혔는데, 그녀의 갑옷은 바늘로 만든 것이어서 이무기는 고통을 못 이겨 뒹굴며 몸부림치다 죽었다. 그 자리에서 풀이 돋아났는데 줄기에 일곱 개의 잎이 돌려나고 줄기 끝에 핀 꽃에 금빛 바늘 같은 것이 돋아 있어 칠엽일지화(七葉一枝花)라고 불렀다.

11. 삿갓나물

삿갓나물(*Paris verticillata* M. Bieb.)은 다년생 초본으로 땅속줄기는 옆으로 뻗고 줄기 중간에 6~8개의 잎이 돌려난다. 꽃은 꽃자루 끝에 한 송이가 위를 향해 피며 녹색이다. 꽃받침은 4~5개로 넓은 피침형이며 꽃잎은 실 모양으로 황색이고 나중에 아래로 처진다. 수술은 8~10개이며 꽃밥이 길다. 암술대는 4개이며 씨방은 자줏빛이 도는 갈색이며 열매는 둥글고 자색이 도는 검은색으로 익는다. 삿갓나물은 '삿갓풀'이라고도 하며, 나물이라고 해도 어린 순만 식용할 수 있고 우산나물과 달리 독초라서 뿌리줄기를 뱀독이나 암 등 종양 치료에 미량 사용한다. 삿갓나물의 꽃말은 '근심'이다.

자작나무

유럽의 한 왕자는 왕위 계승에 불만을 품고 유언비어를 퍼뜨려서 군대가 칭기즈칸과 싸우지도 않고 도망가게 했다. 이 사실을 안 유럽의 왕들이 왕자를 잡으려 하자, 그는 깊은 산 속으로 도망을 갔다. 그 왕자는 더 이상 숨을 곳이 없어 구덩이를 파고 흰 명주실로 친친 동여맨 채로 죽었는데, 거기서 자란 나무가 바로 자작나무라고 한다.

백두산에도 자작나무에 얽힌 이야기가 전해진다. 옛날 백두산 기슭에 백노인과 손녀 설화가 사냥하면서 살고 있었다. 백 노인이 사냥하러 간 사이 부잣집 막내아들이 노인의 집을 지나다가 설화를 보고 한눈에 반했다. 설화는 중매쟁이의 간청으로 부잣집 일을 돕게 되었는데, 막내아들에게 손목이 잡혔다는 소문이 나돌았다. 사냥에서 집으로 돌아오던 백노인이 소문을 듣고는 부잣집 주인과 아들을 모두 죽이고 도망갔다. 혼자 남은 설화는 할아버지를 찾아 헤매다가 돌처럼 굳어 버린 할아버지를 발견하고는 울다가 지쳐 죽고 말았다. 그 후 백노인과 설화가 죽은 자리에서 자작나무와 노랑만병초가 자라났다는 전설이다.

이와 같이 식물에 얽힌 탄생설화는 지역에 따라 다르기도 하다. 자작나무(*Betula pendula* Roth)는 낙엽활엽교목으로 줄기 껍질은 흰색이다. 잎은 어긋나며 넓은 난형 또는 삼각형 난형으로 끝이 뾰족해진다. 꽃은 암수한그루에 피며 수꽃이삭은 아래로 처지며 암꽃차례는 짧고 처음에는 위로 서다가 나중에 열매가 익으면 아래로 처진다. 나무를 태우면 '자작자작' 소리가 난다 하여 자작나무라고 이름이 붙여졌다.

12. 자작나무

백일홍

옛날 한 마을에서는 매년 나타나는 이무기를 달래기 위해 아름다운 처녀들을 바쳤다. 그해는 김 노인의 딸이 제물로 바쳐질 차례여서 제사장 앞에 앉아 있는데, 한 청년이 나타나 이무기를 죽여 버렸다. 마을 사람들은 기뻐했고 그 청년은 처녀와 결혼을 하기로 약속한다. 청년은 자신이 옥황상제의 아들이며 잃어버린 여의주를 찾아야 처녀와 결혼할 수 있으니, 백 일 후에 여의주를 찾아 돌아오겠다고 했다. 청년은 자신이 탄 배의 깃발의 색이 흰색이면 자신이 살아 돌아온 것이고, 붉은 색이면 죽은 것으로 알라고 했다. 백 일 동안 처녀는 총각을 기다리며 기도를 드렸다. 청년은 여의주를 찾아 돌아오던 길에 또 다른 이무기를 죽였는데, 이무기의 피로 깃발은 붉게 물이 들었다. 이 붉은 깃발을 본 처녀는 자결했고, 그 후 그녀의 무덤에서 백 일 동안 아름다운 빨간 꽃이 피었다. 백 일 동안 기도한 처녀의 넋이 꽃으로 피어났다 하여 백일홍이라 부르게 되었다.

백일홍(*Zinnia elegans* L.)은 꽃이 100일 동안 붉게 핀다는 뜻이며, 백일초라고도 한다. 멕시코 원산의 귀화식물로 국화과에 속하는 일년생 초본이며, 관상용으로 재배한다. 잎은 마주나고 잎자루가 없으며 난형으로 끝이 뾰족하며 밑은 심장 모양이고, 가장자리는 밋밋하며 털이 나서 거칠다. 총포조각은 둥글고 끝이 둔하며, 가장자리 윗부분이 검은색이고, 꽃은 긴 꽃줄기 끝에 두상화서로 피며, 꽃색은 다양하다. 열매는 수과이다.

튤립

옛날 네덜란드에 한 아름다운 소녀가 있었다. 소녀에게 반한 세 청년이 각각 왕관, 검, 금괴를 선물하며 청혼하자 그녀는 거절치 못하고 괴로워하다가 꽃의 신 플로라에게 구원을 청해 튤립이 되었다. 꽃봉오리는 왕관, 잎은 검, 뿌리는 금괴가 변해 꽃 모양이 되었다고 전해지고 있다.

튤립(*Tulipa gesneriana* L.)은 백합과의 다년생 초본으로 남동 유럽과 중앙

13. 백일홍
14. 튤립
15. 백합

아시아 원산이다. 내한성 구근초로 가을에 심으며, 인경(비늘줄기)은 난형이고 꽃줄기는 곧게 선다. 잎은 어긋나고 밑부분은 꽃줄기를 감싸며, 넓은 피침형, 가장자리는 물결 모양으로, 파란빛을 띤 녹색에 흰빛이 돈다. 꽃은 4~5월에 1개씩 위를 향하여 넓은 종 모양으로 피며, 화피와 수술은 6개씩이고 암술은 녹색의 원기둥 모양이다. 열매는 삭과이다. 관상용 귀화식물로서 원예농가에서 재배한다.

백합

그리스신화에 따르면 백합은 신들의 어머니인 헤라의 젖으로 만들어졌다. 헤르메스는 헤라클레스에게 불멸의 힘을 주기 위해 잠든 헤라의 젖을 몰래 먹게 했는데 헤라클레스가 젖을 너무 세게 빨아 헤라가 잠에서 깨어나 아기를 밀쳐냈다. 헤라의 젖은 계속 흘러나와 하늘에서 은하수가 되었고, 지상에서는 그 젖이 흘러 떨어진 자리마다 백합이 피어났다고 한다.

로마에서는 헤라를 주노라 불러서 백합을 '주노(Juno)의 장미'라고 부른다. 미와 사랑의 여신인 아프로디테는 백합의 순수함이 싫어 남근을 연상시키는 암술을 갖게 했다고 한다. 백합(*Lilium longiflorum* Thunb.)은 편평한 구형의 인경이 있고, 잎은 어긋나며, 꽃은 줄기 끝에 2~3개가 옆을 향해 피며, 외화피 3장과 내화피 3장, 수술이 6개이고, 암술머리는 셋으로 갈라진다. 열매는 삭과이다. 백합속 식물의 인경은 한방에서 만성 호흡기 질환, 천식, 폐의 혈류량 증가, 심신 안정 등에 약용으로 쓰이며 식용되고, 꽃은 향기가 좋으며, 피부질환 치료 및 향수의 원료로 이용된다.

16. 아네모네

아네모네

미나리아재비과의 바람꽃속인 아네모네(*Anemone*)는 그리스어의 아네모스(Anemos), 즉 '바람'에서 연유되었다. 꽃의 신인 클로리스는 시녀 아네모네를 총애했는데, 클로리스의 남편인 서풍의 신 제피로스가 그녀에게 반해 사랑을 고백했고, 아네모네는 이를 받아들였다. 나중에 이 사실을 알게 된 클로리스는 아네모네를 내쫓았고, 제피로스는 그녀를 쫓아갔다. 이에 화가 난 클로리스는 그 시녀를 영원히 바람 속에서 흔들리는 바람꽃으로 만들었다.

원예종으로 국내에 들어와 있는 아네모네(*Anemone coronaria*. L)는 지중해 연안에 분포하며, 알뿌리에서 7~8개의 꽃줄기가 자라 끝에 꽃이 1개씩 달린다. 잎은 밑에서는 3개씩 갈라진 깃꼴겹잎이고 윗부분에 달린 포는 잎처럼 생겼으나 대가 없으며 갈래조각에는 모두 톱니가 있다. 꽃은 4~5월에 피고, 지름 6~7cm로 꽃이 크고 홑꽃과 겹꽃이 있으며, 빨간색, 흰색, 분홍색, 하늘색, 노란색, 자주색 등 다양하다. 한반도에 분포하는 바람꽃속 식물들에는 바람꽃, 꿩의바람꽃, 홀아비바람꽃, 회리바람꽃, 들바람꽃, 세바람꽃, 숲바람꽃, 가래바람꽃, 국화바람꽃, 바이칼바람꽃, 쌍둥이바람꽃과 외대바람꽃이 있다.

달맞이꽃

여름날 저녁에 피는 달맞이꽃도 그리스신화에 등장한다. 달을 유달리 사랑한 님프는 별을 사랑하는 요정들이 밤마다 별에 관해 이야기를 나누어 소외당했다. 별이 뜨면 달을 볼 수 없다고 생각한 님프가 무심코 "별이 모두 없어졌으면… 그럼 매일 달을 볼 수 있을 텐데…" 라고 말하자 이를 들은 다른 님프들이 제우스에게 이 사실을 고했고 화가 난 제우스는 그 님프를 달이 없는 곳으로 쫓아 버렸다. 달의 신 아르테미스는 자기를 좋아했던 님프를 찾아 헤맸으나 제우스의 방해로 서로 만날 수 없었고 결국 달을 사랑했던 님프는 병이 들어 죽었다. 이에 아르테미스는 슬퍼하며 님프를 땅에 묻어 주었는데 이를 본 제우스는 뒤늦게 미안한 마음이 들어 님프의 영혼을 달맞이꽃으로 만들었다. 달맞이꽃은 달을 따라 꽃을 피우는데, 달이 뜨지 않는 어두운 밤에도 달을 기다리며 꽃을 피운다는 전설이 있다. 그래서인지 달맞이꽃은 그리움과 기다림, 말없는 사랑 등 애절함의 상징으로 시구와 노래 가사에 자주 인용된다.

뿌리에서 포도주 향기가 나는 달맞이꽃의 속명(*Oenothera*)은 그리스어 'Oinos(포도주)'와 'thera(마시다)'의 합성어이다. 종소명(*Odorata*)은 '향기가 나는'이라는 뜻이다. 칠레가 원산지인 귀화식물로서 일제로부터 해방될 무렵에 우리나라에 들어왔다 하여 '해방초'라 하고, 달을 기다리듯 저녁에 핀다 하여 '월견초(月見草)' 또는 밤이 깊을수록 꽃잎에 이슬이 맺혀 밤을 밝힌다고 '야래향(夜來香)'이라 하며, 일본에서는 '석양의 벚꽃'이라고 한다.

달맞이꽃(*Oenothera odorata* JaeQuin)은 2년생 초본으로 여름부터 가을에 생기는 뿌리에서 나온 잎은 로제트형으로 땅바닥에 붙어서 월동한다. 꽃받침과 꽃잎이 4장씩이며, 수술 8개, 암술 1개, 암술머리는 4개로 갈라진다. 열매는 삭과로 긴 타원형이며 털이 있고, 4갈래로 갈라지며, 종자는 아주 작고 검은색이다. 우리나라에는 달맞이꽃 외에 큰달맞이꽃과 애기달맞이꽃이 들어와 있다. 인디언들은 달맞이꽃의 전초를 달여서 피부염, 종기 치료, 기침이나 통증을 멎게 하는 약으로 썼다. 달맞이꽃 씨앗 기름에는 인체에서 만들 수 없는 리놀산과 리놀렌산, 아라키돈산 같은 필수지방산, 특히 감마리놀렌산이 많이 들어 있어서 혈액을 맑게 하여 콜레스테롤 수치와 혈압을 떨어뜨리며 특히 비만 치료와 면역력 증강, 항암 효과가 있다.

17. 달맞이꽃

18. 월계수

월계수

태양의 신 아폴론의 첫사랑은 님프 다프네였다. 하지만 다프네는 처녀 신이었던 아르테미스처럼 살기를 원해 아폴론을 거절했다. 아폴론이 다프네를 계속 쫓아다니자 다프네는 아버지인 강의 신에게 자신의 모습을 바꾸어 달라고 부탁했다. 결국 아버지는 그녀를 나무로 변하게 만들었고 그 나무가 바로 월계수이다. 아폴론은 월계수를 자신의 나무로 삼았다.

월계수(*Laurus nobilis* L.)는 감람수라고도 하며, 지중해 원산의 상록성 교목으로 높이 약 10m이다. 나무껍질은 짙은 잿빛이며, 잎은 어긋나고 긴 타원형이거나 피침형이고 가장자리는 물결 모양이며, 짙은 녹색이다. 꽃은 암수딴그루로서 향기가 나며 4~5월에 잎겨드랑이에 모여 달린다. 꽃잎은 4개이며 노란색이고, 수술은 8~14개, 암술은 1개이다. 열매는 장과로 타원처럼 생긴 공 모양으로, 10월에 검은빛을 띤 자주색으로 익는다. 잎이 달린 가지로 월계관을 만들어 아폴로 신에게 제사를 올리는 피티아 제전에서 사용되었다. 말린 잎은 베이 리프(bay leaf)라고 하며, 향기가 좋아서 요리나 차에 넣는다. 관상수로 심으며, 민간에서는 열매와 잎을 건위제나 종기를 없애는 약재로 쓴다. 영어명인 로럴(laurel)은 속명에서 유래되었으며, 같은 이름을 가진 다른 식물과 구별하기 위해 노블 로럴(noble laurel), 스위트 로럴(sweet laurel), 스위트 베이(sweet bay) 등으로 부른다. 한국에서는 경상남도와 전라남도에서 재배된다.

우화 속 식물

식물은 신화나 전설뿐 아니라 이솝우화에도 등장한다. 굶주린 여우가 나무에 높이 달린 포도송이를 따려고 몸을 세우고 앞발을 위로 뻗은 채 펄쩍 뛰어올랐지만 발이 닿지 않아 결국 딸 수가 없었다. 여우는 "내가 재주가 없어서 저 포도를 따지 못하는 건 아냐. 생각해보니 시어서 딴다 해도 먹지 못할 것 같아서 안 따는 거야."라고 혼자 중얼거리며 그 자리를 떠났다. 자기 힘이 모자라 일이 제대로 되지 않으면 다른 것을 핑계 삼아 실망감을 줄이는 방어기제인 인지부조화원리(Cognitive Dissonance)라는 심리학 용어를 설명할 때 자주 인용되는 이야기이다.

19. 포도

포도나무는 코카시스 지방과 카스피해 연안이 원산지이며 기원전 3,000년경부터 재배해왔다. 우리나라에는 고려시대 때 중국에서 들여온 것으로 추정되며 본격적 재배는 1906년 뚝섬의 원예모범장에서 시작되었다. 유럽종, 미국종, 교배종이 있다.

포도나무(*Vitis vinifera* L.)는 다년생 낙엽활엽수로 덩굴성이다. 잎은 단엽이고 손바닥 모양으로 갈라진다. 꽃은 5월에 피고 양성화 또는 자웅이주이다. 열매는 장과이며 8~9월에 갈자색으로 익는다. 우리나라의 포도속 식물에는 머루(*Vitis coignetiae* Pulliat ex Planch.), 개머루, 왕머루, 까마귀머루, 새머루 등이 있으며, 이 중에서 식용하는 머루는 다래와 함께 「청산별곡」에 등장한다. 청산별곡에서의 머루는 산야에 야생하는 식물 중 고려 유랑민들이 청산이라는 이상향 속에서 쉽게 먹을 수 있는 열매로 꼽힌 듯하다. 포도나 머루의 열매는 장과(berry)이며, 과당이 풍부하고 유기산과 구연산 등이 많아 피로회복에 좋고, 플라보노이드성분이 혈전 생성을 억제하여 심장질환예방과 동맥경화에 좋다. 또한 포도 껍질에 있는 레스베라트롤(resveratrol) 성분에는 항암 효과가 있다.

이렇듯 수많은 식물들이 신화, 전설과 우화 등에 등장한다는 것은 그만큼 식물이 우리의 삶에 오랫동안 깊숙이 자리하고 있다는 것의 반증이다.

9장

말하는 꽃다발

남자들은 흔히 여성의 마음을 얻고 싶을 때 빨간 장미 꽃다발을 건네곤 한다. 수많은 꽃 중에 왜 하필 빨간 장미꽃일까? 장미꽃의 색은 다양하여 그 꽃말 또한 여러 가지인데 빨간 장미의 꽃말은 열렬한 사랑, 불타는 사랑, 정열적 사랑, 사랑의 비밀, 아름다움이라고 한다. 남자가 건네는 장미 꽃다발은 "정열적 사랑"을 나타내는 "말하는 꽃다발"인 셈이다. 또한 빨간 튤립 꽃다발은 누군가의 눈이 아름답다고 사랑의 고백을 하고 싶을 때 건넨다. 그런가 하면 꽃마리(영어명: 물망초, Forget-me-not)는 언제까지나 기억되고 싶다는 뜻을 담고 있다. 프리지아는 시작, 순결, 천진난만을 상징하여 입학식과 졸업식에 적합한 꽃이다.

이와 같이 말 대신 꽃을 이용해서 자신의 감정을 나타낸 것은 일찍이 유럽에서 자신의 의중을 터놓고 말하는 것은 예의 없는 행동으로 여긴 데서 비롯되었다. 그래서 수많은 식물이나 꽃들이 특별한 의미로 쓰이게 되었고, 인간만이 지닌 상징적인 사고의 표현물인 기하학적 무늬도 특별한 의미를 내포하고 있다. 솔로몬의 성전 건축에 이용된 레바논삼나무(*Cedrus libani* A. Rich)는 슬픔과 사후의 영원성을 의미하며, 대추야자나 코코넛야자나무는 부활, 전승, 축복과 충족을, 작약은 부를 상징한다. 터키 중부 아나톨리아 지역의 카페트에서는 열매에 가시가 있는 잡초 도꼬마리 문양을 볼 수 있는데, 이는 왕성한 생명력과 번식력, 풍요를 기원하는 의도이다. 보리 이삭도 풍요와 행복을 상징한다.

1. 관혼상제의 꽃

우리나라에서 관혼상제에 사용하는 꽃 역시 상징과 무관하지 않다. 관혼상제에서 관례란 청소년이 머리에 관을 쓰고 성년이 되는 의식이다. 성년식에 관한 기록은 삼한시대, 신라시대와 고려시대에도 있는데 관복이나 배자를 입혔지만 꽃과 관련한 의식은 없었다. 오늘날 민법상 성년의 기준 나이는 만 19세이며, 젊은이들 사이에 새로운 풍속도가 생겨났다. 요즘, 성년의 날에는 일반적으로 장미꽃, 향수와 키스를 선물한다. 장미의 꽃말은 '열정', '사랑'으로 성인이 된 젊은이에게 무한한 사랑과 열정을, 향수는 다른 사람에게 좋은 향기를 풍기는 사람이 되라는 뜻을 의미하며, 키스는 책임감 있는 사랑을 하라는 뜻이라고 한다. 그러나 남자 친구가 여자 친구에게 건네는 장미는 성년의 의미보다는 사랑의 의미가 더 클 것 같다.

혼례 때 혼례상 위의 백자병에 꽂아 두는 소나무와 대나무는 변하지 않는 마음과 절개를 상징하며 잡신을 물리치고 장수를 상징한다. 대나무는 또한 자손의 번창을 의미한다. 지역에 따라 분포하는 식물의 종류가 달라서 남쪽 해안지방에서는 다산을 상징하는 동백꽃을 혼례에 사용했다. 이는 영암지방 노래에 나오는 '동백나무 그늘 밑에 청실홍실 맺은 부부'라는 표현으로도 미루어 알 수 있다. 요즈음은 결혼식 부케나 장식으로 흰색 또는 연분홍빛 장미, 흰 칼라, 연분홍 수국 등 흰색 또는 연분홍색이 주로 쓰인다. 같은 꽃이라도 색에 따라 의미하는 바가 다른데 흰 장미의 꽃말은 존경, 결백, 순수

1. 도꼬마리
2. 흰수국
3. 장미

한 사랑이고, 칼라(*Calla*)는 열정과 청정, 분홍색 수국은 소녀의 꿈, 처녀의 꿈이라니 나름 약혼식이나 결혼식에 어울리는 꽃들이다.

상례에서는 주로 영혼의 부활을 상징하고 재생의 주술적 힘을 지니고 있다고 생각하는 연꽃을 사용했다. 요즈음의 장례식장에서 흰 국화를 쓰는 것은 일본의 영향이며 고결, 엄숙을 뜻한다. 그러나 국화는 유교적 관념에서 의(義)를 지켜 꺾이지 않는 선비정신과 일치하고, 은일화(隱逸花)라 하여 속세를 떠나 숨어 사는 은자에 비유했다 하니 죽음과도 맥이 통한다. 그런데 장례식에 국화를 사용하는 관습은 4만 년 전 구석기 시대에도 존재했던 것으로 밝혀졌다. 충북 청원군 두루봉에 있는 구석기 동굴인 '흥수굴'에서 발견된 다섯 살 어린 아이 유골 위에 고운 흙이 뿌려져 있었고 그 흙에서 국화꽃 가루가 나왔다. 또한 십자화과, 운향과, 명아주과의 열매와 씨앗이 종종 발견되는데 이는 평소 그들이 먹다 남긴 꽃씨를 유골에 뿌렸기 때문이라고 한다. 고인이 즐겨 먹던 음식을 같이 놓아주며 안락한 사후 세계를 믿었던 것이다. 이외에도 근조화환에서 볼 수 있는 극락조화는 남아프리카식물로 신비, 영구불멸을 상징한다. 흰 호접란의 꽃말은 '당신을 사랑합니다'이고, 흰 백합은 순결, 변함없는 사랑이기에 결혼식뿐 아니라 장례식장에서도 쓰인다. 제례 때 제상에 꽃을 놓지는 않지만 성묘를 갈 때는 꽃을 들고 간다. 회갑과 진갑 등 축하연에서의 헌화로는 불로장생을 상징하는 국화를 사용했다. 국가의례에서도 꽃은 여러 가지 용도로 사용되었다.

4. 칼라
5. 극락조화
6. 연꽃
7. 흰연꽃

2. 종교의 상징화

연꽃과 싯다르타

연꽃은 불교의 상징식물로, 더러운 물에서 자라도 맑은 꽃으로 피어나 세상을 정화한다(처염상정, 處染常淨)는 뜻을 담고 있으며 꽃말도 청결, 신성, 아름다움이다. 싯다르타 태자가 룸비니 동산에서 태어나 동서남북으로 일곱 발자국씩을 걸을 때마다 땅에서 연꽃이 솟아올라 태자를 떠받들었다고 하여 불교의 꽃이 되었다. 즉, 연꽃은 부처님의 탄생을 알리려고 피었다고 하며, 불교의 극락세계에서는 모든 신자가 연꽃 위에 신으로 태어난다고 믿었다. 그래서 부처가 앉는 좌대를 연꽃으로 만들어 연좌(蓮座) 또는 연화좌라 하는데 인도에서도 여러 신에게 연꽃을 바치며 신을 연꽃 위에 앉혔다. 또한 불교에서는 극락세계를 연방(蓮邦), 아미타불의 정토를 왕생하는 사람의 모습을 연태(蓮態)라고 한다. 중국에 들어온 불교에서는 연꽃이 자라는 연못을 극락세계라고 생각하여 사찰 내에 연못을 만들었다. 한편 중국에서 연꽃은 진흙 속에서 깨끗한 꽃을 피운다 하여 속세에 물들지 않는 군자의 꽃이며, 종자가 많이 달려 다산을 상징했다.

연화좌

연꽃(*Nelumbo nucifera* Gaertn.)은 인도와 베트남의 국화

이기도 하다. 열대아시아와 호주 퀸즈랜드 원산이며 땅속줄기는 굵고 옆으로 뻗어가며 마디가 많고 공기가 들어 있는 구멍들이 있다. 잎은 수면 위로 올라오며 원형의 깔때기 모양을 이룬다. 꽃은 7~8월에 피고 홍색 또는 백색, 열매는 견과로 화탁의 구멍에 종자가 들어 있다. 꽃, 종자(연자), 열매(연밥), 어린 잎, 지하경(연근)을 모두 식용하며, 종자는 약용하고, 연밥은 꽃꽂이용으로 사용한다.

기독교의 상징화는?

솔로몬은 아가서에서 "나는 샤론의 수선화요 골짜기의 백합화로다. 여자들 중에 내 사랑은 가시나무 가운데 백합화 같도다", "내 사랑하는 자가 자기 동산으로 내려가 향기로운 꽃밭에 이르러서 동산 가운데서 양 떼를 먹이며 백합화를 꺾는구나"라고 했다.

이렇듯 성경에는 '샤론의 수선화' 또는 '백합화'라는 꽃이 기독교의 상징처럼 나온다. 1611년 영어로 출간된 성경에서 'Rose of Sharon'으로 번역된 히브리 원어로 '하바 레트(ḥăḇaṣṣeleṯ hasharon)'는 수선화(아 2:1) 또는 백합화(사 35:1)로 번역되었으며, 히브리어 사전에서는 어원이 불확실한 파생어로서 '초원에서 자라는 꽃', '들백합화' 등으로 설명되어 있다고 한다. 영어로 'rose of Sharon'은 무궁화이다. 그러나 여기서는 샤론에 피는 모든 꽃 내지 샤론 지역에 흔한 수선화, 백합, 크로커스 등을 뜻하는 듯하다.

백합은 기독교에서 불멸과 부활절, 처녀 마리아의 청정함을 상징한다. 백합 십자상은 영국 성공회 교회의 상징이며, 이는 그리스도의 성모 영보와 그가 십자가에 못 박힌 날이 같은 3월 25일이라는 중세 신앙에서 유래했다. 로마시대 '로잘리아'라는 죽은 자를 위한 축제에서 장미는 죽음과 내세가 연관된 기독교의 상징이었다. 초기의 교회 신자들은 기도 대신에 장미꽃을 하느님께 바쳤으며, 동방교회에서 순교자들은 예모로 머리에 장미관을 썼다. 장미는 우아함과 성스러운 사랑을 상징하며, 중세에는 장미꽃잎 다섯 장이

예수의 5상을 상징하기도 했다는 내용에 따르면 이때의 장미는 식물학적으로 쌍자엽 식물의 장미가 맞다.

장미는 관목이며, 들장미라고 하는 야생종들은 북반구의 한대 · 아한대 · 온대 · 아열대에 분포하며 약 100종 이상이 있다. 한국에서는 일찍부터 찔레꽃, 돌가시나무, 해당화, 붉은인가목 등과 중국 야생종을 관상용으로 재배했다. 『양화소록』에서는 장미를 아름다운 벗(가우, 佳友)이라 하여 화목9품제 중 5등에 넣었다. 현재 우리가 흔히 말하는 장미는 광복 후 서양에서 들여온 개량종(*Rosa x hybrida* Hort.)을 일컫는다. 야생종간의 자연잡종이나 이를 개량한 원예종들이 25,000종류가 개발되었으며, 현재 6,000～7,000종류가 있고, 해마다 200종류 이상의 신품종 장미들이 개발되고 있다. 장미는 색과 핀 정도에 따라 꽃말도 다양하다.

기독교에 관련된 또 다른 식물로 토끼풀이 있다. 아일랜드의 수호성인 성 패트릭은 선교할 때 성부와 성자와 성령이 하나라는 기독교의 삼위일체론을 설명하기 위해 들판에 지천으로 널려 있는 세잎클로버(Shamrock)를 들어 보이곤 했다. 성 패트릭이 토끼풀을 들고 설교하는 모습이 세인트 베냉 교회의 스테인드 글라스에 묘사되어 있다. 토끼풀(*Trifolium repens* L.)은 유럽 원산이며 아일랜드의 국화이다. 콩과식물로 땅위로 뻗어가는 줄기 마디에서 뿌리가 내리고 잎은 3장의 작은 잎으로 된 겹잎이며 잎자루는 길고, 작은 잎은 거꾸로 된 심장 모양으로 끝은 둥글거나 오목하며 가장자리에 잔톱니가 있다. 꽃은 6～7월에 흰색으로 피고 긴 꽃줄기 끝에 산형으로 달려서 전

8. 백합
9. 크로커스
10. 토끼풀

체가 둥글다. 열매는 협과로 줄 모양이고 9월에 익으며 4~6개의 종자가 들어 있다. 작은 잎이 4장인 것은 네잎클로버라고 하며 행운을 상징한다.

3. 우리나라꽃, 무궁화

국화는 나라를 상징하는 꽃으로 대부분은 그 나라의 역사적, 문화적 배경과 깊숙이 관련된 꽃을 국화로 정한다. 우리나라의 국화인 무궁화의 꽃말은 섬세한 아름다움과 일편단심, 은근, 끈기이다. BC 4세기경 중국의 전국시대 후에 저술된 동양에서 가장 오래된 지리서 『산해경』에 "군자의 나라인 우리나라에 훈화초인 무궁화가 있어 아침에 피었다가 저녁에 진다(군자국, 유훈화초조생춘사)"고 나타나 있는 것으로 미루어 2천 년보다 훨씬 이전부터 무궁화가 있었음을 알 수 있다. 중국의 고전인 『고금기古今記』에도 "군자지국 지방천리 다목근화"라 하여 무궁화가 많이 피어 있다는 기록이 있다(이수광, 1614년). 중국에서 우리나라를 '근역'이라 했고 최치원이 당나라에 보낸 국서에도 신라를 '근화향'이라 불렀다고 하니 무궁화는 원래부터 자생하고 있었을 법도 하다. 그러나 재배하는 무궁화 외에 자생하는 무궁화를 볼 수 없는 것은 이상하다.

무궁화가 조선의 국화로 등장한 것은 애국가를 창작할 때 '무궁화 삼천리 화려강산'이라는 구절이 들어가면서부터라고 한다. 문호를 개방한 이후 무궁화는 우리 민족의 마음속에 나라를 대표하고 상징하는 꽃으로 자연스럽게 대두되었다. 그러나 일본의 영향 탓이었는지 1950년대에 나라꽃을 진달래 또는 개나리로 바꾸자는 의견도 있었다. 무궁화는 국가 훈장, 열차와 통신 위성에도 이름으로 붙여졌으며, 민간단체의 주도로 8월 8일이 무궁화의 날로 지정되어 기념되고 있다. 한편 북한에서는 1991년에 김일성 주석이 '목란꽃은 아름다울 뿐만 아니라 향기롭고 생활력이 있어 꽃 가운데 왕'이라며 국화로 삼으라고 지시한 데 따라 목란이 국화로 지정되었다. 여기서 목란이란 목련과에 속하는 야생종 함박꽃나무이다.

무궁과가 유럽에 도입된 것은 1596년이며, 속명 '*Hibiscus*'는 이집트의 히비스(Hibis) 신을 닮았다는 뜻으로, 곧 히비스 신처럼 아름답다는 뜻이다. 또 속명이 '*Althaea*'라고도 쓰였는데 그리스어로 치료한다는 뜻이다. 무궁화의 종소명이 '*syriacus*'인 것은 시리아 원산이라는 뜻으로 해석된다. 그러나 시리아보다는 인도와 중국이 원산지라는 설이 있으며 한국의 자생지 여부도 분명하지 않다. 국명은 꽃이 7월부터 10월까지 100여 일간 계속 피므로 무궁화라는 이름을 가지게 된 것이다. 영명인 'rose of sharon'은 가나안 지역 중 제일 좋은 샤론 지역에 피는 장미라고 하여 무궁화의 아름다움을 크게 찬미한 것으로 보인다.

산림청 산림과학원에서는 2015년 광복 70주년을 맞아 『나라꽃 무궁화 도감』을 발간했다. 국립산림과학원에서 지난 50여 년간 수집 · 연구해온 국내외 220여 품종 가운데 품종별 형태적 특성과 개화, 생육 특성 관련 연구자료가 확보된 153종이 우선 수록되어 있다. 꽃잎의 색에 따라 크게 3종류로 구분할 수 있는데 한국명의 우수 원예품종에는 배달계, 단심계(백단심 · 홍단심 · 청단심), 아사달계 등이 있다.

무궁화(*Hibiscus syriacus* L.)의 줄기는 곧게 서며, 가지가 갈라지고 높이는 2~3m이다. 잎은 어긋나며 난형, 넓은 난형, 3갈래로 얕게 갈라지고, 가장자리에 거친 톱니가 있으며 잎 양면에 털이 있다. 꽃은 8~10월에 하루씩 피며, 붉은 보라색 또는 흰색을 띤다. 꽃받침은 통 모양, 5갈래로 갈라지고 바깥쪽에 부꽃받침이 5개 있다. 꽃잎은 5장, 아래쪽이 서로 붙어 있고 수술은 많고, 수술대가 붙은 단체수술로 된다. 열매는 삭과이며, 둥근 난형, 익으면 5갈래로 갈라진다.

11. 무궁화

4. 대한제국의 문장, 오얏꽃

12. 자두나무꽃

나라꽃은 무궁화인데 조선은 자두나무(오얏나무李木, 자도나무紫桃)를 왕실의 나무로 정한 바 없으나, 대한제국이 들어서면서 1897년10월 12일 고종 황제에 의해 오얏꽃(자두나무꽃)이 대한제국의 문장(紋章)으로 사용되었다. 1884년 우정국을 설립하고 1905년 통신권을 빼앗길 때까지 54종의 우표가 오얏 문양으로 발행되어 이를 이화(李花)우표라고도 했다. 뿐만 아니라 백동으로 만든 화폐에도 표면 위쪽에 오얏꽃, 오른쪽에는 오얏나무 가지, 왼쪽에는 무궁화를 배치했다. 자두나무는 조선의 궁궐이나 사대부집 정원수로 심어졌고, 구한말 경축가인 만수성절가(萬壽聖節歌)에도 오얏꽃이 등장한다. 오얏꽃 문양은 창덕궁 인정전과 창경궁 대온실 등 건축물의 용마루, 용기, 집기, 훈장, 기장, 화폐, 수료증 및 졸업증서에 사용되었으며, 지금도 전주이씨 문중 문양으로 사용하고 있다.

5. 시도 및 학교 상징화

서울과 경기도의 꽃은 개나리이다. 개나리는 떨기나무로 잎은 마주나고 꽃받침과 꽃잎이 4장, 수술은 2개, 열매는 삭과이나 암술과 수술이 한 꽃 안에 같이 있는 양성화이긴 하나 기능상 단성화라서 번식은 휘묻이나 꺾꽂이로 한다. 노란색 꽃은 명랑함과 활동성, 기쁨과 희망을 상징한다.

부산광역시, 여수시와 전라남도의 꽃은 동백꽃, 그 지역에 분포하는 대표적인 난대계 상록 활엽수를 상징식물로 지정했다. 동백꽃은 진실한 사랑을 상징한다. 제주도의 꽃은 참꽃나무를 상징화로 선정했으며 정, 다정을 뜻한다. 참꽃나무는 일본에도 분포하지만, 우리나라에서는 제주에만 분포하는 진달래과 식물이다.

울산광역시와 경상남도의 꽃은 장미인데 울산이 광역시로 승격되면서 외국회사에 로열티를 내는 장미를 상징화로 사용하지 말고, 원래 울주군의 상징인 배꽃으로 바꾸자는 의견이 대두되어 논란이 있었다. 울산광역시의 2/3가 울주군이고 돌배나무와 청실배나무가 울산 곳곳에 자생하고 있으며 매년 봄마다 '배꽃축제와 배꽃아가씨 선발대회'도 했으니 울산광역시의 꽃으로 지정해야 한다는 주장이다.

대전광역시와 충청북도의 꽃은 백목련이고 대구광역시의 꽃은 목련이다. 백목련은 꽃받침과 꽃잎의 크기가 비슷하며 화피가 넓어서 많이 겹쳐지는 반면, 목련의 꽃잎은 좁고 꽃받침 크기도 작아서 꽃핀 모습이 가냘프게 보인다. 두 꽃이 비슷해도 중국 원산인 백목련의 꽃말은 이루지 못할 사랑이며, 우리나라에 자생하는 목련의 꽃말은 자연애, 숭고한 정신, 우애를 상징하여 꽃의 모양뿐 아니라 의미 차이도 크다. 목련은 꽃이 아름다워 『양화소록』의 화목9등품제(花木九等品第)에서 7등품에 속한다.

강원도와 광주광역시의 꽃인 철쭉은 사랑의 즐거움 또는 사랑의 기쁨을 상징한다. 강원도에서는 5월이 되면 산지가 분홍색 철쭉으로 물들어 아름다운 경치를 자아내므로 도의 특징을 잘 나타낸 도화이다. 그런데 철쭉은 도시에서도 흔히 볼 수 있는 산철쭉과 혼돈되기도 한다. 철쭉은 꽃색이 분홍이고 꽃잎과 잎의 끝이 둥글며, 잎은 도란형이고 어긋나지만 가지 끝에 4~5장 잎들의 간격이 짧게 모여 돌려난 것 같이 보인다. 산철쭉은 꽃색이

13. 개나리
14. 백일홍

붉은 자색이고 잎은 장타원형 또는 도피침형으로 양끝이 좁은 점으로 구분된다.

전라북도와 경상북도의 꽃은 백일홍으로 멕시코 원산의 귀화식물이며 꽃이 100일 동안 붉게 핀다는 뜻이다. 원래 꽃 색은 자주색 또는 포도색이었으나 원예품종의 꽃 색은 빨강, 노랑, 보라, 흰색, 옅은 노랑 등으로 다양하다. 끊임없이 꽃이 피어나고 가뭄에도 꿋꿋이 견디는 모습이 참을성 많고 끈기 있는 도민들의 기상을 상징한다고 한다. 백일홍의 꽃말은 인연을 상징하며 흰 백일홍 꽃은 '순결'을 상징한다.

충청남도의 꽃은 국화로 지정되어 있는데 국화는 불로장수를 상징하며 꽃말은 '역경에도 꺾이지 않는 쾌활함'이라고 한다. 국화의 우량품종 육성 및 육종효율 향상을 위한 연구는 전북농업기술원 특화작목연구소에서 진행하고 있다.

많은 학교들 또한 상징식물을 갖고 있다. 예컨대 필자가 몸담고 있는 이화여자대학교의 교화가 배꽃임은 학교 이름에 이미 나타나 있다. 학교에 따라서는 간혹 교목 또는 교화를 구분하기도 한다. 서울대학교, 서울교육대학교, 전남대학교와 홍익대학교의 교목은 느티나무이며, 서울교육대학의 교화는 수수꽃다리이고 홍익대학교의 교화는 무궁화이다. 고려대학교의 교목은 잣나무, 교화는 철쭉이며, 성균관대학교는 은행나무, 서울과학기술대학교는 소나무, 동덕여자대학교는 목화, 동국대학교는 연꽃을 상징식물로 정하고 있다. 또한 세종대학교는 에델바이스(산솜다리, 솜다리)를 상징식물로

15. 은방울꽃
16. 수선화

하고 있으나 연세대학교처럼 교목이나 교화가 없는 경우도 있다. 대학뿐 아니라 고등학교도 수선화, 은방울꽃, 배꽃, 매화 등의 상징식물을 갖고 있어 학교가 식물을 통해 상징하는 바가 무엇인지를 알아보는 것도 흥미 있는 일이겠다.

10장

역사를 바꾼 식물

식물은 우리들의 삶에서 빼놓을 수 없는 것으로, 금은보석이 아님에도 탐욕이나 이권의 대상이 되어 역사적으로 중요한 역할을 해왔다. 10장에서는 그중 몇몇 사례를 통해 식물이 역사를 바꾼 이야기를 해보고자 한다.

1. 차나무와 미국 독립전쟁

중국에서는 약 5천 년 정도 전부터 차나무를 'cha(광동어계)' 또는 'Te(복건어계)'로 부르며 재배해왔다. 주로 황하강 이남의 20여 개 성(省)에서 전 세계 생산량의 45%가량을 생산한다. 차나무의 잎으로 만든 녹차, 홍차, 오룡차 등은 차의 색과 발효 정도에 따라 구분된다. 그중 홍차는 중국의 찻잎을 배에 싣고 유럽으로 가던 중 적도의 뜨거운 태양열을 받아서 발효되어 찻잎 색이 까맣게 변해서 생긴 발효차이다. 이렇게 생겨난 홍차는 미국의 역사를 바꾸는 데 한 역할을 했다.

미국 독립전쟁

영국의 청교도들은 1620년 메이플라워(Mayflower)호를 타고 북미대륙으로 진출하여 13개 식민지를 건설하고 과도하게 세금을 수탈했다. 영국은 1773년 동인도 회사에 식민지로 차를 수출할 수 있는 독점권을 부여하고 수출관세를 면제해 주었다. 이렇게 되면 동인도 회사의 찻값이 낮아져서 식민지 차 시장을 사실상 독점하게 되고 결국은 찻값이 터무니없이 올라갈 것이라며 식민지 주민들은 영국산 차에 대한 대대적인 불매운동을 벌였다. 결국 1773년 12월 16일 보스턴 항에 정박한 배에 실린 동인도회사의 홍차상자들을 바다에 버린 보스턴 차 사건(Boston Tea Party)이 벌어졌다. 이에 영국 의회는 매사추세츠 식민지가 바다에 버려진 찻값을 배상할 때까지 보스턴 항구를 폐쇄하고 사건의 주모자들을 영국으로 압송하여 재판하겠다는 강제법을 통과시켰다. 영국군 4개 연대가 보스턴에 도착했고, 의회는 이듬해 캐나다 이남으로부터 오하이오, 미시시피 강에 이르는 지역을 퀘벡 식민지에 병합한다는 퀘벡법을 통과시켰다. 이는 식민지의 서부 진출을 봉쇄하는 것으로, 식민지의 반영 감정이 극에 달해 결국 미국은 독립전쟁을 일으키게 되었다. 이와 같이 차는 미국의 첫 13개 주가 탄생하는 계기가 되었다.

차나무(*Camellia sinensis* (L.) Kuntze)는 동백나무, 노각나무와 같이 차나무과에 속하는 상록성 소교목으로 줄기는 가지가 많이 갈라지며, 높이는 1~2m이다. 잎은 어긋나며, 긴 타원상 피침형으로 길이 5~9cm, 폭 2~4cm이고, 가죽질로 두껍고 잎 앞면은 짙은 녹색으로 윤이 나며, 가장자리에 잔 톱

1. 차나무(꽃)
2. 차나무(열매)

니가 있다. 꽃은 10, 11월에 가지 끝과 엽액에 1~3개씩 피며, 꽃받침조각은 5개이고 둥글며, 꽃잎은 6~8장이고 넓은 도란형이며 흰색이다. 열매는 삭과로 둥글납작하고, 다음해 가을에 갈색으로 익는다.

2. 양귀비와 아편전쟁

1600년대 중반 스페인의 캐서린 공주가 영국왕실로 시집갈 때 홍차를 가져가면서 차가 영국에 보급되었다. 17세기부터 영국에서는 가난한 노동자 계급의 관습을 반영한 하이티(high tea)와 금주운동으로 차의 수요가 급등하면서 차의 수입량이 늘었다. 반면에 중국(청나라)에서는 영국산 면제품을 적게 수입하여 영국과 중국 간에 무역불균형이 생겼다. 그래서 영국은 무역적자를 메우기 위해 인도산 아편을 중국으로 밀수출했다. 이에 중국이 아편을 단속하고 마약상들이 홍콩으로 철수하자 이에 맞서서 영국은 자유무역과 무역항 확대를 요구하며 중국을 상대로 제1차 아편전쟁(1839~1842)을 일으켰다. 여기서 중국은 대패하여 1842년 홍콩을 영국의 식민지로 넘기게 되었고, 광둥 이외의 5개 항구를 개항한다는 난징 조약을 체결했다. 한편 영국은 스콧 로버트 포츈(Scott Robert Fortune)을 중국으로 보내 차나무 묘목 2만 그루와 차의 재배 및 생산에 관한 수백 년간의 비밀을 훔쳐내게 했다. 이로써 영국은 1851년 인도의 다즐링에 차를 도입하여 중국이 차 무역을 독점하지 못하게 했다. 그러나 영국은 1차 아편전쟁 이후에도 원하는 만큼 시장이 개방되지 않자 애로호의 영국 국기가 바다에 버려진 사건을 구실로 프랑스와 연합하여 중국과 제2차 아편전쟁(1856~1860)을 일으켰다. 중국은 완패했고, 영국은 아편으로 인한 중국과의 교역문제를 염려하여 식민지였던 인도에서 값싼 노동력을 이용하여 차를 직접 재배했다. 결국 홍차는 미국 독립운동의 계기가 되었고, 차나무와 아편의 원료인 양귀비는 영국과 중

3. 흰양귀비
4. 양귀비

국 간에 무역 분쟁으로 인한 두 차례의 아편전쟁의 원인이 된 셈이다.

양귀비(*Papaver somniferum* L.)는 중국 당나라 현종의 비인 양귀비처럼 꽃이 아름답다고 해서 지어진 이름으로, 앵속, 약담배, 아편꽃이라고도 한다. 양귀비과에 속하는 일년생 초본으로 원산지는 지중해 연안으로 추정된다. 식물의 높이는 50~120cm이며, 줄기는 직립하며 털이 없고, 잎은 어긋나며, 난형으로 밑부분은 줄기를 반쯤 감싸고 가장자리에 불규칙한 결각상의 거치가 있고 회녹색이다. 꽃은 5~6월에 원줄기 끝에 1개씩 달리며 자색, 홍색, 황금색, 흰색 등 다양하고 봉오리는 아래로 처진다. 꽃받침은 2장이며 일찍 떨어지고, 꽃잎은 4장이며 수술은 많고, 암술은 1개이며 암술머리는 방사상으로 갈라진다. 열매는 삭과로 난상 구형이며 익으면 윗부분의 구멍에서 종자가 나온다. 양귀비의 익지 않은 열매에 상처를 내어 유즙을 받아서 60℃ 이하의 온도로 건조시키면 아편이 된다.

아편은 그리스인들이 '오피움'이라고 한 것이 중국에서 '아편'으로 음역된 것이다. 아편에는 모르핀 · 파파베린 · 코데인 등의 알칼로이드 성분과, 납 · 수지 · 타닌 · 단백질 색소 등이 들어 있다. 한방에서는 진통, 진정, 지사 효과가 있어서 복통, 기관지염, 불면, 만성 장염 등에 이용한다. 종자는 빵, 베이글 등 식용으로 사용하며, 씨에 45~50%의 지방이 들어 있어 기름으로 짜기도 한다.

3. 후추와 신대륙 발견

아체전쟁

식물로 인한 전쟁에서 후추를 빼놓을 수 없다. 대항해 시대인 15~17세기에 인도 · 동남아 산지 패권을 두고 스페인 · 포르투갈 · 영국 · 네덜란드 사이에 '향신료 전쟁'이 이어졌다. 로마시대에 후추는 없어선 안 될 향신료로 부의 척도였으며, 가격이 금값과 맞먹어 '검은 금'으로 불렸다. 네덜란드는 세계 후추 생산의 절반가량을 생산하는 수마트라 북단의 특별행정구역인 아체에서 후추를 비롯한 자연자원을 획득하려는 목적으로 아체전쟁(인도네시아어: Perang Aceh, 또는 네덜란드 전쟁)을 일으켰고, 그 결과 인도네시아 지역에서 군사적 패권을 차지하게 되었다.

신대륙 발견

인도에서 생산된 후추는 육로를 통해 아랍까지 운반된 후 지중해 바닷길을 통해 유럽으로 전해졌다. 르네상스 이전, 지중해의 제해권을 확보했던 베니스는 아랍세계와 후추 무역을 독점하면서 막대한 부를 축적해 유럽의 경제적 중심지였다. 그러나 몽골제국의 세력이 무너지고 오토만 제국이 되는 과정에서 아랍과 후추를 독점 무역하던 베니스도 쇠퇴하게 되었다. 이때 포르투갈은 해상운송로를 개척하여 인도 남부의 후추 산지를 장악하고 있던 아랍세력을 몰아내고 경제적 부를 축적하며 유럽의 신흥세력이 되었다. 그러나 포르투갈의 해상 운송은 수시로 아랍의 공격에 시달려서 결국 바스쿠 다가마가 인도로 가기 위해 안전하게 아프리카를 도는 장거리 대항로를 개척하게 되었다. 콜럼버스가 아메리카 대륙을 발견하게 된 것도 실은 스페인의 이사벨라 여왕이 후추 산지를 확보하기 위해 콜럼버스를 인도로 보내려던 일에서 비롯된 셈이다.

후추는 일찍이 고대 이집트 파라오 람세스 2세의 미라 콧구멍 속에 들어 있었다고 하는데 이는 주검의 부패를 막기 위한 것으로 추정된다. 또한 냉장시설이 없던 과거에 유럽에서는 고기의 잡냄새를 없애고 쉽게 상하지 않게 하는 방부제로 사용되었다. 음식 조리 시 후추를 반 숟가락 첨가하면 다이어트에 탁월한 것으로 알려진다. 이는 후추의 매운 향을 내는 피페린(piperine) 성분이 혈중 지방을 낮추고 새로운 지방 세포의 생성을 억제하며 신진대사를 촉진시키기 때문이라고 한다.

5. 후추(꽃과 열매)

후추(*Piper nigrum* L.)는 후추과의 다년생 목본 덩굴식물로 높이 4미터에 이르며 인도 남부의 말라바(Malabar)해안이 원산지이다. 잎은 어긋나고 길이 5~10cm, 폭은 3~6cm이며, 꽃은 잎자루 옆에 매우 작은 꽃들이 줄지어 핀다. 열매는 직경 5mm의 핵과로 한 개의 씨가 들어 있으며 다 익으면 검붉은 색을 띤다. 후추는 향신료로 쓰기 위해 다 익기 전에 수확하여 건조시키면 검은 빛을 띤다. 흰 후추는 검은 후추의 껍질을 제거한 것이고 붉은 후추는 다 익은 열매를 사용한 것이다. 후추나무는 가지를 40~50센티미터 잘라 꺾꽂이로 증식시킨다.

4. 목화와 미국 남북전쟁

미국은 1808년 이후 노예 수입을 금지했지만 남부에서는 여전히 노예 매매가 성행하여 북부로부터 강력한 비난을 받았다. 특히 영국 산업혁명으로 목화 수요가 급증하면서 면화는 남부에서 가장 이익이 많은 농산물이었다. 이에 따라 남부에서는 목화 생산을 늘리기 위해 새로 만들어지는 서부의 주에도 노예제도를 확장하려 했고, 북부에서는 노예주(州)가 증가하는 것을 저지하려 함으로써 정치적 문제가 되었다. 결국, 1861년 4월, 노예제를 지지하던 남부주들이 남부 연합을 형성하여 미합중국으로부터의 분리를 선

6. 목화꽃
7. 목화열매

언한 뒤, 아메리카 남부 연합군이 사우스캐롤라이나 주 찰스턴 항의 섬터 요새를 포격하면서 1865년까지 4년 동안 남북전쟁이 벌어졌다. 전쟁 결과 남부 연합군이 패했고, 이는 미국 전역에서 노예제가 폐지되는 계기가 되었다. 미국에서 재배한 목화는 육지면(*Gossypium hirsutum* L.)이었으며, 우리나라의 문익점이 붓통에 들여온 목화는 인도면(*Gossypium arboreum* L.)이었다. 또한 카리브해의 섬들에서 재배되는 해도면(*G. barbadense* L.)과 아프리카와 아라비아에 분포하는 아시아면(*G. herbaceum* L.)이 있다.

목화(*Gossypium arboreum* Lam.)는 아욱과의 일년생 초본으로, 높이 60~150cm로 줄기는 가지로 갈라지고, 잎은 어긋나며, 잎자루는 길고, 잎은 손바닥 모양이며 턱잎은 피침형이며 잎자루, 꽃대와 마찬가지로 털이 있다. 잎의 반대쪽에 흰색 또는 노란색 꽃이 핀다. 꽃받침은 술잔 모양이며, 꽃잎은 5장이 복와상으로 배열되며 일반적으로 아침에 피었다가 저녁에 시들어 붉은색으로 변한다. 열매는 삭과로서 난형이고 포로 싸여 있으며 익으면 3~5개로 갈라진다. 종자는 수십 개이며, 표피 세포가 순백색 털로 발달하여 솜, 실, 옷감을 짠다. 한편 종자로 짠 기름을 면실유라고 하며 식용이나 공업용으로 쓰기도 한다.

5. 감자와 아일랜드인 이민, 7년전쟁

아일랜드인의 이민

감자(*Solanum tuberosum* L.)의 원산지는 남미 안데스의 페루와 볼리비아 북부로 약 7천 년 전쯤부터 경작되었다고 알려져 있다. 감자는 1570년대에 스페인 정복자들에 의해 유럽으로 전해졌으며, 처음에는 식용으로 이용되지 않고 관상용으로 재배되었다. 영국의 헨리 8세는 정원에서 감자를 키웠고, 프랑스의 루이 16세는 감자꽃을 옷단추 사이에 꽂아 장식했으며, 마리 앙뜨아네트는 보라색 감자꽃을 머리에 장식하기도 했다. 그러다가 1789년의 프랑스 대혁명 이후 감자는 전국으로 퍼졌다. 독일에서는 18세기 중반 '감자대왕'이라 불리는 프리드리히 2세가 구황작물로 심게 하기 위해 매일 직접 감자를 먹었다고 한다. 결국 인구가 급격히 증가한 18~19세기 감자는 저렴하고 실용적인 농작물이 되었다.

한편, 스페인 사람들이 남미의 원주민을 수탈한 것과 마찬가지로 영국인들도 아일랜드에서 곡물을 수탈해가서 아일랜드인들은 곡물 대신 감자를 주식으로 삼게 되었다. 영국인들은 아일랜드인들로 하여금 생산량이 많은 단일 종류의 감자만 심게 했다. 그러다가 1845년 미국에서의 감자 전염병이 아일랜드로 퍼지자 1850년까지 아일랜드 전체 인구의 20% 이상이 굶어 죽고 100만 명 이상이 북미로 이민을 가게 되었다. 이 일은 종교 문제와 더불어 아일랜드인으로 하여금 영국 본토에 대해 극심한 증오심을 갖게 했다. 이와 같이 감자에는 수탈과 착취, 이민의 역사가 담겨 있다.

감자전쟁

오스트리아와 프러시아의 전쟁(1756~1763년)에서 프러시아의 프리드리히 대왕은 감자를 농가마다 심게 하여 감자 생산을 장려했다. 프러시아는 오스트리아의 군사력에 밀려 지구전으로 대처하다가 러시아 정변을 계기로 전세가 바뀌어 기적적으로 승리했다. 그런데 사실 승리의 원인은 오스트리아군의 주요 식량자원인 감자를 차단해서 병사를 굶주리게 하는 작전이었다. 그래서 7년전쟁을 일명 '감자전쟁'이라 한다. 영국과 프랑스가 주축이 된 나폴레옹전쟁(1780~1814년) 때에도 식량이 부족했고 빵밀의 가격은 점점 올라가 빵밀 대신 싸고 영양가 높은 감자가 주요 주식이 되었다. 심지어 세계대전 때도 미국 병사들이 독일 병사들의 식량원이었던 감자밭을 습격하여 초토화시켜 세계대전이 빨리 끝나게 되었다는 설도 있다.

강원도 '감자바위'

한편 감자는 중국에 명나라 말기 또는 그 이후에 네덜란드 선교사에 의해 전해졌다고 하며, 일본에는 1603년 네덜란드를 통해 도입되었다. 우리나라에 유입된 설에는 두 가지가 있다. 하나는 고구마 유입보다 약 60년 뒤인 1824년~1825년경에 인삼을 캐러 온 청나라 사람들이 식량으로 몰래 들여와 관북지역에서 경작했다는 것이다. 다른 하나는 1862년 전라도 해안에 표류한 영국상선에 타고 있던 네덜란드 선교사에 의해 감자의 종자와 재배법이 전해졌다는 것이다. 감자는 강원도 사람을 '감자바위'라고 일컫는 대명사가 되었다. 강원도는 해발 600미터 이상의 고랭지로 일교차가 커서 기후조건이 감자 재배에 알맞고 다른 작물에 비해 단위면적당 수확량이 많았기 때문에 주로 화전민들에 의해 주식으로 재배되었다. 강원도 감자가 유명해진 배경은 1920년대 초에 강원도 회양군 난곡면에서 농업연구를 하던 독일인 매그린이 '난곡(1호~5호)'이라는 품종을 개발하여 1930년대에 대규모로 재배한 것이다. 이와 같이 감자는 동서양을 막론하고 중요한 식량이 되었다. 빈센트 반 고흐(Vincent van Gogh, 1853~1890)가 1885년 초에 그린 〈감자먹는 사람들De aardappeleters, The potato eaters〉에는 감자를 주식으로 하는 가난한 농부들의 애환이 잘 나타나 있다.

감자(*Solanum tuberosum* L.)는 가지과에 속하는 다년생 초본으로 남아메리카원산이다. 높이는 60~100cm이고 독특한 냄새가 난다. 땅속에 있는 줄기 마디에서 나온 가는 줄기 끝이 저장물질로 비대해져서 원형 또는 난형의 덩이줄기가 된다. 6월경 잎겨드랑이에서 긴 꽃대가 나와 취산꽃차례로 피고, 꽃은 지름 2~3cm의 화관이 5갈래로 얕게 갈라지며 엷은 자색 또는 백색이다. 열매는 장과이며, 방울토마토와 비슷하다. 한때 땅속에는 감자, 땅위에는 토마토가 같이 열리는 유전자 변형식물 포메이토(pomato)가 개발되기도 했다.

6. 사탕수수와 흑인 노예제도

설탕의 원료 식물은 사탕수수(sugar cane)이다. 사탕수수의 줄기의 수액에 함유된 설탕은 인도에서 이미 2,500년 전부터 정제되어 이용되었다. 8세기경 아랍 세계로 유입된 사탕수수는 지중해, 메소포타미아, 스페인, 북아프리카, 카나리아 제도와 카리브 해 등지로 전파되었다. 16세기에는 북아메리카에서도 사탕수수가 재배되기 시작했고, 아프리카의 흑인 노예를 들이게 되면서 처참한 노예 매매제도가 시작되었다.

사탕수수(*Saccharum officinarum* L.)는 남아시아와 동남아시아 원산의 벼과 개사탕수수속에 속하는 다년생 초본으로 식물의 높이는 2~5미터이며 지하경이 있다. 줄기는 무더기로 나와 곧게 자라며 20~30개의 마디가 있고 가지를 치지 않는다. 잎은 어긋나며 긴 선형으로, 주맥이 두껍고 길이 30~60cm, 나비 5cm, 잎 가장자리는 톱니 모양이다. 원추꽃차례는 원뿔형으로 길이 60cm이며, 분홍빛을 띤다. 작은이삭(spikelet)은 길이 3mm이고 긴 실크 같은 털 다발로 가려진다.

다양한 곳에서 여러 종이 기원했는데 인도에는 사카룸 벵갈렌스(*Saccharum bengalense* Retz.), 뉴기니에는 사카룸 에듈레(*Saccharum edule* Hassk.)가 자생한다. 재배종은 자생하는 여러 종을 교잡하여 만든 것이며, 브라질과 인도에서 생산량이 가장 많다. 사탕수수의 줄기는 수크로오스를 10~20% 정도 함유하여 설탕, 에탄올과 다른 산업용 등의 원료로 쓰이는데, 특히 최근에는 친환경 대체에너지인 바이오연료(biofuel)의 원료로 중요시된다. 사탕수수는 개화 후에 설탕 함량이 감소되므로 꽃이 피기 전에 수확한다.

7. 고무나무와 라텍스

천연고무는 파라고무나무, 파나마고무나무 및 인도고무나무 등 여러 종류의 식물에서 분비되는데, 특히 파라고무나무에서 주로 얻는다. 파라고무나무(*Hevea brasiliensis* (Willd. ex A. Juss.) Müll.Arg.)는 대극과에 속하는 낙엽수로서, 아마존 강 유역이 원산지이다. 파라라는 이름은 브라질의 파라 주에서 따온 것이며, 현재는 인도네시아, 스리랑카 등 동남아시아, 특히 말레이시아에서 주로 생산된다. 파라고무나무의 높이는 30m, 줄기의 지름은 60cm 정도이며 나무껍질은 회갈색을 띤다. 잎은 긴 잎자루를 가지며, 건기가 되면 붉게 단풍이 들어 낙엽이 졌다가 우기가 되면 다시 새 잎이 나오고, 이 무렵에 암꽃과 수꽃이 핀다. 열매는 납작한 공 모양의 삭과이며, 3개의 종자가 들어 있다. 종자는 표면이 매끄러운 콩 모양으로, 지름이 1.5cm 정도이다. 나무껍질에 특수한 칼로 상처를 내서 즙액을 받아 산을 가하여 응고시키면 고무가 된다. 천연고무의 95~98%는 이 파라고무나무로 만들어진다. 천연고무는 그릇, 신발, 옷뿐 아니라 고무 구명복, 통고무 타이어 등에도 다양하게 사용된다.

파나마고무나무

파나마고무나무(*Castilla elastica* Cerv., the Panama Rubber

Tree)는 뽕나무과에 속하는 식물로 멕시코, 중미, 남미의 북부 열대지방이 원산지이다. 16세기 초 스페인 사람들이 아메리카 대륙을 발견하기 전부터 메소아메리칸(Mesoamerican, 마야인과 멕시코 아즈텍 원주민)들은 파나마고무나무에서 천연라텍스를 추출했다. 메소아메리칸들은 이 라텍스에 메꽃과의 고구마속에 속하는 덩굴식물(*Ipomoea alba* L.)의 즙을 섞은 고무로 공놀이(ball game)용 공을 만들었다.

8. 인도고무나무

인도고무나무(*Ficus elastica* Roxb. ex Hormem.)는 고무나무 중에서 관상용으로 재배되는 뽕나무과 식물로 여러 가지 보통명(rubber fig, rubber bush, rubber tree, rubber plant, or Indian rubber bush)으로 불린다. 인도 북동부, 네팔, 부탄, 미얀마, 중국(운남성), 말레시아 및 인도네시아에 자생하며 스리랑카, 인도 서부, 미국 플로리다의 귀화식물이 되었다. 예전에는 인도고무나무의 라텍스도 천연고무를 만드는 데 쓰였다.

8. 키나나무와 말라리아 치료

키나나무는 16세기에 예수회 선교사에 의해 유럽에 소개되었다. 스페인 식민지였던 페루 원주민들이 키나나무 껍질을 말라리아 환자 치료에 쓰는 것을 보고 말라리아 치료제라고 했으나 처음에는 쉽게 받아들여지지 않았다. 그러다 프랑스 루이 14세의 황태자를 비롯한 말라리아 환자들이 탈보(Talbor)의 특효약에 의해 회복되었는데, 탈보가 죽은 후 그 약이 키나 가루임이 확인되면서 유럽에서 말라리아 치료제로 인정받게 되었다. 1693년 청나라 강희제는 학질에 걸렸을 때 프랑스 선교사인 퐁트네(Fontaney)가 진상한 키나나무 껍질을 와인에 녹여 마신 후 회복되었다. 동양에 소개된 키나나무 껍질은 금계랍(金鷄蠟)으로 번역되었고 '성약'이라는 칭호를 갖게 되었다.

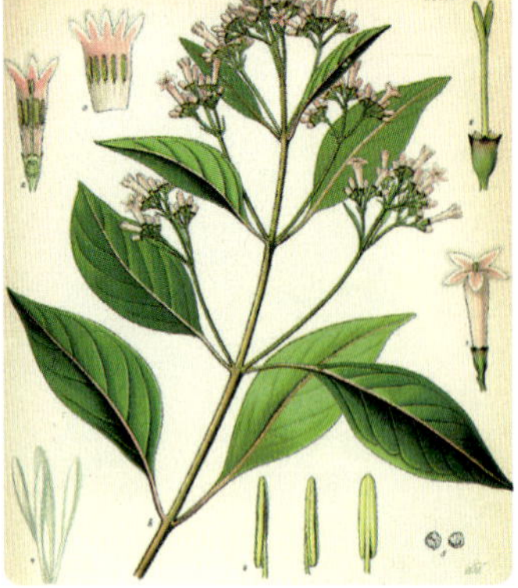
키나나무

1792년 조선에서 청으로 보낸 사신단의 연행록에 '서양고과'라는 서역에서 전래된 학질의 특효약으로 소개되어 있다. 1820년 프랑스의 페틀리에(Pelletier)와 카방뚜(Caventou)가 키나 가루에서 분리해낸 키니네(quinine) 성분은 말라리아 치료제로 전 세계에서 사용되었다. 특히 동남아시아에서 키나나무가 대량 재배되고 '키니네 공장'이 설립되면서 대량 생산된 키니네는 전세계로 수출되었다.

키나나무(*Cinchona officinalis* L.) 또는 신코나나무(Cinchona)는 한자어로 금계랍이라고도 한다. 꼭두서니과의 상록성 교목 또는 관목이며, 남아메리카의 콜롬비아에서 볼리비아에 걸쳐 자생한다. 턱잎은 피침형 또는 직사각형으로, 털이 없다. 잎은 피침형 내지 타원형 또는 난형이며, 길이 10cm, 너비 3.5~4cm로 혁질이고 잎뒷면은 매끈하거나 맥에 털이 있다. 꽃은 원추화서로 많은 꽃이 달리며, 꽃받침은 붉은빛이고 꽃잎은 분홍색 또는 빨간색이며, 솜털로 덮여 있고, 화관통은 약 1cm이며 끝은 5갈래로 갈라진다. 열매는 길쭉한 삭과이며, 길이 1.5~2cm이다. 키나나무의 수피(키나皮)에 함유된 키나알칼로이드의 대표적인 성분을 퀴닌 또는 키니네(kinine)라고 하며, 건위, 강장제 및 말라리아의 치료약인 키니네, 신코닌의 원료가 된다.

9. 커피나무와 세계 음료

전 세계적으로 애용되는 커피는 커피나무의 종자로 만든다. 커피나무는 AD 600~800년경 에티오피아 남서쪽 카파주에서 양치기가 발견했다고 전해진다. 양들이 커피나무의 열매를 먹고 흥분하는 것을 본 양치기는 열매를 먹어 보고, 이 열매를 먹으면 기분이 좋아지고 잠이 깨는 것을 알게 되었다.

9. 커피나무 열매

처음에는 열매로 술을 만들었지만, 15세기 중엽에 예멘의 수피교도들이 성지에서 차로 마시기 시작하여 오늘날 전 세계인이 애용하는 음료가 되었다.

커피나무는 꼭두서니과에 속하는 상록성 다년생 식물로 열대 아프리카 및 아프리카 동부 인도양의 마다가스카르, 모리셔스, 코모로와 레위니옹 등이 원산지이다. 속명의 '*Coffea*'는 커피가 야생하고 있는 에티오피아의 지역명인 'Caffa(힘)'에서 유래되었다. 2개의 원종으로 코페아 아라비카(*Coffea arabica* L.)가 전 생산량의 75~80퍼센트를 차지하며, 흔히 로부스타(robusta)라고 하는 코페아 카네포라(*Coffea canephora* Pierre ex A. Froehner)가 20퍼센트를 차지한다.

커피나무의 높이는 품종에 따라 6~8(10)m이지만, 수확하기 쉽게 보통 2m 이내로 유지한다. 잎은 마주나고, 긴 타원형으로 7~15cm이며, 두껍고, 가장자리가 물결 모양이며 잎 표면은 짙은 녹색으로 광택이 있다. 꽃은 흰색이고 향기가 있으며 잎겨드랑이에 3~7개씩 모여 달린다. 화관은 지름이 1cm인 통 모양이며 끝이 5개로 갈라지고, 수술은 5개, 암술은 1개이다. 열매는 긴 타원형이고 길이 15~18mm이며 개화 후 6월~11개월 정도면 붉은색으로 익고 다육질의 과육 속에 종자가 2개 있다. 종자는 잿빛을 띤 흰색으로 한 면이 편평한 타원형이며, 커피콩(생두)으로 불리는 커피의 원료이다. 종자에 들어 있는 2%가량의 카페인을 추출하여 의약품으로 사용한다.

11장

예술 속 식물

1. 작가들이 사랑한 꽃

식물은 시, 동시, 동요 등의 소재나 주제로 자주 등장하는데 특히 김소월의 「진달래꽃」, 서정주의 「국화 옆에서」, 김영랑의 「모란이 피기까지」 등은 국민시라고 할 만큼 모두가 아는 시들이다. 여기서는 식물의 특징에 대해 묘사된 시구들을 살피고자 한다.

김소월의 「진달래꽃」에서 "영변에 약산 진달래꽃"이라는 시구가 있지만 사실 진달래는 영변의 약산뿐 아니라 전국 어디서나 잘 자라므로 국민시의 소재로 적합한 식물이다. 진달래는 약산성 토양과 반음지에서 잘 자라는 식물인데, 산성암인 화강암과 화강편마암이 많은 우리나라 토양에 적합하여 한때 국화로 지정하자는 의견이 있었다.

진달래(*Rhododendron mucronulatum* Turcz.)는 낙엽성 관목으로 참꽃 또는 두견화라고도 하며 4월에 꽃이 잎보다 먼저 핀다. 잎은 어긋나고 피침형이며 가장자리가 밋밋하고, 잎 표면에는 비늘 조각이 약간 있으며, 뒷면에는 비늘 조각이 빽빽하며 털이 없다. 화관은 깔때기 모양이며 끝이 5갈래로 갈

1. 진달래
2. 철쭉
3. 산철쭉
4. 참꽃나무

라지고 지름이 4~5cm이고 연분홍에서 보라색으로 진한 정도가 다양하다. 수술은 10개로 수술대 밑에 흰색 털이 있으며, 암술은 1개로 수술보다 길다. 이에 비해 철쭉은 진달래에 연이어 5월에 연분홍색으로 피어 '연달래'라 한다. 꽃이 잎보다 먼저 피는 진달래와 달리 철쭉꽃은 잎과 같이 피며, 꽃잎 끝도 둥근 편이다. 잎은 어긋나기인데 가지 끝에서 모여 나서 마치 돌려난 것 같이 보이고, 거꾸로 선 달걀 모양으로 끝이 둥글다. 흔히 철쭉으로 잘못 불려지는 산철쭉도 꽃과 잎이 동시에 피며 꽃은 자주빛을 띤 꽃분홍색이다. 진달래를 먹을 수 있는 꽃이라 하여 '참꽃', 산철쭉은 '개꽃'이라고 한다. 한편 제주도의 참꽃나무는 잎이 어긋나며 가지 끝에서 2~3개씩 달리고 넓은 난형 또는 난원형이며 윗면은 광택이 있다. 꽃은 잎과 함께 5월에 피고 다홍색이며 깔때기 모양으로 가지 끝에 2~4개씩 달린다.

용혜원의 「선운사 동백꽃」에서 "피를 머금은 듯 피를 토한 듯이, 보기에도 섬뜩하게 검붉게 검붉게 피어나고 있는가"라는 구절은 동백꽃의 색이 진한 빨강임을 잘 나타낸다. 김용택의 「선운사 동백꽃」에서 "살얼음 낀 선운사 도랑물을 맨발로 건너며"와 "동백꽃 붉게 터지는"은 동백꽃이 눈도 녹기 전인 이른 봄에 붉은색 꽃을 피운다는 것을 나타낸다. 유안진의 「선운사 동백꽃」에서 "마침내는 왈칵 각혈을 쏟고 말았습니다"는 동백꽃이 질 때 꽃잎에 수술이 붙은 통째로 툭 떨어지는 특징을 시적으로 표현했다. 김초혜의 「동백꽃」에서 "떨어져 누운 꽃은 나무의 꽃을 보고 나무의 꽃은 떨어져 누운 꽃을 본다"는 떨어진 꽃은 하늘을 향하고, 나무에 피어 있는 일부 동백꽃

5. 동백꽃
6. 목련꽃
7. 쑥부쟁이(설상화, 관상화, 두상화서)

이 아래를 향해 핀 모습을 표현하고 있다.

동백나무(*Camellia japonica* L.)는 '산다화'라고도 불리는 상록활엽수로 제주도를 비롯한 남해안 및 서해안 지방과 대청도, 백령도까지 분포한다. 잎은 윤기가 있고 가장자리에 잔 톱니가 있다. 꽃은 암술과 수술이 한 꽃에 있는 양성화이며, 꽃잎은 5~7개이고 적색이며 수술이 많다. 동박새에 의해 수분(꽃가루받이)되는 조매화이다. 둥근 열매 안에 있는 흑갈색 종자로 짜낸 기름을 동백기름(동백유)이라 하여 옛 여인들의 머리에 윤을 내는 화장품과 공업용으로 이용했는데 주성분은 올레산이다. 목재는 가구재, 조각재, 세공재, 잎은 꽃꽂이의 부재로 사용된다.

이정하의 「목련」에는 "잎이 돋아나기도 전에 꽃이 지고 마는"과 "이제사 눈을 뜨기 시작했는데 당신은 어느새 저만치 가버렸네요"라며 꽃이 잎보다 먼저 피는 목련의 특징을 그대로 표현한 구절이 있다. 또한 "며칠간 한껏 아름답다가 끝내 속절없이 떨어지고야 말"과 "당신은 어느새 저만치 가버렸네요"라는 시구에는 짧은 기간 내에 한꺼번에 꽃이 지는 개화의 특징이 나타나 있다.

서정주의 「국화 옆에서」의 "한 송이의 국화꽃을 피우기 위해"와 "노오란 네 꽃잎이 피려고"라는 구절은 식물학적으로는 맞지 않는 표현이다. 시구에서 '한 송이'란 실제로는 국화과 식물들이 공통적으로 갖는 꽃차례인 하나의 두상화서(두상꽃차례)이며, '노오란 꽃잎'이란 설상화라는 하나의 꽃이다. 국화과 식물의 꽃에는 혀 모양의 설상화와 통 모양의 관상화가 있다. 산국, 구절초와 쑥부쟁이 같은 식물의 두상화서(머리 모양의 꽃차례)는 가운데 원반을 이루는 관상화와 가장자리에 일렬로 배열되는 설상화들로 구성되어 있다. 그리고 "간밤엔 무서리가 저리 내리고"는 국화꽃의 개화기가 묽은 서리가 내릴 즈음인 늦가을임을 알려준다.

도종환의 「자작나무」에서 "자작나무처럼 나도 추운 데서", "바람이 차게 불고", "눈보라 북서풍" 등의 표현은 강원도 이북의 높은 산악지대나 추운 지방에 주로 분포하는 이 식물의 특징을 잘 나타내고 있다. "자작나무처럼 나도 꽃은 제대로 피우지 못하면서"에서 제대로 피우지 못한다고 한 것은 식물학적으로 자작나무 꽃은 화피가 없는 단성화로 된 유이화서(미상화서)로 볼품없이 피기 때문인 듯하다. "단단하면서도 유연한"이란 시구는 목재의 성질을 나타냈는데, 자작나무 목재는 질이 좋고 병충해에 강하기 때문에 팔만대장경의 목판으로도 사용되었다. 또한 "곧고 맑은 나무"와 "혼자 있을 때보다 숲이 되어 있을 때"라는 시구는 자작나무와 숲의 특징을 잘 묘사하고 있다.

자작나무(*Betula pendula* Roth)는 낙엽활엽성 교목으로 높이 15~20m이며, 나무껍질이 흰색이다. 잎은 어긋나며, 넓은 난형 또는 삼각상 난형으로 길이 2.5~7.0cm, 폭 2~6cm이고, 끝은 점점 뾰족해지며, 잎 가장자리는 겹톱니로 되어 있다. 꽃은 4~5월경 암수한그루로 피고, 수꽃으로 된 유이화서는 길이 6cm 정도이며 아래로 처지고, 암꽃 유이화서는 짧게 위로 선다. 열매이삭은 길이 2~3cm, 폭 8~9mm로 아래로 쳐지며, 날개가 있는 시과

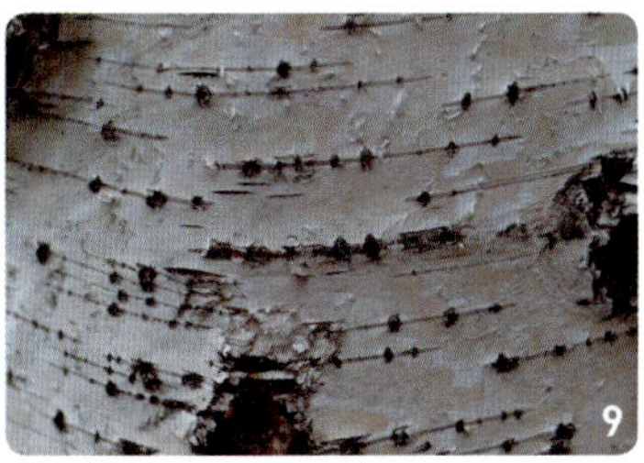

8. 자작나무(화서)
9. 자작나무(수피)

이다. 자작나무 수피는 껍질을 종이 대신 사용할 수 있어서 나폴레옹도 이 자작나무 껍질에 조세핀에게 보내는 연애편지를 썼는데, 일반적으로 자작나무에 연애편지를 쓰면 사랑이 이루어진다는 속설이 있다. 심지어 900여 년 전 러시아의 수녀원에서 수련하던 수녀가 쓴 것으로 추정되는 가장 오래된 연애편지가 발견되었다고 《워싱턴포스트》지에 1993년 보고된 적도 있다. 미국의 토마스 제퍼슨 또한 딸에게 보내는 편지를 자작나무에 썼다. 자작나무에는 베툴린(betulin)이 함유되어 있어서 염증억제와 방부 효과가 있다. 종이처럼 얇게 벗겨지는 자작나무 껍질에는 기름기 성분이 있어서 마른 나무가 불에 탈 때 '자작자작' 소리를 낸다고 하여 자작나무라는 이름이 붙여졌다. 또한, 자작나무 껍질에 불을 붙여서 호롱불을 대신하기도 했으며, 자작나무 껍질로 만든 초를 화촉(樺燭)이라고 한다.

그 외에도 갈대, 감나무, 개나리, 개망초, 괴불주머니, 구절초, 나팔꽃, 난초, 노랑제비꽃, 노루귀, 느티나무, 달맞이꽃, 닻꽃, 대, 도라지꽃, 라일락꽃, 모과, 모란꽃, 목련, 목백일홍(배롱나무), 무화과, 물망초, 민들레, 매화, 배꽃, 백목련, 백합, 벚꽃, 복사꽃, 복수초, 봉선화, 부레옥잠, 부처꽃, 사루비아, 산벚꽃, 산수유, 상수리나무, 생강나무, 선인장, 수선화, 싸리꽃, 아카시아, 안개꽃, 애기똥풀, 얼레지, 연꽃, 유채꽃, 은행나무, 자귀나무, 장미, 접시꽃, 제비꽃, 찔레, 참깨, 창포, 채송화, 치자꽃, 칡꽃, 코스모스, 파꽃, 해당화, 해바라기, 호박꽃, 화살나무, 후리지아 등 수 많은 식물이 시제(詩題)로 등장하고 있다.

2. 각 지방의 타령

"도라지 도라지 백도라지/심심산천에 백도라지/한두 뿌리만 캐어도~/저기 저산 밑에 도라지가 한들한들."이라는 경기도 민요인 도라지 타령에서와

10. 찔레꽃
11. 띠
12. 댑싸리

같이 식물은 민요, 동요, 전래동요나 동시의 소재가 되기도 한다. 특히 시집온 새댁이 나물 이름 서른 가지를 모르면 굶어 죽는다는 말이 있을 정도로 나물을 식용자원으로 이용하기 위한 식물에 대한 지식은 필수였던 것 같다. 식용하는 나물의 종류와 분포가 지방마다 달라서인지 지방마다 다양한 나물타령이 있다. 여기에 나타난 나물 이름 중에 지방명이나 사투리로 전해져 식물의 종류를 알 수 없는 것들이 있어서 괄호 안에 식물명을 추가했고, 일부는 식물명을 알 수 없는 것도 있다. 각 지방의 나물타령을 통해 어떤 지역에서 어떤 식물들을 식용했는지를 가늠해보자.

나물타령

한푼두푼 돈나물(돌나물)/매끈매끈 기름나물/어영꾸부렁 활나물/동동말아 고비나물/줄까말까 달래나물/칭칭감아 감돌레/집어뜯어 꽃다지/쑥쑥뽑아 나생이(냉이)/사흘굶어 말랭이/안주나보게 도라지/시집살이 씀바귀/입맞추어 쪽나물/잔칫집에 취나물…

〈나물타령〉에서는 36가지 나물이 읊어진다. 이 중 돌나물, 고비, 냉이, 도라지, 씀바귀, 취나물은 지금도 시장에서 흔히 볼 수 있지만, 미나리과의 기름나물, 콩과의 활나물, 십자화과의 꽃다지, 쪽나물 등은 흔히 식용하지는 않는다. 특히 꽃다지는 털이 많은데도 나물로 이용했다는 점이 특이하다.

13. 지칭개
14. 박주가리
15. 말냉이

여기서 감둘레란 아마도 곶감을 만들기 위해 깎아낸 감 껍질을 뜻하는 듯 싶다. 지역별 나물노래에서 서울과 전북 김제 지방에서는 다음과 같이 14가지 나물이 나온다.

> 칩다 꺾어 고사리/나립다 꺾어 고사리/어영 꾸부정 활나물/한 푼 두 푼 돈나물/매끈매끈 기름나물/돌돌 말어 고비나물/칭칭 감어 감둘레/잡아 뜯어 꽃다지/쏙쏙 뽑아 나생이(냉이)/어영 저영 말냉이/이 개 저 개 지칭개/진미백승(맛이 썩 좋음) 잣나물(쇠별꽃의 옛말)/만병통치 삽추나물(삽주)/향기만구(향기가 입에 가득한) 시금치/사시장춘(사철 어느 때나 늘 봄인) 대나무

이 중 지칭개는 상처 난 곳에 짓찧어 으깨어 바르는 풀이라 하여 '짓찡개'라 하다가 지칭개가 되었다고 하며, 잎에 털이 많아 나물로 적합한 것 같지는 않다. 전북 전주지방에서는 "찔눅(찔레순) 먹고 찔찔/고추 먹고 고고고/달릉개(달래) 먹고 달달/나승개(냉이) 먹고 나섰네"에서처럼 찔레순이 언급되어 있다. 찔레는 가시가 많은 식물이나 어린 순은 달착지근하고 연하여 나물로 좋았으리라고 생각된다. 또한 전북 정읍지방에서는 전주지방과 마찬가지로 찔레순, 고추, 달래와 냉이를 나물로 이용한 것 외에 "삐삐(띠) 먹고 삐삐"가 있다. "삐삐"란 삘기, 삐비 또는 피기라고 하는데 이는 띠에서 새로 나온 순을 뜻한다. 띠(*Imperata cylindrica* (L.) P. Beauv.)란 벼과의 여러해살이풀로, 어린 꽃이삭은 날것으로 먹으며, 껌처럼 씹으면 질겅질겅하게 씹히며

16. 마타리
17. 뚝갈
18. 꽃다지

달착지근한 물이 나와서 옛날에 껌 대용으로 이용되기도 했다. 뿌리줄기는 한방에서 약재로 쓰인다.

충북 공주 지방에서는 물레나물과 질경이가 등장한다.

> 한 푼 두 푼 돈나물/쑥쑥 뽑아 나싱게(냉이)/이 개 저 개 지칭개/잡아 뜯어 꽃다지/오용조용 말매물(말냉이)/휘휘 둘러 물레등이(물레나물?)/길에 가면 질갱이(질경이)/골에 가면 고사리

충북의 괴산지방 역시 공주지방의 나물타령과 꽃다지, 냉이, 질경이, 고사리, 물레나물은 유사하나 "대로가면 대사리(댑싸리)"가 추가되어 있다. 댑싸리는 시금치와 마찬가지로 명아주과에 속하는 일년생 초본식물로 '대싸리' 라고도 한다. 크기는 1.5m 내외로 어린잎은 식용하며, 종자는 이뇨·해열 작용이 있다.

충남 천안 지방에서는 벼룩이자리, 씀바귀, 박주가리, 지칭개, 예산지방에서는 싱아, 앵두, 버찌, 복숭아, 살구 등 보다 다양한 식물명이 등장한다.

> 잡아뜯어 꽃다지/쏙쏙 뽑아 나싱게(냉이)/주벅주벅 국수뎅이(벼룩이자리)/바귀바귀 쓴바귀(씀바귀)/쪼가리 쪼가리 박쪼가리(박주가리)/이 개 저 개 지칭개/오용오용(말랑말랑) 말냉이/한 푼 두 푼 돈나물/달래 먹고 달려가자/쉬영(수영, 싱아) 먹고 쉬어가자/찔레 먹고 질러가자/앵두 먹고 앵돌아져/ (버찌) 먹고 뻐드

러져/복숭아 먹고 복 받아/살구 먹고 살았네

이와 같이 충남지방에서는 서울, 경기나 전북과 달리 박주가리와 싱아가 있다. 박주가리에서 나오는 백색 유액은 꼬리명주나비와 같은 곤충 애벌레의 방어물질로서 포식자의 식욕을 떨어뜨리고, 심한 구토를 일으키는데 어떻게 나물로 이용했는지 의아하다. 싱아는 주로 줄기의 신맛이 있어서 갈증해소에 먹으며, 열매를 먹는 버찌, 복숭아, 살구 등 과일나무들의 잎을 나물로도 이용했는지는 확실하지 않다.

황해도 황주, 안악, 수안지방 및 신천군의 나물타령에는 "걸러보니 게루지(잔대)/맡아보니 마타리/뜯어보니 뚜욱갓(뚝깔)/…/논두렁에 미나리/애기 난데 기상구(기정귀)/…/이 산 저 산 넘나물/쪼개쪼개 콩나물/이 탁 저 탁(이 탓 저 탓) 녹두나물/…" 등으로 나타나 있다. 평북 철산 지방의 나물타령에는 돌메나리(돌미나리)가 있다. 여기서 잔대는 도라지와 같은 초롱꽃과 식물로 뿌리를 이용하며, 마타리과 식물인 마타리는 노란색 꽃을, 뚝깔은 흰색 꽃을 피운다. 돌미나리는 미나리과에 속하는 야생 미나리이고, 넘나물은 원추리를 뜻한다. 그런데 기상구(기정귀)는 어떤 식물명인지 가늠이 가지 않는다. 그리고 한반도의 중남부와 달리 콩과 녹두 등의 종자를 발아시켜 이용하는 식물들이 등장한다.

어른들의 나물타령 외에 아이들 사이에서도 식물 이름들이 동요로 불려졌다. 경남 진해지역의 전래동요에는 다음의 나무와 풀들이 나열되는데 쓰바귀는 씀바귀, 기름나무는 기름나물을 뜻하는 듯하다.

> 가자 가자 감나무 오자 오자 옻나무/가자 가자 감나무 오자 오자 옻나무/말랑말랑 말냉이 잡아뜯어 꽃다지/바귀 바귀 쓰바귀/ 매끈매끈 기름나무/바귀 바귀 쓰바귀 매끈매끈 기름나무

19. 돈나무
20. 귀룽나무

『조선구전민요집』에는 다양한 나무 이름을 말놀이로 구성한 〈나무노래〉가 있다. 〈나무노래〉는 문학적 분류로는 언어유희요에 속하는데, 식물 이름들이 재미있게 표현되어 있다.

> 너하구 나하구 살구나무/방귀 뽕뽕 뽕나무/물에 똥똥 똥나무(돈나무)/바람 솔솔 솔나무/방귀 쌀쌀 싸리나무/십 리 절반 오리나무/하늘 중천 구름나무(귀룽나무)/달 가운데 계수나무/땅땅땅땅 땅버들나무/구십구에 백자나무(측백나무)/열아홉에 쉬인나무(시무나무)/처녀애기 자장나무(자작나무)/요실고실 실버드나무/따끈따끈 가지나무/밑구녕에 쑥나무

위의 나무 중 돈나무라는 이름은 1cm 크기의 열매에서 붉은 점액이 배어 나오는데, 이것을 먹기 위해 파리가 꼬인다고 하여 '똥나무'라고 불렸다. 그런데 일본인들이 관상수로 키우기 위해 일본으로 가져가면서 '똥나무'라는 이름의 쌍디귿과 이응 받침의 발음을 잘 하지 못하고 '돈나무'라는 이름으로 다시 돌아온 것이다. 구름나무란 벚나무와 가까운 귀룽나무를 뜻하는데, 줄기 껍질이 거북이 등 같고 줄기와 가지가 용트림을 하는 것 같다는 뜻에서 귀룽나무이며, 꽃 핀 모습이 구름 같다는 뜻에서 구름나무라고도 한다. 그리고 가지나무와 쑥나무는 나무가 아닌 초본의 가지와 쑥을 뜻하는 듯하다.

충남 청양 동화제 때 부르는 노래에도 식물들이 많이 등장한다.

21. 자귀나무
22. 삼나무(수)
23. 삼나무(암)
24. 가시나무
25. 아카시나무

홍두깨 박달나무 비단같은 전나무/죽어도 살구나무/버선 끝에 상모나무(자귀나무)/악마구리 복사나무/오목다리 오목나무(오동나무)/등등에 모과나무/마주섰다 은행나무/덜덜떠는 사시나무/넓적 앉아 줄나무/말라빠진 살대나무/입맛없다 쑥나무/오자마자 가재나무(길마가지나무)/입설 같은 명조나무(명자나무)/할 수 없이 가야나무/시집 갈때 가마나무/빠르기 화살나무/방귀뀌기 뽕나무/전기선대 수기나무(삼나무)/부끄러워 무안나무

여기서 상모나무란 콩과의 자귀나무(*Albizia julibrissin* Durazz.)를, 오목나무는 오동나무를, 가재나무는 인동과의 길마가지나무(*Lonicera harae* Makino)를 뜻하며, 수기나무는 일본말인 스기(すぎ)로 삼나무(杉)를 뜻하는 것 같다. 무안나무는 먼나무, 살대나무는 대나무가 아닌가 싶으나 확실하지는 않다. 가야나무, 가마나무는 무슨 나무인지 잘 가늠이 가지 않는다.

〈나무타령〉은 나무 이름에서 연상되는 내용을 바탕으로 사설을 엮어나가는 '말엮기요'이다.

따끔따끔 가시나무/열아홉에 스무나무(시무나무)/아흔아홉 백경나무(백당나무)/십 리 절반 오리나무/일 년 사철 사시나무/앵드러졌다 앵두나무/실 뽑는다 실버들나무

위의 나무타령에서 가시나무(*Quercus myrsinifolia* Blume)는 제주도, 전남, 경남의 해안 및 도서지방의 온난한 지역에서 자라는 상록활엽교목으로 참나무 종류이다. 시무나무는 20리마다 심었다 하여 '스무나무'라 하던 것이 시무나무로 변한 낙엽활엽교목이다. 시무나무는 느릅나무과에 속하며 열매는 날개 달린 시과이다. 잎의 우리나라 함경북도를 제외한 전국의 하천이나 낮은 지대에서 자생한다. '백경나무'는 '백양나무'를 가리키는 것이다. 노래에 따라서는 "아흔 지나 백양나무", "스무 해째 스무나무", "동지섣달 사시나무" 등과 같이 동일한 나무라도 나무 이름에서 연상되는 내용으로 다르게 표현되고 있다.

전래되는 노랫말의 또 다른 나무노래에도 수많은 나무들이 등장한다. 그뿐 아니라 동요 제목이 식물 이름인 경우도 많은데, 도라지꽃, 할아버지와 수박, 멋쟁이 토마토, 에델바이스(솜다리), 오이, 호박, 과꽃, 할미꽃, 옥수수 하모니카, 무궁화행진곡 등이 있다. 또한 〈봄나들이〉의 개나리, 〈과수원길〉의 아카시아, 〈구슬비〉의 싸리잎 같이 동요 가사에도 식물명이 자주 등장한다. 그런데 〈과수원길〉의 아카시아는 주위에서 흔히 보는 향기 좋은 북미산 아카시나무(*Robinia pseudoacacia* L.)이며, 호주 원산인 아카시아속(*Acacia*) 식물이 아니다.

3. 속담 속 조상의 지혜

속담은 오랫동안 경험으로 터득한 생활의 지혜가 담겨 있다. 특히 우리

26. 감초
27. 고추

민족은 농사를 주업으로 삼아왔기 때문에 식물에 대한 속담에 과학적 원리가 많이 담겨 있다. 요즘에는 산업화와 무분별한 개발에 의한 이상기후로 잘 맞지 않는 경우도 많지만 아직도 옛 사람들의 경험에서 나온 이러한 속담들은 식물과 기상과의 관계를 보여준다. 이 절에서는 생물학적 원리와 식물에 대한 과학적 지식이 들어 있는 속담들에 대해 알아보자.

감초

어느 자리에나 빠짐없이 끼어드는 사람을 일컬어 '약방의 감초'라고 한다. 감초(*Glycyrrhiza uralensis* Fischer)는 콩과에 속하는 다년생 초본식물로 꽃은 남자색(藍紫色)으로 7, 8월에 피며, 뿌리를 건조시켜서 한약재로 사용한다. 감미가 있는 글리시리진과 글라브릭산, 자당, 포도당, 리퀴리틴, 리코리시딘 등이 있어서 맛이 달기 때문에 감초라 한다. 모든 약물과 배합이 잘 되어 중화작용을 하므로, 이런 속담이 생겼다.

고추

'작은 고추가 더 맵다'는 몸집이 작은 사람이 오히려 큰 사람보다 다부지고 재주가 뛰어나며 야무지다는 뜻이다. 고추(*Capsicum annuum* L.)는 중남미 원산의 가지과 식물로 열대지방에서는 여러해살이 풀이고, 온대에서는 한해살이 풀이다. 고추의 매운 맛은 고추가 곰팡이나 초식동물들로부터 먹히지 않도록 보호하기 위해 생성한 캅사이신이라는 염기 성분 때문이다. 그리

28. 상수리(열매)
29. 상수리나무

고 붉은 색소의 성분은 주로 카로티노이드의 하나인 캅산틴(capsanthin)이다.

도토리

'개밥에 도토리'는 함께 섞이지 못하는 사람을 일컫는 말이다. 도토리는 상수리나무, 졸참나무, 떡갈나무, 갈참나무 등 참나무과의 참나무속에 속하는 나무열매를 총칭한다. 주성분은 녹말이며 특수성분으로 탄닌이 들어 있는데, 이는 떫은맛과 쓴맛을 주는 성분으로 미각신경을 마비시키는 성질이 있다. 보통 물에 우린 후 식용하는데 개밥에 들어간 도토리는 탄닌이 그대로 들어 있는 상태이므로 먹을 수 없다.

보리

'꾸어다 놓은 보릿자루'는 여러 사람이 모여 웃고 이야기하는데 함께 어울리지 못하고 혼자 있는 사람을 가리키는 말이다. 성희안, 박원종 등이 연산군을 몰아내려는 비밀회의 때 방구석에 있던 보릿자루 위에 벗어 놓은 도포와 갓이 사람처럼 보였다고 한 데서 비롯되었다.

뽕

'임도 보고 뽕도 딴다'는 한꺼번에 두 가지 일을 하고자 꾀하는 것을 이르는 말이다. 뽕나무(*Morus alba* L.)의 잎을 누에가 먹고 생산한 실크(비단)는 여름에 시원하고 겨울에 따뜻한 촉감 좋은 고급 천이다. 서리 내린 뒤에 딴 뽕

30. 보리
31. 소나무

잎(상상엽)은 당뇨병 치료에, 뿌리의 껍질을 벗겨 말린 상백피는 이뇨, 소염, 진해제로, 가지는 경기(驚氣)에 좋다. 꽃은 빈혈 치료에 좋고, 열매인 오디는 소갈(消渴)을 멈추게 할 뿐 아니라 혈기를 돋우고 노화를 방지한다. 열매, 잎, 뿌리 등 모두 유용한 일석이조의 식물이므로 임도 보고 뽕도 딴다는 말이 적합한 식물이다.

소나무

'가랑잎이 솔잎더러 바스락거린다고 한다'는 자신의 큰 허물은 모르고, 남의 작은 허물만 나무라는 행동을 뜻한다. 솔잎은 잎 표피가 두껍고 좁은 바늘 모양이라서 바람에 날려 소리가 나기 어려운 데 비해, 가랑잎은 넓고 얇아서 바람에 잘 움직여 바스락거리는 소리가 크게 나는 것을 빗댄 것이다.

수박

'수박 겉핥기'란 내용이나 참뜻은 잘 알지도 못하면서 무턱대고 대충대충 일함을 비웃는 말이다. 단단하고 녹색과 검은 녹색의 수박 껍질과 달리 속은 물이 많고 적색이라 겉만으로는 속을 알지 못한다는 데서 비유된 것으로 생각된다.

32. 수박
33. 호박

콩

'가뭄에 콩 나듯 한다'는 발생 빈도가 매우 낮음을 일컫는 말이며, '콩으로 메주를 쑨다 해도 곧이 안 듣는다'는 평소에 거짓말을 잘 하는 사람이 진실을 말해도 믿어 주지 않는다는 뜻이다. '콩 심은 데 콩 나고 팥 심은 데 팥 난다'는 말은 모든 일은 원인에 따라 결과가 생긴다는 말로, 원인 없는 결과는 있을 수 없음을 뜻한다. 이는 또한 콩 종자에서 콩이 싹트고, 팥 종자에서 팥이 싹트는 유전현상과 일치한다.

호박

'호박이 넝쿨째로 굴러 떨어졌다'는 뜻밖에 좋은 일이 한꺼번에 생겼다는 말이며, 덩굴식물인 호박이 덩굴채로 떨어지는 것을 알 수 있다.

봄꽃

'상수리나무 꽃이 많이 피면 이듬해는 큰 눈이 내린다'는 말이 있다. 실제로 상수리나무 열매는 몇 년 주기로 많이 맺히는데 이는 대설주기와 일치한다고 한다. '복숭아꽃 피면 맑은 날 3일도 못 간다'는 말은 복숭아꽃 피는 3, 4월은 날씨 변화가 심해서 3일 이상 맑은 날이 계속되는 수가 드물다는 것을 의미한다. '배꽃이 많은 해는 홍수가 난다'는 말은 배꽃이 필 무렵인 4월에 날씨가 좋으면 꽃이 많이 피는데, 이러한 해는 북태평양 고기압이 강해져 태풍이 와서 홍수가 날 가능성이 높다는 뜻이다. '조팝나무가 피면 모내기철

34. 조팝나무

이다'는 말은 조팝나무의 개화 시기와 모내기의 시기가 같아서 산야에 조팝나무가 하얗게 피면 모내는 시기임을 알려준다. '봄꽃이 가을에 다시 피면 그해는 추위가 늦다'는 말은 추위가 나타나지 않기 때문에 뿌리로부터 계속 영양이 공급되어 가을에 봄꽃이 피게 된다. 가을이 되어서 꽃이 다시 핀다는 것은 결국 대륙의 고기압의 활동이 활발하지 못하여 겨울이 늦게 시작된 것으로 볼 수 있다.

여름꽃

'밤꽃이 무성하면 흐린 날이 계속된다'는 말이 있는데 실제로 밤꽃이 피는 시기는 대체로 장마 초기에 해당하여서 흐린 날이 계속된다. '감귤 꽃이 피면 장마가 끝난다'는 말은 감귤 꽃의 개화 시기가 7월 상 · 중순이므로 장마 중이라도 감귤 꽃이 개화하기 시작하면 곧 장마가 끝나는 것을 예측할 수 있다는 뜻이다. '접시꽃이 꼭대기까지 피면 장마가 걷힌다'는 말은 접시꽃은 장마철에 줄기 밑에서부터 위로 피어 올라가는데 꼭대기에 필 때쯤이면 장마가 끝나는 기간과 대체로 일치하게 된다. '도라지꽃 피면 장마 진다'는 말 역시 도라지꽃이 피는 시기인 7~8월이 장마가 끝날 무렵과 일치함을 보여준다.

가을꽃

'고구마 꽃이 피면 천재가 일어난다'는 말은 늦더위가 심하고 일조시간이 짧은 이상기상으로 고구마 꽃이 피면 기상재해가 발생하기 쉽다는 것을 뜻한다. 중남미가 원산인 고구마는 열대에서는 숙근성식물로 다년생이지만 온대에서는 일년생이다. 낮이 짧고 밤의 길이가 일정 시간보다 길어야 꽃이 피는 단일식물이라서 우리나라에서는 꽃을 보기가 쉽지 않다. '메밀꽃이 많이 피면 큰 눈이 내린다'는 말은 여름 북태평양 고기압이 평년보다 발달하

35. 밤나무꽃
36. 접시꽃
37. 도라지꽃

여 일조량이 많은 경우 메밀꽃이 많이 피는데 이와 동시에 겨울 대륙성 고기압도 발달하므로 추위도 심하고 큰 눈이 오게 된다는 데서 비롯되었다. '감 열매가 많이 달린 해는 추위가 심하다'는 여름 북태평양 고기압이 발달하여 기온이 높을 때 열매가 많이 달리는데, 여름 고기압이 발달하면 겨울 시베리아의 대륙 고기압도 발달하는 경향이 있어서 겨울에 추위가 심하다는 말이다. '낙엽이 일찍 지면 눈이 빠르다'는 말은 일찍 대륙성 고기압이 발달한 해에 예년보다 낙엽이 빨리 지고 그만큼 첫눈이 빠르다는 것을 나타낸다.

겨울보리

'보리잎의 폭이 좁고 짧은 해는 큰 눈이 있다'는 말이 있다. 이는 보리 싹이 나온 후 예년보다 추우면 보리잎의 폭이 좁아지는데, 이런 해는 추운 겨울이 되고 대륙성 고기압의 발달로 서해안 지방에 큰 눈이 오는 것과 관계가 있다. '겨울에 눈이 많이 오면 보리풍년이다'는 말은 보리는 가을에

38. 고구마꽃
39. 메밀꽃
40. 감꽃

주로 심는데 겨울에 눈이 많이 내리면 땅에 습기가 많아지고, 눈이 일종의 단열재처럼 보리를 덮어서 얼어 죽지 않아 보리농사가 잘되는 데서 비롯되었다.

싹트기

'가지 싹이 껍질을 쓰고 나오는 해는 봄 서리가 많다'는 말은 봄에 가지의 싹이 나올 때 온도가 부족하고 토양의 수분이 모자라면 껍질을 쓰고 나오는 경향을 뜻한다. 이 현상은 봄 서리가 내리게 하는 이동성 고기압이 지나가기 때문에 나타난다. '느티나무의 싹이 동시에 트면 홍수가 발생한다'는 식물의 싹이 동시에 발아하려면 봄에 비가 예년보다 적당히 와야 하는데, 이는 북태평양 오가사와라제도 부근에 중심을 둔 온도가 높고 습기가 많은 해양성 고기압이 일찍 발달하여 큰 비가 내릴 수 있어 나온 말이다. '느티나무의 발아가 고르지 않으면 늦서리가 있다'라는 말은 이동성 고기압이 많아져서 춥고 더운 변동이 클 때에 느티나무의 발아가 고르지 못하고, 춥고 더운 변동이 있으면 늦서리가 내린다는 것을 의미한다.

4. 가장 오래된 그림의 소재

선사시대부터 인간은 본연의 호기심 때문인지 자연현상에 관해 관심을 가지고 이를 재현하려는 미적 욕구를 가졌다. 문자로 역사를 기록하기 전에도 동굴벽화, 암각부조와 환조, 그림을 통해 당시의 의식주에 관련된 생활 모습과 생각뿐 아니라 자연 속의 동식물이 표현됐다. 예를 들어, 에게 해의 크레타 문명에서는 여신이 동물뿐 아니라 나무, 풀, 꽃과 같은 식물 등 자연을 통해 자기 존재를 나타냈다. 기원전 17세기경에 그려진 크노소스 벽화의 〈백합꽃 남자〉의 배경은 백합꽃이 가득한 자연이다(그러나 사실은 꽃의 모양과 잎이 마주난 것으로 미루어 백합꽃은 아닌 것 같다). 기원전 1500년경의 〈그리핀griffin〉이라는 그림에는 상상의 동물 외에 식물이 그려져 있고, 기원전 1400~1350년 전의 〈늪에서의 들새 사냥(또는 늪에서 사냥하는 네바문) Fowling in the marshes〉에는 파피루스로 보이는 식물이 그려져 있다. 이집트의 투트모세(Thutmose) 3세가 묻힌 피라미드의 벽화에도 식용 및 의약용 등으로 이용되었던 300여 종의 식물이 그려져 있다. 이는 인류의 역사 속에서 식물이 사람들과 얼마나 오랫동안 밀착되어왔는지를 잘 나타내고 있다.

고구려 고분벽화의 〈쌍수도〉에는 소나무 두 그루가 주제로 그려져 있고, 평양 덕흥리 고분벽화의 〈연못도〉는 불교회화로 연꽃이 그려져 있다. 또한 고구려 고분벽화의 〈천상도〉와 〈승마〉에 나무가 그려져 있고, 삼국시대 및 통일신라시대의 영주순흥 읍내리의 고분벽화에도 주된 주제는 아니지만 버드나무가 그려져 있다.

식물은 도자기에서도 주요 문양의 소재였다. 청자모란무늬항아리, 청자모란국화무늬정병, 청자상감모란국화문과형병 등과 같은 도자기에는 모란과 국화무늬가 많다. 이 중 모란은 부귀의 상징으로 설총의 〈화왕계〉에서 꽃들의 왕으로 등장하며, 강희안의 『양화소록養花小錄』에서 부귀를 취하여 2품에 두었다. 이와 같은 상징성에 의하여 왕비나 공주와 같은 귀한 신분의 여인들 옷에는 모란 문양이 들어갔으며, 신부의 예복인 원삼이나 활옷과 병풍에 모란꽃이 수놓아졌고, 선비들의 소박한 소망을 담은 책거리 그림에도 부귀와 공명을 염원하는 모란꽃이 그려졌다. 또한 복스럽고 덕 있는 미인을

41. 파피루스
42. 모란 문양
43. 국화 문양

활짝 핀 모란꽃과 같다고 평했다. 모란은 작약과 달리 목질부가 있어서 목단(牧丹)이라고도 한다. 꽃은 5월에 홍자색으로 피고 지름 15cm 이상으로 크며 꽃받침조각은 5개에서 8개 이상으로 크기와 형태가 같지 않고 도란형이며 가장자리가 불규칙하다. 수술은 많고 암술은 2~6개로 심피가 하나씩이며, 열매는 골돌이고 봉합선이 갈라져서 흑색 종자가 나온다.

국화는 국(菊) 또는 구화라고도 하며 매화, 난초, 대나무와 더불어 사군자의 하나로 귀히 여겨 도자기, 옷, 장롱 등의 문양으로 이용되었다. 봄·여름에 다투어 피는 많은 꽃들과 달리 국화는 가을에 서리를 맞으면서 홀로 핀다하여 고고한 기품과 절개를 지키는 군자에 비유되었고, 오상고절(傲霜孤節)이라고 불렸다. 꽃은 줄기 끝에 두상화서로 피는데 가운데는 암술과 수술이 있는 관상화이며 주변부는 설상화로 대개 암술만 갖는다. 재배종 국화꽃은 품종에 따라 색, 크기나 모양이 다르다.

모네의 수련

인상주의 화가인 클로드 모네는 프랑스 파리에서 서쪽으로 50마일 떨어진 노르망디의 지베르니(Giverny)에 살면서 일본식 다리를 놓고 각종 꽃을 심었으며 연못의 수련을 보고 '수련(Water Lily) 시리즈'를 그렸다. 이 지베르니 정원은 브롱스에 있는 뉴욕식물원(New York Botanical Garden)에 재현되어 있다.

수련은 여러해살이 수중식물로 굵고 짧은 땅속줄기에서 많은 잎자루가 자라서 물 위에서 잎을 편다. 잎몸은 질이 두꺼운 달걀 모양이고 한쪽이 깊게 갈라진다. 앞면은 녹색이고 윤기가 있으며, 뒷면은 자줏빛이고 질이 두껍다. 꽃은 5~9월에 피고 긴 꽃자루 끝에 1개씩 달리며 꽃받침조각은 4개, 꽃잎은 8~15개이며 낮에 피었다가 저녁 때 오므라들며 3~4일간 되풀이한다. 수술과 암술은 많고 암술은 꽃턱에 반 정도 묻혀 있다. 열매는 달걀 모양의 해면질이며 꽃받침으로 싸여 있다. 꽃말은 '청순한 마음'이다. 한국(중부

이남) · 일본 · 중국 · 인도 · 시베리아 동부 등지에 분포한다.

고흐의 해바라기와 붓꽃

고흐는 파리 생활을 접고 프로방스 아를(Arles)로 이주한 뒤 온화한 날씨와 자연 속 컬러와 명암의 대비에 민감해져 화려한 풍경과 꽃, 열매, 나무, 전원생활 등을 그렸다. 〈해바라기〉는 노란색 색채에 대한 열망으로 가득 찬 작품으로 희망을 의미하며 그가 느꼈던 기쁨과 설렘을 반영하며 고흐에게 '태양의 화가'라는 호칭을 주었다. 〈붓꽃이 있는 아를 풍경View of Arles with Irises in the Foreground〉, 〈꽃이 핀 과수원Orchard in Blossom〉, 〈꽃이 핀 아몬드 나무Almond blossom〉, 〈꽃핀 배나무Blossoming Pear Tree〉, 〈자두 꽃이 만발한 과수원Orchard in Blossom, Plum Trees〉, 〈연분홍 꽃이 활짝 핀 복숭아나무Pink Peach Tree in Blossom〉, 〈살구나무 꽃이 활짝 핀 과수원Orchard with Blossoming Apricot Trees〉 등 식물이 관련된 풍경화를 그렸다. 그 외에도 그는 양귀비, 수레국화, 작약, 국화, 프리틸라리아(패모), 데이지, 아네모네, 장미, 분홍색 장미, 사이프러스, 서양협죽도꽃, 밀밭 등 식물을 소재로 한 정물화나 풍경화를 많이 그렸다.

고흐의 그림에서 소재가 되는 나자식물인 측백나무속(*Cypress*)은 상록성 침엽수로 곧게 자란다. 쌍자엽식물 중 국화과(Asteraceae)의 해바라기는 가운데 통 모양의 많은 관상화들이 모여 원반을 형성하고, 가장자리에는 혀 모양의 설상화들이 일렬로 배열되어 전체적으로 두상화서(머리 모양의 꽃차례)를

44. 수련
45. 복숭아나무
47. 배나무
48. 패모

48. 원추리꽃
49. 닭의장풀
50. 사과나무꽃

이루고 있다. 과수원 풍경화의 소재가 된 식물은 모두 장미과(Rosaceae) 식물로서 아몬드나무, 자두나무, 복숭아나무와 살구나무는 모두 벚나무아과(앵두나무아과, Prunoideae)에 속하며, 배나무는 배나무아과(능금나무아과, Maloideae), 장미는 장미아과(Rosoideae)에 속한다. 물푸레나무과(목서과)의 라일락(서양수수꽃다리)은 개나리, 미선나무 및 올리브나무와 마찬가지로 꽃받침과 꽃잎이 4장씩이며 수술이 2개이다. 서양협죽도는 협죽도과에 속하는 건생식물로 제주도에서 가로수로 많이 심는 식물이다. 단자엽식물로는 벼과의 밀, 백합과의 패모속(*Fritillaria*), 붓꽃과의 붓꽃을 그렸다. 특히 붓꽃에서는 칼집 모양의 납작한 잎, 꽃을 받치고 있는 두 장의 포엽, 노란 줄무늬가 있는 넓은 바깥꽃잎과 폭이 좁은 안쪽 꽃잎, 및 셋으로 갈라진 암술대가 붓꽃의 특징을 잘 표현하고 있다.

우리나라 전통회화에 나타난 식물의 종류는 목본류 20여종, 초본류 30여종으로 모두 50여종으로 알려졌다. 시가(詩歌)에 등장하는 초본류는 주로 정원에서 볼 수 있는 관상화이며, 회화에서는 도라지꽃, 원추리꽃, 닭의장풀, 민들레, 제비꽃과 같은 순수한 야생화가 소재로 사용되었다. 회화에서는 조선시대 유가사상에 따라 지조가 굳고 절개가 높은 매화, 노송, 국화 등 식물로 사군자화의 시작이 되었다. 사군자는 수묵 위주로 그려진 매화, 난초, 국화와 대나무 그림을 총칭한다. 이들 식물의 생태적 특성은 고결한 군자의 인품에 비유되어 전문 화가뿐 아니라 사대부 층의 양반들이 그린 문인화와 병풍, 족자, 도자기와 부채 등에 소재로 그려졌다. 전통회화에서 가장 선호

51. 능소화
52. 백작약
53. 개양귀비

한 식물은 대나무, 매화, 난, 국화, 연, 모란, 복숭아꽃, 장미, 진달래, 동백, 목련, 백일홍 순으로 알려졌다. 그 외에 무궁화, 산벗나무, 등나무꽃, 사과꽃, 능소화, 찔레꽃, 치자, 개나리, 정향, 해당화, 산돌배, 원추리, 홍도화, 백작약, 제비붓꽃, 도라지, 어숭이(어저귀), 개양귀비, 범부채, 물봉선화, 가선화, 작약, 민들레, 금낭화, 부용, 맨드라미 등도 소재로 그려졌다.

순수하고 소박한 회화나 도화서 화풍의 생활화 및 실용화를 나타내는 민화에서도 식물의 질박한 아름다움이 그려졌다. 민화의 소재식물은 실생활과 가깝고 민중이 좋아하는 아름다운 꽃들이 주류였으며 모란, 연, 매화, 국화, 찔레, 석류, 대나무, 동백, 목련, 소나무, 갈대, 오동나무, 버드나무, 난초, 나리, 불수감(감귤류), 단풍나무 순으로 많이 나타났다. 또한 식물은 부채, 빗, 화각실패, 화각함, 화관, 돈과 같은 일상 생활용품들에서도 볼 수 있다. 천원권의 앞면에는 이황의 〈매화〉, 오천원권의 앞면에는 이이의 〈오죽헌 대나무〉가 들어 있다. 오만원권의 앞면에는 신사임당의 초상뿐 아니라 〈묵포도도(墨葡萄圖)〉와 보물 595호인 〈초충도수병〉이, 뒷면에는 조선 중기 화가인 어몽룡의 〈월매도〉의 매화와 이정의 〈풍죽도〉의 대나무가 들어 있다. 북한의 오천원권에는 북한의 국화인 함박꽃나무가 들어 있다. 신사임당의 〈초충도〉와 〈초충도수병〉에는 오이, 패랭이꽃, 물봉선, 수박, 닭의장풀, 가지, 맨드라미, 도라지, 바랭이, 가선화, 원추리, 쑥부쟁이, 여뀌, 메꽃, 포도, 꽈리, 황국 등의 많은 주변 식물들이 그려져 있다.

이렇듯 식물, 특히 꽃은 문양의 주요한 소재가 되었는데 문화포털 '한국

54. 범부채
55. 물봉선화
56. 금낭화

의 문양'[1]에서는 갈대꽃문, 갯버들문, 고사리문, 국화문, 꽃문, 나무문, 나무열매문, 난초문, 대나무문, 덩굴문, 마름꽃문, 매화문, 모란덩굴문, 모란문, 버들문, 보상덩굴문, 보상화(寶相華, 천상을 대표하는 연꽃의 변형체)문, 복숭아문, 불수감나무문, 석류문, 소나무문, 연꽃문, 연덩굴문, 인동덩굴문, 인동문, 잎사귀문, 기사회생과 장수를 상징하는 파초문, 포도덩굴문, 포도문, 풀꽃덩굴문, 풀꽃문, 풀문, 기타 식물문으로 구분하고 있다. 그러나 갈대꽃문과 나무문 등 일부 문양들의 형태는 실제 식물의 특징과 잘 맞지 않는다. 이들 중 연꽃은 여러 사상이나 종교에서 중요한 식물이었다. 덩굴문은 장수와 좋은 일이 계속되기를 바라는 의미인 동시에 다른 무늬를 돋보이게 하여 연꽃, 국화, 모란, 보상화(寶相華) 등과 같이 나타나는 경우가 많다. 모란은 아름다움과 부귀를, 복숭아, 불수감(佛手柑, 감귤과의 식물)과 석류는 건강하게 장수하며, 행복하게 살고, 자녀가 많기를 바란 것이다. 포도, 참외, 표주박 또한 많은 자손을 상징했다. 소나무도 장수를 의미했고, 파초(芭椒)는 기사회생과 장수를 상징했다.

고려청자 속의 식물

고려청자에 사용된 소재는 다양한데 그중 식물의 문양이 가장 보편적이다. 국화, 모란, 모란당초(모란을 주제로 한 당초 문양), 여지(리치, Lichi), 석류,

1 http://www.culture.go.kr/

57. 부용
58. 석류
59. 오동나무

연꽃, 버드나무, 매화, 갈대, 대나무, 포도 및 야생화가 대표적이다. 식물 문양이 들어간 고려청자로는 청자상감모란국화문 참외모양 병(국보 제114호), 청자상감모란문 표주박모양 주전자(국보 제 116호), 청자동화연화문 표주박모양 주전자(국보 제 133호), 청자 양각죽절문 병(국보 제 169호), 청자 상감용봉모란문 합 및 탁(국보 제 220호), 청자 음각'효문'명 연화문 매병(국보 제 252호), 청자 양각연화당초상감모란문 은테 발(국보 제 253호), 청자 음각연화문 유개매병(국보 제 254호), 청자 상감 매죽학문 매병(보물 제 1168호), 청자 상감 모란절지문 바릿대(보물 제1039호), 국화와 모란, 덩굴무늬를 새겨 넣은 청자 상감국화모란당초문 모자합(보물 349호), 포도덩굴이 잘 나타나 있는 청자철화초충조문매병(보물 1383) 등이 있다. 그리고 고려 말 청자로부터 발전된 분청사기에서도 인화국화문 태항아리(국보 177호)의 국화, 분청사기 박지연화어문 편병(국보 179호)의 연꽃, 분청사기 박지철채모란문 자라병(국보 260호)의 모란 등을 볼 수 있다.

60. 인동덩굴
61. 표주박

62. 담쟁이덩굴
63. 덩굴강낭콩
64. 오이 덩굴손

조선 백자 속의 식물

조선시대 후기인 15세기 중엽~19세기 말에 주류를 이루던 청화백자에는 매화, 난초, 소나무와 대나무, 매화와 대나무 등이 그려져 있다. 백자철화포도문항아리(국보 107호)의 포도, 백자 철화매죽문 항아리(국보 166호)의 매화와 대나무, 백자 동화매국문 병(국보 168호)의 매화와 국화, 백자 청화매조죽문 유개항아리(국보 170호), 백자 청화 '홍치2년' 명 송죽문 항아리(국보 176호)의 소나무와 대나무, 백자 청화매죽문 항아리(국보 219호)와 백자 청화매죽문 유개항아리(국보 222호)의 대나무와 매화, 백자 상감연화당초문 대접(국보 175호)의 연꽃, 백자 청화매죽문 항아리(국보 219호), 백자 청화죽문 각병(국보 258호)의 대나무, 백자 청화철채동채초충문병(국보 294호)의 국화와 난초잎이 있다. 소나무와 국화문병, 모란문호, 청화백자 산수초화문호, 석류문호, 포도문호, 국화문호 등에서는 식물의 문양이 뚜렷하다. 반면 백자 상감초화문 편병(국보 172호)와 같이 어느 식물을 주제로 했는지 쉽게 알 수 없는 꽃과 풀 등이 그려진 것도 있다.

5. 건축물에 녹아든 식물

기원전부터 파피루스, 연꽃, 백합, 장미와 야자나무 등의 꽃이나 잎이 문양의 소재가 되어왔듯 일부 식물의 형태는 건축에 많이 적용되었다. BC70

년경 로마의 건축가인 비트루비우스(Marcus Vitruvius polio)는 지중해 연안에 흔히 자라는 쥐꼬리망초과의 아칸서스속(*Acanthus*) 식물에서 코린트양식의 기둥머리를 고안했다. 12세기에 설립된 옥스퍼드대학 박물관의 기둥머리는 아칸서스속 식물(*Acanthus spinosus* L.)의 화서무늬로 장식되어 있다. 옥스포드에 있는 크라이스트처치 대성당의 아치형 지붕은 주름부채야자나무(Vanuatu fan palm, *Licuala grandis* H. Wendl.)의 형태를 모방하여 만들었다. 1671~79년, 크리스토퍼 렌 경이 지은 런던에 있는 기념관의 내부계단은 남아프리카 케이프 지방에서 수집한 번행초과의 프레니아 테트라고나(*Prenia tetragona*) 종자의 형태를 본뜬 것이다. 1851년 런던 만국박람회가 열린 수정궁은 빅토리아연꽃의 잎을 본떠서 설계한 것으로 공학에 예술을 융합한 가장 위대한 공공건물의 하나로 인정받고 있다.

65. 나팔꽃

자연주의 예술 아르누보(Art Nouveau)는 1890~1910년 사이 유럽 각지와 미국, 남미에 이르기까지 국제적으로 유행한 양식이다. 주로 덩굴식물 모양의 양식을 곡선으로 도입한 공예상의 자연주의로서 꽃의 양식, 요트의 흔적과 같은 물결양식, 당초양식 등으로 불렸으며 장식성의 양식미를 주체로 창조된 공예형태이다. 아르누보는 건축뿐 아니라 실내 공예, 상업미술, 조각, 회화, 장신구에 이르기까지 모든 예술의 장르에 영향을 미쳤는데, 대표적인 건축가로 스페인의 안토니오 가우디가 있다.

아르누보 양식에 이용된 덩굴식물 중에는 등나무, 참등나무, 담쟁이덩굴과 같은 목본성 덩굴식물(만경식물)과 초본성 덩굴식물이 있다. 환삼덩굴은 줄기와 잎에 갈고리 같은 털이나 가시가 있고, 완두나 오이 덩굴은 잎이나 가지가 변한 덩

안토니오 가우디의 〈카사밀라〉

66. 아칸서스속(*Acanthus spirosus* L.)
67. 빅토리아연꽃
68. 플로리다소철과 가시잎소철속
69. 태산목

굴손으로 감아 올라간다. 나팔꽃과 덩굴강낭콩의 줄기는 위에 내려다보았을 때 반시계 방향으로, 환삼덩굴과 참등나무의 줄기는 시계 방향으로 감겨 있다. 벅민스터 풀러(Buckminster Fuller)나 프라이 오토(Frei Otto)와 같은 건축가들은 기하학과 수학의 원리를 이용하여 복잡한 생물 모양의 자연적 형태를 구현하여 블로비텍처(blobitechture)라는 건축용어가 생겨났다.

영국 콘월 주의 에덴프로젝트로 건설된 세계에서 가장 큰 온실은 미국 캘리포니아에서 수집한 지치과의 폴리스토마 아우리툼(*Pholistoma auritum* (Lindl.) Lilja ex Lindbl.)의 벌집무늬가 있는 지름 2.9mm인 구형의 종자를 본떠 만들어졌다. 영국 버밍햄의 셀프리지(Selfridges) 백화점의 벽면 무늬는 남아프리카 서부 케이프에 분포하는 번행초과의 글로티파일룸 올리고카품(*Glottiphyllum oligocarpum* L. Bolus)의 지름 1.2mm밖에 되지 않는 작은 종자의 모양을 본뜬 것이다. 또한 영국의 웨스트서식스 주에 있는 윌드 앤드 다운랜드(Weald & Downland Open Air Museum) 박물관 내 다운랜드 그리드셸(Downland Gridshell)은 지중해 원산인 미나리아재비과의 날개제비고깔 종류(*Delphinium peregrinum* L.)의 종자가 바람에 잘 날릴 수 있도록 종축 주위를 종이 같이 얇은 판이 나선형으로 배열되어 둘러싸고 있는 모습을 본떠 만들어졌다. 2003년 완공된 런던에 있는 30 세인트 메리 엑스(30 St Mary Axe)는 '거킨(Gherkin)', '크리스탈 팔루스(Crystal Phallus)' 또는 '스위스 르 타워'로도 불리는 높이 180m의 건물로서 남아프리카의 고유종인 플로리다소철과(Zamiaceae)의 가시잎소철속 식물(*Encephalartos inopinus* R. A. Dyer)의

에덴프로젝트 온실

거킨 빌딩

웅성구과를 본뜬 독특한 건축 양식으로 유명하다.

그 외에도 식물은 일상용품이나 공예품의 문양 소재로 이용되었다. 다양한 난초가 많은 동남아에서는 난의 종류를 식별할 수 있을 정도로 상당히 정교한 형태로 난초꽃의 금반지와 귀걸이가 세공된다. 난꽃, 타래붓꽃, 장미 등 많은 아름다운 꽃과 열매의 문양이 있는 찻잔, 액세서리와 장식품, 태산목(*Magnolia grandiflora* L.)의 우아한 큰 꽃 문양의 스카프를 비롯한 일상용품들이 다양하다. 또한 식물은 사진으로는 포착이 불가능한 식물 부분의 형태적 특징을 정밀하게 표현하며 예술적 감각으로 식물의 아름다움을 돋보이게 그린 식물세밀화의 주요 대상이기도 하다. 실제 식물을 말려서 예술적 작품을 만드는 꽃누르미(압화) 작품의 소재가 되기도 한다. 이러한 일들은 전문 예술가뿐 아니라 일반인들도 식물에 대해 접근할 수 있는 취미거리이다.

12장

식물, 오감으로 느끼자

공부할 때도 눈으로 보고 손으로 쓰고 소리내어 읽으면서 해야 학습효과가 높다. 새로운 식물을 만났을 때 우리는 눈으로 보는 것뿐 아니라 냄새도 맡아보고, 씹어보고, 만져보면서 그 특징을 알 수 있다. 12장에서는 오감을 통해 느낄 수 있는 식물에 대해 알아보고자 한다.

1. 눈으로 즐기는 식물

정원이나 뜰에 심고 보는 관상용, 채소나 과일, 화초 등을 심어서 가꾸는 원예용, 그리고 경치를 아름답게 꾸미는 조경용 식물은 약간의 용어 차이가 있을 뿐 모두 눈으로 즐길 수 있는 식물이다.

눈으로 즐길 수 있는 조경용 식물은 개화기와 색을 고려하고, 교목, 관목, 초본을 조합하여 배치하면 일 년 내내 식물을 감상할 수 있도록 식물을 선정하는 것이 좋다. 먼저 봄철에는 노란색 개나리, 풍년화, 생강나무, 산수유나무와 백색의 매화나무, 백목련, 팥배나무, 때죽나무, 쪽동백나무, 조팝나

1. 팥배나무
2. 때죽나무
3. 모감주나무
4. 박태기나무
5. 배롱나무
6. 마타리

무, 찔레나무 등이 있다. 붉은 계열의 색으로는 진달래, 벚나무, 복숭아나무, 박태기나무, 산철쭉, 모란과 보라색의 수수꽃다리와 오동나무 등이 있다. 여름이 시작될 무렵에는 노란색 모감주나무, 주황색 능소화, 흰색의 치자나무, 이팝나무와, 붉은색의 장미, 배롱나무, 자귀나무, 그리고 보라색의 무궁화 등을 조합하면 계절마다 다양한 색의 식물을 감상할 수 있다. 가을에는 노란 색의 마타리, 산국, 흰색의 구절초, 보라색의 쑥부쟁이와 여러 가지 단풍과 열매로 색을 조합할 수 있다. 노란 단풍의 은행나무, 붉은 단풍의 붉나무, 빨간 열매를 맺는 마가목, 산딸나무, 산수유, 산사나무, 팥배나무, 그리고 노란 단풍이 드는 생강나무와 자작나무, 갈색의 느티나무와 버즘나무, 그리고 붉은 단풍나무와 복자기 등으로 화려한 단풍을 감상할 수 있다. 겨울에는 남쪽 지방에서 동백나무가 꽃을 피울 뿐 대부분은 사철나무와 회양목 등 상록성나무의 잎을 즐긴다. 특히 주목, 소나무, 백송, 리기다소나무, 잣나무, 스트로브잣나무, 구상나무, 편백나무, 화백나무, 향나무, 독일가문비나무 등의 침엽수에 눈꽃이 필 때 녹색 빛을 더 발할 수 있다. 수피의 색이 백색인 자작나무도 훌륭한 조경용 식물이다. 이러한 조경용 식물 중 개나리, 가중나무, 버드나무, 능수버들, 회화나무, 물푸레나무, 버즘나무, 은행나무, 가이즈까 향나무, 편백, 화백, 가시나무, 후박나무 등은 공해에도 강하여 도시에서 즐길 수 있는 식물이다. 실내에서는 일반적인 화병에 꽃꽂이를 하거나 수반이나 항아리뚜껑 같이 낮은 그릇에 물을 담고 꽃잎을 띄워 꽃의 색다른 아름다움을 즐길 수도 있다.

2. 후각으로 느끼는 식물

요즈음 유행하는 허브(herb)라는 말은 원래 풀, 푸른 줄기, 잎사귀라는 뜻의 라틴어 헤르바(herba)에서 나온 말이다. 식물학에서는 조직이 부드럽고 즙이 많은 풀 또는 초본식물을 뜻하는데 일반적으로는 경제적 가치가 있는 향초와 약초 등의 키 작은 초본식물을 일컫는다.

정유(essential oil) 또는 방향유(芳香油)라고 하는 휘발성 기름이 들어 있는 식물은 방향유가 휘발하면서 향기를 풍기기 때문에 향료식물이라고 한다. 식물의 이름 중에는 향기가 있음을 암시하는 '-향'자가 포함된 백리향, 섬백리향, 배초향, 향유, 꽃향유, 곽향 등의 꿀풀과 식물을 비롯하여 향나무, 정향나무, 천리향, 서향나무와, 향등골나물 등이 있다. 그 외에도 아카시나무, 노각나무, 해당화 등 방향유를 함유하는 식물은 약 60과에 달한다. 그중 소

7. 백리향
8. 꽃향유
9. 노각나무

나무과, 국화과, 장미과, 미나리과(미나리, 셀러리, 천궁 등), 녹나무과(생강나무, 생달나무 등), 운향과(탱자나무, 귤나무 등) 식물에 방향유가 특히 많이 들어 있다. 식물의 종류에 따라 꽃, 열매, 줄기, 잎과 뿌리 등 이용하는 부분이 다르다. 예를 들어 장미, 라일락, 은방울꽃, 재스민, 라벤더 등은 꽃에서 향기를 내고, 바닐라, 레몬, 회향과 아몬드 등은 과실(종자)에서 향을 발산한다. 박하, 레몬그라스, 녹나무, 월계수, 유칼립투스 등의 식물의 경우는 잎에서 향을 추출한다.

향료는 약 5000년 전 고대 사람들이 종교적 목적, 미용, 시체 봉합, 의학 등에 사용했다. 우리나라에서도 과거 제사 때 향나무를 깎아 향로에 넣어 향을 피우곤 했다. 오늘날 멋쟁이들이 흔히 사용하는 향수는 향료를 알코올 등에 녹여 만든 액체 화장품으로, 최초의 향수는 헝가리 수도사가 신경통으로 고생하던 도나 이사벨라 왕비를 위해 1370년에 만들어 바친 '헝가리 워터(hungary water)'였다. 그 후 프랑스 화학자가 라벤더 오일로 치료를 하면서 아로마테라피(향기치료, aromatherapy)라는 용어가 사용되었다.

오늘날 식물의 방향유는 마음을 진정시키고 건강을 증진시키는 아로마테라피에 이용되면서 실용화되었다. 라벤더, 로즈마리, 유칼립투스, 페파민트 등 다양한 아로마 오일(에센셜 오일)의 각 향 분자들은 다른 모양을 하고 각기 다른 자극을 뇌에 전달하며 효과도 약간씩 다르다. 코를 통해 아로마 성분이 흡입되어 본능행동과 정서감정을 주재하며 학습과 기억에 도움이 되는 대뇌의 변연계로 후각신경을 통해 전달된다. 변연계에 전달된 입자는

10. 자스민
11. 라벤더
12. 박하

신경화학물질을 생성하는데 이 물질이 뇌하수체에 영향을 주어 호르몬 분비를 조절하며 시상하부(대뇌피질)를 자극한다. 향기치료는 신체에 안정감을 줄 뿐 아니라 혈액순환을 촉진시켜 피부미용에도 도움이 된다.

3. 미각으로 맛보는 식물

식용할 수 있는 꽃으로는 개나리, 국화, 동백꽃, 매화꽃, 민들레, 배꽃, 복숭아꽃, 살구꽃, 아카시나무꽃, 땅비싸리꽃, 유채꽃, 제비꽃, 진달래꽃, 패랭이꽃, 호박꽃 등이 있다. 또한 원예종으로 재배하는 금어초, 베고니아, 쟈스민, 장미, 서양 제라늄, 한련화 등도 꽃비빔밥이나 차 등에 이용된다. 이들 꽃은 꽃의 암술, 수술과 꽃받침을 제거한 후 꽃잎만 사용하여 차, 화전, 꽃비빔밥, 쌈밥, 샐러드 등 다양한 요리에 활용된다.

차

식물로 만드는 차의 종류는 수없이 많으며, 식물에 따라 차의 재료로 이용하는 부위가 다르다. 커피, 대추차, 유자차, 레몬차, 라임차, 보리차, 옥수수차, 율무차, 블루베리차 등은 열매를 이용한다. 녹차, 홍차, 우롱차, 보히차 등은 잎을 이용하고, 둥굴레차, 민들레차, 칡차, 생강차 등은 지하경이나 뿌리로 만든다. 국화차, 매화차, 연꽃차, 계화차, 캐모마일, 자스민 등은 꽃으로 만든다.

술

차와 마찬가지로 술도 다양한 종류의 식물로 다양한 부위를 이용하여 만든다. 우리나라에서 식물의 열매로 만드는 전통주로 머루주, 복분자주, 인삼주, 사과주, 감귤주, 오미자주, 배로 만드는 이강주, 잣을 이용한 잣막걸

13. 제비꽃
14. 베고니아
15. 한련화

리가 있다. 또한 쌀과 쌀누룩으로 빚는 이화주, 찹쌀, 누룩, 백미, 정제수, 야국, 메주콩, 생강, 홍고추로 만드는 한산소곡주, 쌀로 만드는 진도홍주와 안동소주, 좁쌀과 쌀로 만드는 제주의 고소리주, 차조로 만드는 오메기술, 오가피주 등이 있다.

화전

봄이면 삼짇날에 진달래꽃을 따서 진달래화전을 만들고 배꽃으로 이화전(梨花煎), 여름에는 장미화전, 가을에는 국화전을 만들어 계절감을 느낄 수 있다. 꽃뿐 아니라 미나리잎, 쑥잎 등도 화전을 만드는 데 이용된다. 화전을 만들려면 우선 찹쌀을 불려 물기를 빼고 소금을 넣어 가루로 곱게 빻은 다음 뜨거운 물로 반죽하여 동글납작한 모양으로 만든다. 달궈진 프라이팬에 반죽을 올려 놓고 익으면 반죽 위에 진달래꽃이나 국화꽃 등을 올려 장식한다.

튀김

도라지 뿌리, 수삼 뿌리, 연근, 감자, 고구마, 당근, 단호박, 생강나무 잎, 쑥갓, 양파, 고추, 깻잎, 참중나무 순, 음나무 순, 상추 등이 이용된다.

김치

김치에 고추를 도입한 것은 1766년(영조 42)에 나온 『증보산림경제(增補山

林經濟)』에 나타나 있다. 잎줄기가 달린 무에 청각채 · 호박 · 가지 등의 채소와 고추 · 천초 · 겨자 등의 향신료를 섞고 마늘즙을 듬뿍 넣어서 담그는 침나복함저법(沈蘿蔔鹹菹法)이 오늘날의 총각김치와 같은 것이다. 또 황과담저법(黃瓜淡菹法)은 오이의 세 면에 칼자리를 넣고 속에 고춧가루 · 마늘을 넣어서 삭히고 있는데, 이것은 오늘날의 오이소박이이다. 그밖에 동치미 · 배추김치 · 용인오이지 · 겨울가지김치 · 전복김치 · 굴김치 등 오늘날의 김치가 거의 등장하고 있다. 이와 같이 배추, 무, 순무, 갓, 고들빼기, 씀바귀, 쪽파, 고추잎, 열무, 총각무, 미나리, 들깻잎, 참나물, 돌나물, 오이, 냉이, 도라지, 호박, 죽순, 가지, 박, 연근, 무청, 토란, 모과, 브로콜리, 사과, 콩잎, 수삼, 달래, 파, 무화과, 파파야 등 다양한 식물들로 200여 가지의 김치를 만들 수 있다.

나물

나물이란 산이나 들에서 채취한 식물 또는 채소를 조미하여 만든 반찬이다. 우리나라에서는 연하고 독성이 없는 300여 종류의 야생식물을 나물로 먹는다. 나물은 크게 생채나물과 말려두었다가 이용하는 묵은 나물로 구분하며, 식물에 따라 잎, 잎과 줄기, 및 뿌리, 또는 전초 등 이용 부위가 다르다. 나물로 쓰이는 식물로는 고사리, 참취, 곰취, 고려엉겅퀴, 토란대, 머위, 우산나물, 참나물, 방풍, 돌미나리, 어수리, 돌나물, 얼레지, 명이, 원추리, 피마자, 잔대, 모시대, 더덕, 도라지, 고들빼기, 마 등 수없이 많다. 근래에는 두릅나무 순과 엄나무 순과 곰취 등 생채나물이 건강식품으로 인기가 있다.

4. 촉각으로 느끼는 식물

피부

분꽃은 남아메리카 원산으로, 종자에 하얀 가루분(粉)이 들어 있어서 분

16. 분꽃
17. 잇꽃
18. 알로에
19. 수세미
20. 스타후르츠

꽃이라 했으며, 옛날에는 종자를 가루 내어 얼굴에 분으로 이용했다. 분꽃은 오후 네 시 경 핀다 하여 영어로 four-o'clock flower라고 한다.

지금은 볼터치로 화장을 하지만 옛날에는 잇꽃으로 연지를 만들어 사용했다. 중국에서는 은나라 주왕 때부터 약 3,000년의 역사를 지니며 우리나라에서는 수산리 고구려 벽화 인물상의 볼과 입술이 발라져 있는 것으로 미루어 볼 때 약 1500년~2000년 전쯤부터 연지화장을 했다. 연지를 만드는 재료는 잇꽃과 주사(朱砂)인데 고구려에서는 주사로, 신라에서는 잇꽃으로 연지를 만들었다. 잇꽃 연지는 잇꽃 꽃잎을 여러 번 찧어 붉은 색을 분리시켜 만드는데 환약처럼 만들어 두었다가 기름에 개어 사용했다.

또한 요즘은 손톱에 매니큐어로 바르고 장식을 하는 네일아트가 유행이지만 예전에는 많은 여성들이 봉선화로 손톱을 물들였다. 봉선화 잎과 꽃 한 줌을 따서 백반 한 티스푼을 넣어 막자사발에 넣고 찧은 다음 손톱에 올려 놓고 랩으로 감은 후 밤잠을 자고 나서 푼다. 첫눈이 올 때까지 봉선화물들인 손톱이 남아 있으면 첫사랑이 이루어진다고 했으니 첫사랑을 위해 늦여름이나 초가을에라도 손톱에 물을 들여볼 만한 일이다.

그 외에 머리염색이나 문신 등에는 헤나(Henna)를 이용한다. 헤나는 이집트, 인도, 파키스탄과 네팔의 기온이 높고 건조한 지역에 자라는 로소니아 이너미스(*Lawsonia inermis* L.)의 잎을 따서 말린 다음 가루로 만든 염색제이다. 수세미오이, 알로에, 모로코 북부의 고유식물인 아르간나무(argan tree, *Argania spinosa* L.)의 씨에서 짜낸 기름과 아가베 선인장(Agave Cactus) 등은 화장수와 팩으로 이용된다. 녹두, 단풍잎돼지풀, 가시상추 및 섬기린초는 미백 효과, 감초잎은 노화방지, 스타후루츠 잎의 추출물은 콜라겐 보호성분이 있고, 미나리과의 명일엽(*Angelica keiskei*(Miq.) Koidz.)은 히알루론산이 있어 피부에 수분을 공급해준다. 그 외에도 많은 식물들이 피부에 좋은 천연화장품으로 이용된다.

손으로 즐기기

식물이 가진 녹색은 그 자체로 정서에 안정감을 주는 색이므로 바라보기만 해도 정서적 안정감을 준다. 식물 재배나 꽃꽂이, 꽃누르미, 세밀화그리기 등의 원예활동은 긍정심리학적 측면에서 마음을 정화시키는 원예치료의 일환이 된다.

꽃누르미(압화) 만들기: 꽃을 따서 건조판에 끼워 잘 말린 후 종이 위에 마른 꽃잎을 올려 놓고 양면 코팅지로 종이 양면을 코팅하여 카드, 액자, 책갈피, 핀, 목걸이와 컵받침 등을 다양한 소품을 만든다.

식물세밀화 그리기: 식물을 대상으로 학술적으로 식물의 특징을 기록하고

21. 압화 카드
22. 압화 액자
23. 압화 컵받침

21

22

23

24. 산세베리아
25. 관음죽
26. 스파티필럼
27. 보스톤줄고사리
28. 화환
29. 부케

보전하는 동시에 식물의 아름다움을 예술적으로 그리는 일도 식물을 즐기는 방법의 하나다. 세밀화는 중부 유럽에서 이미 15세기부터 시작되어 16세기에는 과학적으로 정밀하고 객관적으로 식물을 묘사하는 식물도감이나 과학적 저술의 도안화로 활발하게 이용되었다.

식물 재배하기: 실외에 봉선화, 한련화, 백일홍, 분꽃 등으로 아기자기한 꽃밭을 만들어 즐기거나 텃밭에 상추, 고추, 가지와 고구마 등을 심어서 식용하는 것도 좋다. 실내에서는 꽃이 아름답고 향이 좋은 난초를 기르고 전자파를 차단하는 산세베리아와 공기 정화를 위한 관엽식물을 재배한다. 모기 등 해충 퇴치를 위해 끈끈이 주걱, 네펜데스 같은 식충식물을 재배하거나 실내 건조를 막기 위해 파피루스, 수련, 워터코인과 같은 수생식물을 기르는 것도 좋다.

화환(wreath)과 부케(buchet) 만들기: 칼라, 장미, 백합, 수국, 호접란, 카네이션, 은방울꽃 등을 모아 리본으로 줄기를 감고 핀으로 고정하여 부케를 만들 수 있다. 포도나무 줄기 등 구부러지는 식물로 기본 틀을 만들고 알맞은 꽃이나 열매 등으로 장식을 하여 화환을 만든다. 그 외에 토끼풀 등 다양한 종류의 꽃으로 꽃반지와 꽃목걸이를 만들 수도 있다. 실제로 코카서스의 조지아에서는 풀꽃으로 만든 화관을 머리에 쓰거나 건물에 걸어둔다.

포푸리 만들기: 라벤다, 자스민, 장미 등의 허브에는 향기가 강한 휘발성 기름(정유, essential oil)이 들어 있다. 정유 성분은 식물의 종류, 부위, 생육 정도 등에 따라 다르며, 주성분은 테르펜 화합물이다. 현재 알려져 있는 정유는 박하유, 로즈마리유, 시트로넬라유, 레몬유 등 1,500종 이상이며 그중 천연향료 및 합성향료로 사용하는 정유는 100종 정도이다. 포푸리(potpourri)는 실내의 공기를 정화시키기 위한 방향제의 일종인 방향주머니이다. 꽃이 개화하기 전이나 초기에 정유성분이 많은 오전 10시쯤 채취한 허브를 직사광선을 피해 바람이 잘 통하는 그늘에서 거꾸로 매달거나 소쿠리에 담아 10

30. 꽃반지
31. 꽃목걸이

32. 천연 염색한 스카프
33. 천수국(메리골드)

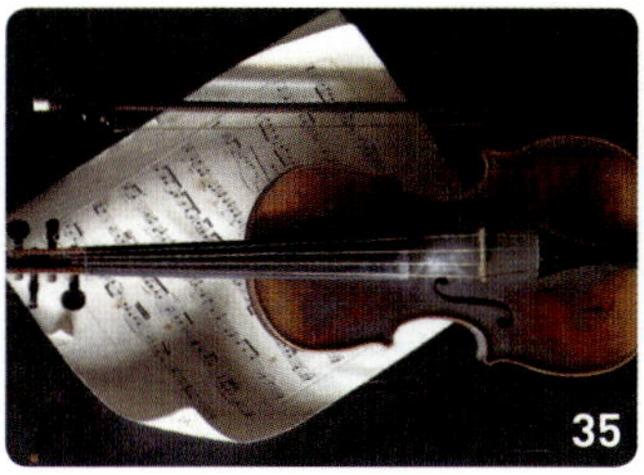

34. 소나무
35. 스트라디바리우스
36. 단풍나무

일 이내 동안 말린다. 주재료와 부재료, 보류제 및 에센셜 오일을 이용하여 드라이포푸리와 모이스춰 포푸리를 만들 수 있다.

5. 청각으로 즐기는 식물

봄이 되면 물 오른 버드나무 가지의 속을 빼내고 피리를 만들어 불기도 하고 버드나무 잎 한 장으로 소리를 낼 수도 있다. 그러나 이보다 더 근본적으로 식물을 이용하여 일회성이 아닌 악기를 만들 수 있다. 나무가 악기 재료로 사용된 시기는 사람이 소리를 듣고 즐거움을 느낄 수 있던 시기와 거의 비슷하다. 우리가 풀피리를 만들 듯이 원시 시대 사람들은 주위에서 쉽게 구할 수 있는 식물을 재료로 간단한 악기를 만들었다.

악기 중 현악기는 현의 진동이 악기 몸체로 전달되어 공기 중에 음파로 퍼지면서 소리를 만들어 내므로 가볍고 진동을 잘하는 나무로 만든다. 이 중 바이올린의 몸통 앞판과 옆판은 소나무, 전나무와 가문비나무로 만들고, 뒷판은 대들보 역할을 하므로 무겁지 않고 단단한 단풍나무와 플라타너스를 쓴다. 현이 있는 목 부분의 지판은 높은 장력을 버틸 수 있는 박달나무를 이용한다. 특히, 바이올린과 첼로의 앞판, 베이스 바, 사운드 포스트에는 목재 재질이 연하고 부드럽고 결이 고운 가문비나무가 좋다. 가문비나무는 대부분 북쪽 위도의 온대 북부와 타이가 지대에서 생산되지만 같은 위도에서

37. 오동나무
38. 대나무로 만든 전통 관악기

자라도 고도에 따라 재질이 달라진다. 중앙 및 동부 유럽에서 생산되는 가문비나무는 조직이 더 촘촘하고 단단하여 잘 휘지 않는다. 탁월한 공명(울림) 성질로 인해 피아노와 다른 건반 악기의 음향판 그리고 바이올린, 류트(lute), 기타 등의 몸통용 재료로 사용된다. 세계적으로 유명한 스트라디바리우스는 1700년대 날씨가 추워져 목질이 단단해진 이탈리아 가문비나무로 만들어졌다. 목관악기인 바순은 무화과나무로, 오보에는 자단나무(*Dalbergia* spp.), 클라리넷은 흑단나무(*Diospyros* spp.)로 만들고, 타악기의 채는 등나무로 만든다.

우리나라 전통악기에는 오동나무, 대나무, 박달나무 등이 쓰인다. 공명통에 실을 틀거나 꼬아서 맨줄을 뜯거나 퉁겨서 소리 내는 악기 중 가야금과 거문고 몸체는 오동나무로 만든다. 오동나무는 음향이 잘 진동하며 흡습성이 없고 건조 시 뒤틀리거나 틈이 잘 생기지 않으며, 방충 효과와 불에 잘 타지 않는 내화성이 있으며, 음향 전도도 잘되고 가공도 쉬운 목재이고 장구의 통을 만드는 데도 쓰인다. 아쟁은 오동나무판 위에 7줄의 명주실을 안족(기러기발)으로 받쳐 놓고 활대를 줄에 문질러서 소리를 내는데, 이 활대는 껍질을 벗긴 개나리 가지에 송진을 칠한 것이다. 대나무로 만든 악기에는 대금, 피리, 당적, 단소, 퉁소, 적, 중금, 소금 등은 있으며, 대금은 갈대청(갈대 속껍질)의 진동을 곁들여 연주하는 악기이다. 속칭 '깽깽이'라고도 불리는 해금은 대나무로 만드는데, 공명통의 복판(腹板)의 재료는 두충나무와 오동나무이다.

40. 대추나무
41. 꾸지뽕나무
42. 회양목

전통악기 중에 박, 태평소, 축, 어와 같은 악기들은 특히 나무를 재료로 만든다. 태평소는 산유자나무, 대추나무, 꾸지뽕나무, 회양목 등 단단한 나무의 속을 뚫어 만든다. 상단과 하단은 구리로, 설(혀)은 만로(갈대)로 만든다. 축은 소나무로 만든 네모진 상자 윗판에 구멍을 뚫어 나무방망이 같은 추병을 세워 상자 밑바닥을 쳐서 소리를 내어 아악연주의 시작을 알린다. 어는 흰색의 나무로 조각한 엎드린 호랑이 형상의 악기로서, 등에 27개의 톱니(서어)가 있어서 끝을 아홉 조각으로 쪼갠 견(채)이라고 부르는 대나무 채로 긁어 소리를 내어 음악의 끝을 알린다. 박은 박달나무 여섯 조각으로 만들어지며 조선시대의 당악과 향악에서 시작과 끝을 알리고 춤사위의 변화를 지휘하는 데 쓰인다.

3부

식물자원의 유용성

고대 인류부터 현대인에 이르기까지 식물의 뿌리나 줄기, 잎, 꽃, 열매 등은 인간생활의 여러 측면에서 직·간접적으로 유용하게 이용되어왔다. 인류의 생존을 위해 필요한 모든 식물들은 자원식물(resource plants)이며, 자생식물과 귀화식물뿐 아니라 개발된 품종 등 모든 식물자원을 포함한다. 그리고 이러한 자원식물을 탐색하고 연구하여 개발 보존 및 이용하는 것을 목적으로 자원식물학이 발달했다.

자원식물은 용도에 따라 식용, 약용, 유료(油料)용, 기호용, 당료용, 향료용, 염료용, 사료용, 녹비용, 퇴비용, 밀원용, 방풍용, 관상용, 목재용, 연료용, 공업용, 사방용 등으로 나누어지며, 식용식물과 약용식물이 대부분을 차지한다. 동일 식물이라도 도라지나 민들레처럼 식용식물인 동시에 약용식물일 수 있고, 유채와 들깨처럼 식용식물인 동시에 유료용 식물로 쓰일 수 있듯이 여러 용도로 이용될 수 있다.

13장

식물이 살길이다

1. 식용 · 음료용 식물

『야생식용식물도감』에 의하면 식용식물은 564종이며, 이 중 봄나물로 이용되는 식물은 약 300여종이다. 참나물, 지칭개, 고추나물, 회잎나물, 물쑥, 뚝깔, 취나물, 삽주나물, 으아리, 선밀나물, 삿갓나물, 원추리, 생강나무와 질경이 등을 비롯하여 많은 식물들이 있다. 대부분의 식물은 이른 봄 4월부터 5월 초까지는 일부 독초를 제외한 어린 싹은 독성 성분이 거의 없고, 식물 생장에 필요한 아미노산, 지방산, 비타민 등 영양소가 많다. 여기서는 우리의 일상에 밀착되어 있는 몇 가지 대표적인 자원식물들의 성분과 효능을 살피고자 한다.

나물로 이용되는 식물

식탁에서 봄을 알리는 산나물로는 쑥, 두릅, 달래, 냉이, 원추리와 미나리 등을 꼽지 않을 수 없다. 쑥은 마늘과 함께 단군신화에 나올 정도로 오래된 자원식물로 국화과에 속하며 한약명은 애엽(艾葉)이다. 쑥에는 단백질, 비타

1. 쑥
2. 냉이
3. 달래
4. 두릅나무
5. 원추리

민A, C와 칼륨, 칼슘, 철분 등의 미네랄 등이 풍부하다. 산성체질을 중화시키며, 콜레스테롤을 제거하고 동맥경화와 고혈압을 예방한다. 또한 백혈구 수를 늘려 면역 기능을 높이며, 냉, 대하, 생리통 등 부인병에 좋다. 특히 독특한 향기인 쑥의 치네올(cineal) 성분은 소화액 분비를 촉진시키며, 탄닌 성분은 과산화지질의 생성을 억제하여 노화를 방지한다.

쑥보다 먼저 봄나물로 등장하는 것은 냉이와 달래이다. 식용으로 주로 쓰는 달래는 부추과(Alliaceae)의 산달래(*Allium macrostemon* Bunge)이며, 달래(*Allium monanthum* Maxim.)는 인경이 매우 작아 식용하지 않는다. 달래와 부추에는 알리네이스(allinase)라는 효소가 풍부하여 유황화합물인 알리신을 합성하여 독특한 향을 내며 건위, 발한, 이뇨작용이 있다.

냉이는 십자화과에 속하는 이년생 초본으로 무, 배추, 유채, 갓 등과 마찬가지로 꽃받침과 꽃잎이 4장씩이며, 십자 모양을 이루고 열매는 역삼각형 모양이다. 냉이의 한약명은 제채(薺菜)라 하며 꽃이 필 때 채취하여 햇볕에 말리거나 생체로 쓴다. 지라(비장)를 튼튼하게 하며, 이뇨, 지혈, 해독 등의 효능이 있어 비위허약, 당뇨병, 소변불리, 토혈, 코피, 월경과다, 산후출혈 및 안질 등에 쓴다.

두릅은 몸에 활력을 공급하고 피로를 풀어주기 때문에 춘곤증에 좋으며, 한약명은 목두채(木頭菜)라 한다. 단백질, 비타민 A와 C, 칼슘과 섬유질 함량이 높으며 사포닌 성분은 면역, 혈당강하 및 혈중 지질 저하에도 효과적이다. 또한 암 유발물질인 나이트로사민을 억제시키며 진정, 소염, 지사제로도 쓰인다.

넘나물로 불리는 원추리는 소염, 이뇨작용이 있으며, 봄에 먹으면 근심이 없다고 한다. 민들레 뿌리나 유즙은 건위, 최유제가 될 뿐 아니라 루친 등의 혈압강하제도 들어 있다.

나른해지기 쉬운 봄에 생기를 찾게 하는 취나물은 참취, 곰취, 미역취, 개미취 등 '취'자가 붙은 국화과 식물을 일컫는다. 그러나 이들은 참취와 개미취는 개미취속(*Aster*), 곰취는 곰취속(*Ligularia*), 미역취는 미역취속(*Solidago*)으로 각각 속이 다르다. 참취의 어린 잎에는 플라보노이드, 사포닌 등 항산화 성분이 있어서 간 정화, 통증 완화에 효과, 진통, 해독, 타박상에 좋다. 뿌리의 쿠마린(coumarin) 성분은 혈전 예방, 혈액 응고억제 효과가 있다. 곰취 잎에는 알칼로이드 성분, 어린 잎에는 아스코르브산(비타민 C)가 많고, 뿌리와 줄기는 진해거담, 진통, 혈액순환 촉진제로 이용된다. 일명 곤드레나물이라고 하는 고려엉겅퀴는 '취'자는 붙지 않았지만 취나물과 유사한 국화과 식물이다. 각종 출혈에 대한 지혈작용이 있으며, 어혈을 풀어주고 간질환, 담석증, 부종과 수종 치료, 해독작용이 있다. 여드름, 건성피부질환, 부인병, 신경통 치료에 사용한다.

6. 참취
7. 곰취
8. 미역취
9. 개미취

미나리는 수근(水芹), 또는 수영(水英)이라는 한약명을 갖는다. 비타민, 무기질, 섬유질이 풍부한 알칼리성 식품으로 혈액의 산성화를 막아주고, 해독과 중금속 정화 효능이 있다. 간의 활동에 좋아 피로회복 효능이 있다. 이른 봄에 미나리를 많이 섭취하는 것은 겨우내 체내에 축적된 독소를 배출하고 노폐물을 제거하는 데 도움이 된다. 미나리는 자연의 변화에도 잘 자라기 때문에 굳건한 자손을 상징하여 제사음식의 삼색나물 중 푸른색 잎나물로도 쓰인다.

얼레지는 꽃이 아름다워 관상적 가치가 클 뿐 아니라 한약재나 나물로 쓰이고 그 인경은 질이 좋은 녹말의 원료가 된다. 아스파라거스는 필수아미노산이 많아 서양의 인삼으로 여겨지고, 치커리는 향기가 좋아 커피 대용으로 쓰인다. 결명자는 꽃도 좋고 열매는 향기가 좋은 차로 이용할 수 있으며 눈을 맑게 한다. 번행초는 시금치 대용으로도 먹는다.

이른 봄에 꽃으로 우리의 눈을 호사시켰던 매화꽃은 초여름으로 접어들면 열매를 맺는다. 매실에는 무기질, 비타민, 유기산(시트르산, 사과산, 호박산, 주석상 등)이 많은데 특히 시트르산은 당질대사를 촉진하고 피로회복에 좋다. 그리고 매실의 유기산이 위장운동을 촉진시키고 식욕을 돋우는 작용을 해서인지 일본인들은 흰 쌀밥 도시락 중앙에 붉은 매실을 넣는다. 해독작용이 뛰어나 배탈이나 식중독 예방 및 숙취해소에 도움이 된다. 칼슘은 빈혈과 변비치료에도 좋다. 약재로는 오매(烏梅)라 하여 매실 껍질을 벗긴 뒤 연기로 훈증하여 검게 말려 사용한다. 또한 담을 삭이고 구토, 갈증, 이질, 설사를 멎게 하는 데도 좋다.

도라지는 제사음식의 삼색나물 중 흰색 뿌리나물에 해당하며, 인삼이나 더덕과 마찬가지로 사포닌 성분이 많다. 도라지의 생약명은 길경(桔梗)인데 도라지로 만들 수 있는 한약의 종류는 278종이나 된다. 진해 및 거담의 효능이 있어서 감기, 해수, 천식, 편도선염, 급만성 기관지염, 인후염, 폐결핵, 늑막염 등의 호흡기 질환에 광범위하게 사용되며, 피부에 난 종기나 여드름

10. 얼레지
11. 번행초
12 도라지

치료에도 좋다.

겨울철에 즐겨 마시는 유자차의 유자는 비타민 B와 당질, 단백질 등이 많으며, 비타민 C는 레몬의 3배나 되어 감기와 피부미용에 좋고, 유기산이 많아 피로를 방지한다. 모세혈관을 보호하는 헤스페레딘이 있어 뇌혈관 장애와 중풍을 막아준다. 방향성 건위 효과가 있어서 소화불량, 구토, 입맛이 없을 때 사용한다. 리모넨(limonene) 성분과 펙틴 성분도 모세혈관을 튼튼하게 하고 혈액순환을 촉진시켜 고혈압 예방 및 신경통에도 좋다. 또한 리모넨 성분은 목의 염증을 가라앉히고 가래와 기침 해소에 좋으며, 칼슘이 많아 골격형성, 골다공증 예방에 좋고, 껍질의 섬유소는 변비 예방에 효과가 있다.

음료나 즙으로 이용되는 식물

식물이 나물이나 채소 등으로 식용되지만 최근에는 차와 주스, 즙 등 다양한 웰빙 제품들로 개발되어 판매되고 있다. 이러한 음료들의 소재가 되는 식물들의 특징에 대해 살펴보고자 한다. 차는 식물의 종류에 따라 이용하는 부위가 다르다. 꽃잎차로는 감국화, 골담초꽃, 라벤더꽃, 로젤(roselle)꽃, 매화꽃, 목련꽃, 벚꽃, 산복숭아꽃, 산수유꽃, 살구꽃, 쑥꽃, 아카시나무꽃, 연꽃, 옥수수(수염), 자스민, 장미, 찔레꽃, 참취꽃, 함박꽃나무(산목련꽃), 치커리꽃, 브로콜리꽃, 카모마일꽃 등이 있다. 장기간 보관하려면 연한 소금물(1%)에 씻어 시원한 그늘에서 말린 후 저장한다. 뿌리로 차를 만드는 식물로

13. 아카시나무
14. 찔레나무
15. 오갈피나무

는 갈대, 느릅나무, 더덕, 도라지, 마, 민들레, 백수오, 생강, 오갈피나무, 우엉, 인삼 등이 있다. 지하경으로 차를 만드는 식물로는 둥굴레가 있으며, 겨우살이, 환삼덩굴(율초)의 줄기는 차를 만드는 데 이용된다. 열매로 차나 음료를 만드는 식물로는 검은깨, 검은콩, 결명자, 구기자, 귤, 노니(noni), 대추, 레몬, 라임, 로즈힙(rose hip), 매실, 맥문동, 메밀, 모과, 보리, 뽕나무, 산수유, 석류, 여주, 오미자, 옥수수, 유자, 율무, 커피, 헛개수, 현미, 홍화 등을 들 수 있다. 잎으로 차를 만드는 식물로는 감, 라벤더, 레몬그라스, 레몬밤, 로즈마리, 마테, 박하, 뽕, 연잎, 자스민, 조릿대, 차나무, 치커리, 페파민트, 회향(pennel) 등 수없이 많다. 즙을 만드는 식물로는 딸기, 배, 사과, 석류, 수박, 아로니아(aronia), 양배추, 양파, 키위, 포도 등이 있다. 특히 식물들의 효능이 있는 부위를 선별하여 배합함으로써 새로운 건강음료로 개발되고 있는 식물들에 대해 알아보자.

오디는 뽕나무(*Morus alba* L.)의 열매이다. 누에 먹이로 재배하는 뽕나무는 뽕나무과의 낙엽수로 잎은 난형, 3~5개로 갈라지고, 가장자리에 둔한 톱니, 끝이 뾰족하며, 뒷면 맥 위에 잔털이 있다. 꽃은 6월에 피며 자웅이주로, 수꽃차례와 암꽃차례가 각각 다른 나무에 핀다. 잎은 비타민 B1이 많아 뽕잎차로 이용한다. 열매는 검은색의 오디는 그대로 또는 과즙으로 식용하거나 술을 담근다. 수피는 약용 또는 제지용으로 이용한다.

잇꽃(*Carthamus tinctorius* L.)은 국화과의 이년생 초본이며, 잎은 넓은 피침형이고 잎가장자리의 톱니 끝과 총포는 가시처럼 생겼다. 꽃은 노란빛으로

16. 겨우살이
17. 환삼덩굴

피었다가 붉어지며, 붉은 염료를 얻는다 하여 홍화라고도 한다. 어린순은 나물로 먹는다. 잇꽃은 식용 또는 약용하며, 부인병, 통경, 복통에 쓴다. 또한 잇꽃은 속명 *Carthamus*의 'korethom'에 염색한다는 뜻이 있듯이, 천과 종이를 노란 물이나 붉은 물을 들이는 염료로 쓴다. 홍화의 꽃잎을 여러 차례 찧어 홍색소를 분리시켜 만드는데, 환약처럼 만들어두었다가 기름에 개어 연지로 사용한다. 열매는 수과이며, 종자는 흰색이고 볶아서 차로 끓이거나 기름을 짠다. 기름에는 리놀산(linolic acid)이 많아서 동맥경화증의 예방과 치료에 좋다.

녹차는 발효시키지 않은 차나무 잎으로 만든 차이다. 차나무(*Thea sinensis* L.)는 차나무과의 상록수이며 잎은 어긋나고 긴 타원형으로 끝과 밑 부분이 뾰족하며, 단단하고 약간 두꺼우며 표면에 광택이 있고 가장자리에 둔한 톱니가 있다. 꽃은 10~11월에 흰색 또는 연분홍색으로 잎겨드랑이 또는 가지 끝에 1~3개가 달린다. 꽃받침조각은 5개이고 둥글며, 꽃잎은 6~8개이며 넓은 달걀을 거꾸로 세운 모양이고 뒤로 젖혀진다. 수술은 많으며, 꽃밥은 노란색이고, 암술은 1개, 암술대는 3개이며, 흰색 털이 많다. 열매는 삭과이고 둥글며 모가 졌고, 종자는 갈색이다. 비교적 따뜻하고 강우량이 많은 지역에서 잘 자라며 변종이 많고, 새로 돋은 가지에서 딴 어린잎을 차 제조용으로 사용하며, 제조 과정에서의 발효 여부에 따라 녹차, 홍차, 우롱차로 나뉜다. 우리나라에는 828년(홍덕왕 3) 신라의 사신 대렴(大廉)이 당나라에서 가져온 중국산 소엽종 차나무 씨를 지리산에 심은 것이 야생화되었다. 1927

18. 잇꽃(홍화)
19. 산수유
20. 메밀

년부터 중국의 소엽종을 개량한 일본산 야부키타종을 경남, 전남과 제주도에 이식하여 재배하고 있다.

산수유(*Cornus officinalis* Siebold & Zucc.)는 층층나무과의 낙엽활엽수로 나무껍질은 불규칙하게 벗겨지며 연한 갈색이고 잎은 마주난다. 꽃은 3~4월에 잎보다 먼저 노란색으로 20~30개가 산형꽃차례로 피며 총포는 4개이다. 꽃은 양성화로 꽃잎 4개, 수술 4개, 암술 1개이다. 열매는 핵과로 타원형이며 가을에 붉게 익고, 종자는 긴 타원형이고 능선이 있다. 한방에서 열매를 산수유(山茱萸)라고 하며, 사포닌, 타닌, 코르닌, 유기산, 비타민 A와 당이 들어 있다. 자양강장, 강정, 수렴 등의 효능이 있어 두통, 이명, 월경과다 등에 사용한다.

메밀(*Fagopyrum esculentum* Moench)은 마디풀과의 일년생 초본으로, 줄기 속이 비어 있으며 보통 붉은 색을 띈다. 잎은 삼각형 또는 심장형으로 끝이 뾰족하다. 꽃은 백색이고 7~10월에 피며, 수술은 8~9개, 암술은 1개이다. 채소로도 이용하나 종자를 차로 이용하고, 종자의 가루로 묵이나 면을 만드는 데 사용한다. 종자는 녹말과 단백질 함량이 높고 비타민 B1, B2, 니코틴산 등을 함유한다. 또한 섬유소 함량이 높고 루틴(rutin)이 들어 있어서 구충제나 혈압강하제로 쓰인다.

둥굴레(*Polygonatum odoratum* var. *pluriflorum* (Miq.) Ohwi)는 백합과의 다년생 초본으로 땅속 뿌리줄기(지하경)는 옆으로 뻗는다. 줄기는 6개의 능각이 있으며 끝이 비스듬히 서고, 잎은 어긋나며 한쪽으로 치우쳐 퍼진다. 꽃은 녹색 빛을 띤 흰색이며 잎겨드랑이에 1~2개씩 달린다. 수술 6개가 꽃 통 위쪽에 붙으며 수술대에 잔돌기가 있다. 열매는 장과이며 둥글고 9~10월에 검게 익는다. 봄철에 어린잎과 뿌리줄기를 식용한다. 생약명은 옥죽(玉竹)으로 뿌리줄기를 쪄서 건조시켜 차로 마시며, 가슴이 답답하여 입이 마르고 갈증이 나는 번갈, 당뇨병, 및 심장쇠약 등의 치료에 사용한다.

결명자(*Cassia obtusifolia* L.)는 콩과의 다년생 초본이며, 키가 1~1.5m이고 잎은 2~4쌍의 도란형 소엽으로 된 우상복엽이며, 꽃은 7~8월에 잎의 겨드랑이에서 노란색으로 핀다. 열매는 활 모양의 콩열매로 약 10cm 정도이며, 꼬투리 속에 종자가 한 줄로 들어 있다. 종자를 결명자(決明子)라 하며, 눈을 밝게 해주는 씨앗이라는 뜻으로 급성결막염, 각막혼탁 증세에 쓰며, 혈압을 내리고, 간에 좋으며, 이뇨와 변비 등에도 효능이 있다. 포도상구균, 대장균, 인플루엔자균 등의 발육을 억제시키는 것으로도 알려져 있다.

구기자(*Lycium chinense* Mill.)는 가지과의 낙엽관목으로 줄기는 1~2m 정도이며, 흔히 가시가 있으나 없는 것도 있다. 잎은 어긋나며, 달걀 모양으로 끝은 뾰족하고 양면에 털이 없다. 꽃은 6~9월에 자줏빛 보라색으로 1~4개가 잎겨드랑이에 피고, 꽃받침은 3~5개로 갈라지며, 꽃잎통은 종 모양이며 5갈래로 갈라지고 수술은 5개이고 암술은 1개이다. 열매는 장과로 달걀 모양 또는 타원형이며, 8~9월에 붉게 익는다. 어린잎은 나물로 쓰고, 잎과 열매는 차로 달여 먹거나 술을 담그기도 한다. 한방에서는 열매 말린 것을 구기자(枸杞子)라 하고, 술을 담가 강장제로 쓴다. 뿌리 껍질을 말린 것을 지골

21. 둥굴레
22. 결명자
23. 구기자
24. 귤

21

22

23

24

25. 치커리(꽃)
26. 율무
27. 보리

피(地骨皮)라 하며, 강장, 해열제로 폐결핵과 당뇨병에 쓰고, 민간에서는 요통에 달여 먹는다.

귤(*Citrus unshiu* S.Marcov.)은 운향과 식물로 감귤, 밀감이라고도 하고, 상록성 나무로 인도가 원산지이다. 높이 3~5m이고 줄기에 가시가 없으며, 잎은 어긋나고 타원형이며 잎자루의 날개는 뚜렷하지 않다. 꽃은 백색으로 6월에 피며 꽃받침과 꽃잎은 5개, 수술은 많으며 암술은 1개이다. 열매는 두꺼운 외피로 덮인 감과이다. 귤 껍질은 껍질 안쪽에 붙어 있는 내과피를 떼어 낸 다음, 그늘에서 말린 후 종이 봉지에 넣어 건조하고 통풍이 잘되는 곳에 매달아 보관한다. 귤이 익기 전의 껍질 말린 것을 청피(靑皮), 익은 뒤 말린 껍질을 진피(陳皮) 또는 귤피라고 한다. 귤피차(橘皮茶)는 비타민 C가 많으며, 귤피를 끓이거나 귤피 가루를 끓는 물에 타기도 하고, 말리지 않은 귤 껍질을 잘게 썰어 설탕에 재었다가 끓는 물에 타기도 한다. 한방에서는 감기와 발한에 효과가 있고, 동맥경화 예방과 각기병 치료, 설사, 두통 등에도 효과가 있다.

치커리(*Cichorium intybus* L.)는 유럽이 원산지인 국화과의 다년생 초본으로 뿌리는 다육질이고 길며, 줄기는 높이 50~100cm이고 가지가 갈라지며 털이 있다. 잎은 피침형이고 가장자리에 결각이 있으며 뒷면에 털이 있다. 꽃은 7~9월에 하늘색(품종에 따라 흰색 또는 엷은 붉은색)의 설상화들이 모여 두상꽃차례를 이룬다. 총포는 2열로 안쪽 총포는 길고 곧게 서며, 바깥 총포는 짧으며 퍼진다. 열매는 수과이며, 윗부분에 톱니 같은 짧은 털이 있다.

28. 옥수수(암꽃 이삭)
29. 옥수수(수꽃 이삭)

잎은 샐러드로 이용하며 뿌리는 약간 익혀서 식용한다. 꽃은 중추신경계통의 흥분제 및 심장 활동을 증강시키는 데 쓰인다. 한방에서는 식물체 전체를 황달형 간염 및 소화 기능 개선에 사용한다. 유럽에서는 뿌리를 이뇨, 강장, 건위 및 피를 맑게 하는 민간약으로 이용하며, 식물체를 사료나 목초로도 쓴다.

율무(*Coix lacryma-jobi* var. *ma-yuen* (Rom.Caill.) Stapf)는 벼과식물로 동남아시아가 원산지인 다년생 초본이나 그 외 지역에서는 일년생으로 재배된다. 높이 1~1.5m이며, 잎은 어긋나고 피침형이다. 꽃은 7~8월에 잎겨드랑이와 포의 겨드랑이에 피며, 밑부분에 암꽃이삭이 타원형의 잎집에 싸여 있고, 윗부분에 수꽃이삭이 달린다. 열매인 영과는 타원형이며, 품종에 따라 종피가 회백색, 황갈색, 암갈색, 흑갈색 등이다. 종자는 차, 밥 등으로 식용하고 이뇨, 진통, 강장작용이 있어서 부종, 신경통, 류머티즘, 방광결석 등에 약재로 쓴다. 생잎은 차 대용으로 쓰고, 뿌리를 황달과 신경통에 쓴다.

보리(*Hordeum vulgare* L.)를 대맥(大麥)이라고 하며, 이년생 초본으로 가을에 심어 봄에 수확한다. 높이 1m 정도이며, 잎은 어긋나고, 넓은 줄 모양의 피침형으로 흰빛이 도는 녹색이다. 꽃은 4~5월에 피며, 낟꽃의 외영 끝에 까락이 있는데, 보리의 종류와 품종에 따라 길이가 다르다. 과피와 종피가 쉽게 떨어지면 겉보리, 잘 떨어지지 않는 것은 쌀보리로 구분한다. 보리에

30. 벼

는 탄수화물의 함량이 높고, 칼슘, 인, 철분 등의 무기질과 비타민 B가 풍부하다. 보리의 베타글루칸 성분은 혈중 콜레스트레롤을 낮추고, 항균과 항산화 효과가 있으며, 암 예방 식품으로도 알려져 있다. 그 외 단백질도 많으며, 식이섬유가 풍부해 변비치료에도 좋고, 비만을 예방하는 효과도 있다. 보리 낟알을 싹틔운 다음 말려서 맥아로 만들어 맥주, 위스키, 고추장, 엿기름, 식혜의 재료로 이용한다.

옥수수(*Zea mays* L.)는 벼과식물로 일년생 초본이며, 원산지는 남미 북부이다. 줄기는 곧게 서며, 수꽃이삭은 줄기 위쪽 끝에 달리고, 암꽃이삭은 줄기 중앙의 잎겨드랑이에 1～3개 달리며, 여러 장의 포엽에 싸여 있다. 암꽃이삭 축에 10～20열의 암꽃들이 세로로 늘어서며 암술대인 수염이 밖으로 길게 나와 있다. 옥수수는 신장을 보호하고 옥수수 수염은 부종과 신장병에 특효가 있다. 강냉이밥, 강냉이수제비, 강냉이범벅, 옥수수설기, 옥수수보리개떡 등 다양한 음식의 재료이며, 특히 올챙이묵은 강원도의 향토음식이다. 빵, 과자, 물엿, 술, 포도당, 기름, 마가린 및 방직용 풀 등을 만드는 데 이용하기도 한다.

현미(玄米)는 벼(*Oryza sativa* L.)의 과피에 해당하는 왕겨를 벗긴 쌀이다. 벼는 벼과식물로 일년생 초본이며, 줄기는 모여 나고, 곧추서며 3～4개의 마디가 있으며, 잎몸은 선형으로 잎 윗면과 가장자리는 거칠고 뒷면은 윤기가 있다. 잎혀는 피침형으로 길이 1cm이며 둘로 갈라진다. 꽃은 7～9월에 줄기 끝에 작은 이삭들이 원추형으로 달리며, 작은 이삭은 타원형이고 양면이 납작하며, 2장의 포영(작은 포엽, 호영이라고도 함) 안에 낱꽃이 1개 있다. 낱꽃의 외영은 3맥, 내영은 1맥이고, 수술 6개, 암술 1개이다. 열매는 영과(곡립)이다. 현미는 바깥쪽의 과피 · 종피 · 호분층 등의 쌀겨층, 쌀알 밑부분의 작은 배(胚)와 나머지 녹말입자로 차있는 배젖으로 구성된다. 현미는 저장성이 좋고, 충해나 미생물의 해가 적으며 백미에 비하여 지방, 단백질, 비

31. 헛개나무
32. 알로에

타민 B1 · B2가 풍부하다. 또한, 식이섬유가 풍부해 변비를 예방하고 콜레스테롤을 낮춰주고 당뇨병 치료에도 좋으며, 적게 먹어도 포만감을 줘서 다이어트에도 효과적이다. 또한 프로테아제 방지제가 많아 암세포 분화를 억제한다. 현미의 쌀겨층에 있는 피틴산(phytic acid)은 칼슘의 흡수를 막아서 결석을 예방한다.

헛개나무(*Hovenia dulcis* Thunb. Ex Murray)는 지구자나무라고 하며, 갈매나무과의 낙엽활엽수로, 수피는 흑갈색이다. 잎은 어긋나고 넓은 난형 또는 타원형으로 3개의 잎맥이 있고 가장자리에 잔톱니가 있다. 꽃은 7월경 취산꽃차례로 피고, 양성화이며, 크림색이고, 꽃잎은 5장이다. 열매는 핵과로 갈색이고 종자는 다갈색이며 윤기가 있다. 열매 말린 것을 '지구자'라고 하며 은은한 향기가 있고, 단맛이 있으며, 간질환, 숙취해소, 소화불량 등의 약재로 피로회복에 효능이 있다. 줄기 껍질을 지구목피라 하며 혈액순환을 돕고 근육을 풀어주는 효과가 있다.

알로에(*Aloe*)는 아라비아어로 '맛이 쓰다'는 뜻이며, 한자명으로 노회, 또는 나무노회라고 한다. 알로에속 식물은 아스파라거스목의 크산토로이아과(Xanthorrhoeaceae)에 속하며, 남아프리카, 마다가스카르, 요르단, 아라비아반도 및 인도양의 여러 섬에 약 500종이 자생한다. 뿌리에서 나오는 잎은 로제트 모양으로 퍼지며, 줄기의 잎은 어긋나고, 반원기둥 모양으로 밑 부분은 넓어서 줄기를 감싸며, 잎 가장자리에 날카로운 톱니 모양의 가시가 있다. 꽃은 총상꽃차례에 주홍색으로 여름에피고 화피 6개, 수술 6개이며, 암

33. 노니
34. 감국
35. 골담초

술은 1개이다. 열매는 삭과이고 3개로 갈라진다. 알로에속 중 알로에 베라(*Aloe vera*(L.) Burm. f.), 알로에 아보레센스(*Aloe arborescence* Mill.)와, 알로에 사포나리아(*Aloe saponaria* (Aiton) Haw.)의 잎은 건강 기능식품으로 쓰이며 그중 잎이 큰 알로에 베라에서 추출한 알로에 겔이 가장 일반적으로 사용된다. 알로에에는 살균력과 독소를 중화하는 알로에틴(aloecin), 궤양에 효과가 있는 알로에우르신(aloe ulcin), 항암 효과가 있는 알로미틴(alomicin)과 스테로이드, 아미노산, 사포닌, 항생물질, 상처치유 호르몬과 무기질 등 다양한 성분이 있다. 알로에는 피로회복과 숙취해소, 변비에 효과가 있다. 알로에 잎의 즙을 위장병에 내복하고 외상이나 화상 등에도 이용한다. 또한 피부를 중성화시키고 피부 보습 효과가 있어 화장품 원료로도 쓰인다.

소나무(*Pinus densiflora* Sieb. et Zucc.)는 나자식물의 소나무과에 속하는 상록침엽수이다. 나무껍질은 거북이 등처럼 세로로 넓게 갈라지며 줄기 밑은 회갈색이며 윗부분이 적갈색을 띤다. 바늘잎은 8~9cm 길이로 두 개가 한 묶음이다. 5월 초경에 수구과는 밑에 모여 달리고 암구과는 새 가지 위에 달린다. 솔잎에는 신경을 안정시키는 테르펜, 탄닌, 혈당수치를 낮추는 글리코키닌, 철분, 모세혈관에 좋은 루틴, 그리고 베타카로틴, 비타민 C 등이 있다. 동의보감에 따르면 솔잎이 혈액 순환, 고혈압, 불면증, 중풍, 신경 쇠약 등에 효과가 있다. 최근에는 솔잎의 항산화 활성성분 등이 알려지면서 차를 비롯하여 다양한 건강 기능성 식품이 상품화되고 있다. 솔잎은 음료나 술을 만드는 데 쓰이며 솔방울, 소나무옹이(松節)로도 술을 빚는다. 특히 송하주는 동짓날 밤에 항아리에 솔잎을 넣고 잘 봉하여 소나무 밑에 파묻었다가 이듬해 낙엽이 질 무렵에 먹는 술이다.

노니(Noni, *Morinda citrifolia* L.)는 열대아시아의 염분 많은 모래땅이나 바위, 화산지대, 용암이 분출된 해안지대, 석회암 지대 등에 자라는 꼭두서니과의 상록 관목이다. 잎은 달걀 모양이고 꽃은 흰색이며, 잎겨드랑이에 난다. 열매는 감자 모양으로, 열매 표면에 울퉁불퉁하고 패인 자국이 있다. 열매에는 섬유질과 즙이 많으며, 열매가 익으면 황백색의 껍질이 얇아져 투명한 것처럼 보이며 불쾌한 맛을 내고 썩은 치즈 같은 고약한 냄새가 난다. 열매 속에는 작은 갈색 종자가 여러 개 들어 있다. 식물에는 안트라퀴논 · 세로토닌 등의 성분이 있어서 소화작용을 돕고 통증을 줄여주며 당뇨, 고혈압, 암과 아토피 등에도 효과가 있다. 노니 열매는 노니 차뿐 아니라 노니 주스, 노니 비누 등 다양한 제품으로 만들어진다. 동의보감에는 해파극(海巴戟) 또는 파극천(巴戟天)으로 되어 있다.

아사이야자나무(*Euterpe oleracea* Mart.)는 브라질 북부의 아마존강 열대우림에 자라는 야자나무과에 속하는 식물로 그 열매를 아사이베리(Acai Berry)라고 한다. 검은색에 가까운 진한 보라색의 둥근 열매로, 열매의 대부분이 딱딱한 씨앗이고 식용 가능한 부위는 10~20%뿐이다. 아사이베리에는 아미노산(아스파트산, 글루탐산)과 불포화지방산(올레산) 및 비타민 A와 C, 칼슘과 철분 등이 풍부하다. 특히 아사이베리 껍질에는 플라보노이드계의 수용성 색소인 안토시아닌과 베타시토스테롤(beta-sitosterol)이 있어 항산화 작용으로 노화 억제와 심혈관계 질환 및 암 예방에 효과가 있다. 또한 아사이베리는 당분이 적고 수분 함량이 높으며 식이섬유가 풍부하여 다이어트와 피부 미용에도 좋다. 수확 후 보존 기간이 짧아서 냉동 또는 가루 형태로 유통된다.

아로니아(*Aronia x prunifolia*)는 초크베리(choke-berry) 또는 킹스베리(King's Berry)라고도 한다. 북아메리카의 습한 숲이나 습지에 자라는 장미과 다년생 낙엽 관목으로 블랙초크베리(*Aronia melanocarpa* (Michx.) Elliott)와 레드초크베리(*Aronia arbutifolia* (L.) Pers.)의 자연잡종이다. 높이는 2~4m, 잎은 어긋나며 도피침형 또는 도란형, 잎 뒷면에는 털이 있다. 꽃은 10~25개가 산방화서로 피며 꽃받침과 꽃잎은 각각 5장, 수술은 많다. 열매는 작은 이과(pome)이며 8~9월에 진한 자주색으로 익는다. 식용, 약용 및 식용색소의 원료로 쓰이며, 관상용으로도 재배된다. 아로니아에 많이 들어 있는 안토시아닌은 항산화작용이 강하여 노화방지 및 항암 효과가 크다. 또 시력 개선, 심장 및 혈관질환, 뇌졸중 등의 치료에 도움이 된다. 아로니아에는 탄닌 성분이 많아 떫지만 숙성되면 떫은 맛이 적어지므로 냉동실에서 보관했다가 주스, 잼 또는 샐러드와 효소를 만들어 이용한다. 아로니아는 18세기경 북미에서 유럽으로 전해졌으며, 영하 40도의 추위, 강렬한 자외선, 가혹한 환경에서도 잘 자라고, 폴란드산이 현재 전 세계 생산량의 90%를 차지한다.

2. 신약 개발용 약용식물

약용식물

약용식물이란 약용에 그대로 사용되거나 또는 의약에 사용하는 성분, 제제의 원료가 되는 식물이다. 여기에는 넓은 의미로 생약, 신약, 가정약의 원료 식물뿐 아니라 식품, 향료, 향신료, 농약과 일반 공업에 이용할 수 있는 식물까지 포함된다. 이를 대상으로 하는 자연 과학이 약학의 한 분야인 약용 식물학(pharmaceutical botany)이다.

약용 식물 이용의 역사는 매우 오래되어, 2500년 전 히포크라테스는 이미 버드나무의 약리작용을 알고 있었다. 고대 이집트의 의학서인 『에베르스 파피루스』에는 병의 치료에 사용한 식물이 기재되어 있다. 한편 동양 특

36. 양귀비
37. 디기탈리스
38. 만년청
39. 인삼

히 중국에서는 후한(25~220년)에서 삼국시대 사이에 365종의 약물을 약효에 따라 상약, 중약, 하약으로 나누고, 기미(약의 상태와 맛), 약효, 이명 등을 서술했다. 명나라 때에는 약물학자인 이시진이 1578년에 완성한 『본초강목』에는 1,892종의 약품과 11,000개의 처방이 실려 있다. 우리나라의 단군 신화에 등장하는 쑥과 마늘을 비롯하여 삼국사기와 삼국유사에도 약재 이름이 많았다. 특히 세종대왕은 우리나라에서 생산되는 약재만으로 치료를 할 수 있도록 임상 종합 의학서인 『향약집성방(鄕藥集成方)』을 1433년에 발간했고, 1445년에는 『의방유취(醫方類聚)』를 발간했다. 또한 1610년 허준이 『동의보감』을 발간한 이후 얼마 전까지만 해도 한약을 많이 이용했으나 서양의 생약이 수입되면서 관심과 약재 재배가 줄었다. 그러나 최근 약용 식물의 새로운 성분과 생리 작용이 밝혀지면서 다시 주목을 받기 시작했다. 한 예로, 버드나무 껍질에서 추출한 아세틸살리실산은 1899년에 해열진통제로 상품화되었는데 최근에는 심혈관질환 예방약으로도 쓰인다. 주목에서 추출된 항암제인 택솔(taxol)과 같이, 현재 의약품의 80% 이상이 식물 등 천연물질에서 추출된다. 100대 기업 중 15개가 제약회사일 정도로 신약개발은 고부가가치의 꽃이다. 그래서 우리나라에서도 세계 시장에 진출할 신약을 개발하여 글로벌 경쟁력을 확보하기 위해 2011년 9월 범부처신약개발사업단(Korea Drug Development Fund, KDDF)이 출범했다. 뿐만 아니라 천연물 신약 연구개발의 기반을 조성하고 천연물을 이용한 산업화를 촉진함으로써 국민건강 증진과 국가경제 발전에 기여하기 위해 천연물신약연구 개발

40. 생강
41. 용담
42. 붉나무(오배자)

촉진법을 제정했다(2000. 1. 12, 법률 제6165호). 또한 한의약산업 경쟁력 향상을 위해 한의학, 의학, 약학, 생명공학 등 인접학문과의 공동연구를 유도하기 위하여 2015년도에 보건복지부에서 한방바이오퓨전연구 지원 사업에 착수한 바 있다.

약용 식물은 식물체의 전체 또는 특정 부분을 사용하는데, 대부분은 건조 상태에서 보존하여 수시로 사용할 수 있도록 적당한 형태로 조제한 생약을 원료로 한다. 약용식물은 세계 각지에서 수천 종이 쓰이는데, 각 지역에 따라 이용되는 식물의 종류와 이용법이 다르다.

우리나라에는 재배되거나 자생하는 약용식물이 약 700종 있다. 약용 식물은 식물의 부위와 함유 성분에 따라 다른 효능을 가지는데, 특히 효과적인 약리 작용이 있는 성분을 유효성분이라고 한다. 약용식물의 유효성분은 일반적으로 알칼로이드, 배당체, 정유(방향유), 고미질, 타닌, 테르페노이드 등으로 크게 나뉜다. 알칼로이드를 함유하는 식물은 대체로 유독 식물로서 적당량을 사용할 경우 진통, 마취, 진해, 진정약으로 유효하다. 양귀비의 아편, 미치광이풀의 뿌리에서 추출한 스코폴라민(scopolamine), 초오(부자)의 아코니틴(aconitine) 등을 들 수 있다.

배당체를 함유하는 식물은 강심, 이뇨제로서 심장병 치료에 좋은 디기탈리스, 협죽도, 은방울꽃, 만년청 등이 잘 알려져 있다. 사포닌이 들어 있는 식물은 강장제로 사용되는 인삼, 진해와 거담제로 사용되는 원지과의 원지 및 길경(도라지 뿌리) 등이 있다.

그밖에 정유가 들어 있는 방향성 건위제로는 생강, 정향나무 및 계피의 원료인 생달나무 등이 있다. 고미성 건위제로는 황련, 황벽나무와, 용담 등이 쓰인다. 변비약으로는 피마자(아주까리), 나팔꽃과, 대황 등이 사용되고, 설사약으로는 이질풀과 붉나무의 충혹(오배자)이 쓰이는데 오배자는 염모제나 잉크의 원료로도 쓰인다. 또 구충약으로는 쑥(산토닌의 원료)이 사용되고, 농업용 살충제로는 동남아지역에 분포하는 콩과식물인 데리스(derris)의 뿌리 등이 쓰인다. 뚝깔은 이뇨와 배농 작용이 있고, 잇꽃은 부인병에 많이 쓰며, 작약과 모란의 꽃과 뿌리에 있는 정유는 진통제로 쓰인다. 분꽃은 땀띠에 효과가 있고, 나팔꽃의 잎은 벌레물린 데 쓰이며, 나팔꽃 씨는 하제로 쓰인다. 민간요법에서 위암 치료제로 쓰이는 번행초는 참나물과 함께 나물로도 이용된다.

독성을 가진 식물

식물은 생태계의 모든 동물들의 에너지 공급원이며, 의식주를 제공하고 자연 경관을 조성한다. 식물은 한자리에 고정되어 살기 때문에 포식자들을 피해 이동하지 못하는 대신 곤충 같은 포식자를 피하기 위해 독성물질을 갖는다. 대부분 인간에게는 그렇게 큰 해가 되지 않으며, 어떤 식물의 독은 아주 소량 복용 시 오히려 우리 몸에 좋은 약재가 되기도 한다. 그러나 가끔 뉴스에서 식물을 잘못 먹고 응급실로 실려 가거나 죽음에 이르는 경우가 보도되듯, 인간에게 치명적인 해를 끼칠 수 있는 위험한 독식물도 있다. 또한 위험한 용도로 사용될 수 있는 만큼 법적으로 재배가 제한되는 식물들도 있다. 여기서는 독성을 가진 식물을 10가지만 소개하려 한다.

먼저 투구꽃(*Aconitum jaluense* Kom.)은 미나리아재비과에 속하는 다년생 초본으로 중국 동북부, 일본, 러시아 우수리 지역 등지에 분포한다. 줄기는 곧추서며, 잎은 어긋나며, 3~5갈래로 갈라진다. 투구 모양의 보라색 꽃은 9월에 줄기 끝과 잎겨드랑이에 총상꽃차례 또는 겹총상꽃차례로 핀다. 꽃자

43. 미치광이풀
44. 흰독말풀

루는 곧고, 털이 있으며, 꽃받침잎은 5장, 꽃잎처럼 보이고, 겉에 털이 있다. 꽃잎은 2장, 위쪽 꽃받침 속에 있으며, 꿀샘으로 된다. 수술은 많고, 암술은 3~5개, 털이 많다. 열매는 골돌이며, 타원형이다. 투구꽃뿐 아니라 놋젓가락나물, 진범 등 초오속 식물은 아코니틴(aconitine)이라는 맹독성 물질을 함유하며, 이들 식물의 뿌리를 한방에서 초오(草烏)라고 하며, 약으로 쓴다.

미치광이풀(*Scopolia japonica* Maxim.)은 이름처럼 중추신경을 흥분시키고 마비시켜 미친 듯이 발작을 하며 심하면 정신을 잃기도 하는 독성이 강한 식물이다. 가지과에 속하는 다년초로, 근경은 굵고 옆으로 뻗으며, 잎은 어긋나고 긴 타원형이며 끝이 뾰족하고 가장자리는 밋밋하며 잎자루가 있다. 꽃은 잎겨드랑이에 1개씩 달리며, 꽃받침은 녹색, 5개로 갈라지고, 화관은 종 모양으로 끝이 얕게 5개로 갈라지며, 짙은 보라색, 수술은 5개이다. 열매는 삭과로 둥글며 꽃받침에 싸인다. 근경에는 알칼로이드인 히오시아민과 스코폴라민이 있어 독성이 강하다. 한방에서는 동낭탕이라는 약재로 쓰며, 진통제, 진정제 효과가 있고, 알코올 중독으로 인한 수전증을 제거하며 종기를 가라앉히고 옴이나 버짐에도 효과가 있다.

독미나리(*Cicuta virosa* L.)는 미나리과에 속하는 다년초로 독근(毒芹), 독물통소대, 독근채화(毒芹菜花)라고도 한다. 습지에서 자라며, 높이 1m 정도로 털은 없고, 땅속줄기는 녹색으로 굵고 마디가 있으며 마디 사이가 비어 있고 땅속줄기 끝에서 속이 빈 원줄기가 자라며 가지가 갈라진다. 식물체 전체 부위에 걸쳐 맹독이 있어서 섭취하면 사망에 이를 수 있다.

45. 피마자
46. 동의나물
47. 박새

흰독말풀(*Datura metel* L.)은 가지과에 속하는 일년생식물이다. 잎은 어긋나고 넓은 난형이며 길이는 8~18cm, 폭은 5~10cm, 끝이 뾰족하고 밑부분은 의저이며 뒷면에 털이 많고 톱니가 없다. 잎자루는 길이 2~8cm이다. 식물체 전체에 트로판 알칼로이드(tropane alkaloids)라는 강한 독성물질이 있으며 한 장의 잎만 복용해도 심각한 상태에 이른다.

피마자(*Ricinus communis* L.)는 대극과에 속하는 일년초(아프리카 등 원산지에서는 다년초)로 2m 정도로 크게 자라고, 줄기는 속이 비어 있으며 잎은 어긋나며 손바닥 모양이다. 꽃은 8~9월에 노란색으로 피고, 열매 겉에 가시가 있고 안에 세 개의 씨가 들어 있다. 씨에는 얼룩무늬가 있어서 아주까리라고도 한다. 잎은 피마엽, 종자에서 짜낸 기름은 피마유 또는 피마자유라고 한다. 피마자 씨에 들어 있는 독인 리신은 코브라 독보다 두 배나 강해 섭취 시 입 안에 화상을 입고 물집이 생기며 창자에 출혈이 일어나고, 신장을 다치게 된다.

동의나물(*Caltha paustris* L.)은 미나리아재비과에 속하는 독성식물로 동이나물 또는 입금화(立金花)라고도 한다. 습지에서 자라는 다년생 식물로 뿌리는 굵고 흰색이다. 잎은 심장 모양의 원형 또는 난상 심원형이며 길이와 나비가 각각 5~10cm로서 가장자리에 둔한 톱니가 있거나 밋밋하다. 꽃은 꽃잎이 없으며 꽃받침만 있고, 황색이며, 꽃줄기 끝에 1~2개씩 4~5월에 핀다. 1cm 정도의 열매는 골돌(利咨)로 4~16개씩 달리고 끝에 암술대가 붙어 있다. 잎과 줄기에 베라트린(Veratrin), 베르베린(Berberin), 헬레보린

48. 천남성
49. 꽃무릇(석산)

(Helleborin), 아네모닌(Anemonin), 퀘르세틴(Quercetin), 이소람네틴(Isorhamnetin) 등의 다양한 알칼로이드가 함유되어 있다.

박새(*Veratrum oxysepalum* Turcz.)는 멜란티움과(Melanthiaceae)에 속하는 독성이 강한 다년생 초본으로, 습기가 많고 반그늘진 곳에서 자란다. 키는 약 1.5m가량이며, 잎은 어긋나며 타원형으로 가장자리에 털이 많고, 잎맥이 많으며 주름이 져 있고, 뒷면에 짧은 털이 있다. 꽃은 지름이 2.5cm 정도 되며 안쪽은 연한 황백색, 뒤쪽은 황록색이다. 열매는 삭과이며 타원형으로 길이 2cm 정도이고 윗부분이 3개로 갈라진다. 뿌리줄기와 뿌리에 제르빈(Jervin), 루비제르빈(Rubijervin), 프세우도제르빈(Pseudojervin), 프로토베라트린(Protoveratrin), 베라트린(Veratrin) 등의 알칼로이드를 함유한다.

천남성(*Arisaema amurense* Maxim.)은 천남성과에 속하는 다년생 식물이다. 산지의 습한 곳에 자라고, 괴경은 편평한 공 모양이며, 주위에 작은 괴경이 2~3개 달리고, 윗부분에서 수염뿌리가 퍼져 난다. 줄기에는 5~11개의 작은 잎으로 된 잎이 1개 있다. 꽃은 단성화이고, 살이삭화서(육수화서, spadix)에 피며, 불염포의 통 부분은 녹색이고 윗부분이 앞으로 구부러진다. 열매는 장과(漿果)로 10월에 붉은색으로 익는다. 유독성 식물로 괴경에 녹말과 유독성의 사포닌(Saponin)을 함유하며, 거담, 진경, 소종, 거풍 등의 효능이 있어 중풍, 반신불수, 상풍, 종기 등에 사용한다.

협죽도(*Nerium indicum* Mill.)는 협죽도과에 속하는 상록관목이다. 높이는 2~4m 정도로 잎은 피침형이며 두껍고 질기며, 길이 7~15cm, 너비 8~20

mm이며 돌려난다. 꽃은 화려하며 지름이 4~5cm이며 꽃받침은 5개로 갈라지고 꽃잎은 진다. 네리안틴(Neriantin) 등의 독성물질이 있으며 청산가리의 6천 배로 독성이 강하여 섭취 시 구토, 복통, 설사 증세를 보이고 심할 경우 심장마비로 사망할 수도 있다. 또한 나무를 태운 연기를 흡입하는 것도 치명적이다.

꽃무릇(*Lycoris radiata* Herb.)은 수선화과에 속하는 다년초로 석산이라고도 하며 인경은 광타원형이고 지름 2.5~3.5cm이며 겉껍질이 검다. 꽃은 9~10월에 잎이 없는 인경에서 나온 꽃줄기 끝에 붉은 색으로 핀다. 총포는 길이 2~3cm의 줄 모양 또는 피침 모양이고 막질이며, 화피 조각은 6개이고, 뒤로 말리고 가장자리에 물결 모양의 주름이 있다. 수술은 6개이며 꽃밖으로 길게 나온다. 꽃이 진 다음 짙은 녹색의 잎이 나오는데, 이 잎은 다음해 봄에 시든다. 인경에는 라이코렌(lycorin) 등의 알칼로이드계 독성 성분이 있으며, 인후염, 편도선염, 림프절염, 종기와 악창 등에 효과가 있다.

3. 향장용 식물

최근 화장품 업계의 신 성장 동력으로 떠오르고 있는 코스메슈티컬(cosmeceutical)은 화장품(cosmetics)과 의약품(pharmaceutical)을 합성한 용어로, 의학적으로 검증된 성분을 추가시켜 전문적 치료 기능이 강화된 화장품을 뜻하며, 필요 영양소를 공급해 피부색과 조직을 향상시키는 식물 소재의 천연화장품이다. 화장품용 식물성 재료는 수세미, 살구, 연꽃, 망고씨, 섬기린초 등 다양하다. 개암, 망고스틴의 코쿰(kokum, *Garcinia indica* Choisy), 마카다미아는 건조예방과 보습에 좋다. 그리고 탄력 향상과 수분 보충을 위해서는 장미, 주름 개선을 위해서는 감국, 홍삼, 감초가 이용된다. 촉촉하고 탄력있는 피부를 위한 굴피나무 열매와 감초잎 추출물, 피부 깊숙이 수분을 공

50. 개암나무
51. 층층이부채꽃

급하는 층층이부채꽃(*Lupinus*)과 피부 속 수분을 지키는 퉁퉁마디가 있다. 또한 진정 효과가 뛰어난 카모마일, 노화방지를 위한 서리태, 피부속 유수분 균형을 조절하는 발효 호두와 살구씨, 그리고 피부를 탄력 있게 하는 상백피, 지구자와 한련초 등이 있다.

4. 섬유용 식물

식물은 일상생활의 의(衣)에 있어서도 매우 중요한 역할을 한다. 식물의 털이나 세포벽의 주성분인 섬유소(셀룰로스, cellulose)는 식물체 건조 중량의 1/3~1/2을 차지하는 고분자의 다당류이며 종이, 옷, 밧줄 등을 만드는 데 사용된다. 이렇게 식물로 만든 섬유를 식물섬유라고 하며 종자모섬유, 인피섬유, 엽맥섬유로 구분한다. 종자모섬유에는 면, 케이폭, 인피섬유로는 아마, 저마, 대마 등이 있다. 엽맥섬유로는 마닐라삼, 사이잘삼, 아프리카수염새 (esparto grass, *Stipa tenacissima* L.) 등이 있다.

종자모섬유

면은 기원전 3000년경 고대 인도의 인더스강에서 출토된 금속기에 면직물이 붙어 있었을 만큼 재배 역사가 길다. 면은 아욱과의 목화 종자의 털로 만든 섬유이며, 거의 셀룰로오스(98%)로 되어 있다. 목화(*Gossypium*

52. 목화
53. 케이폭나무
54. 케이폭나무(줄기와 잎)
55. 목면나무꽃

arboreum L.)는 아욱과의 일년생 초본으로, 높이 60~150cm로 줄기는 윗부분에서 많이 갈라지고, 잎은 손바닥 모양으로 잎자루가 길며, 잎의 맞은쪽에 흰색 또는 연노랑색 꽃이 피었다가 시들 때 붉은 빛으로 변한다. 열매는 녹색의 삭과로 난형이며 익으면 3~5갈래로 갈라진다. 종자의 표피 세포가 백색 털로 발달하는데, 이 털을 솜으로 이용하거나 실로 뽑아 옷감을 짠다. 목화속 식물에는 약 50종이 있으며, 크게 2배체와 4배체 종류로 나뉜다. 경제적으로 가장 많이 이용되는 분류군에는 육지면, 해도면, 아시아면과 인도면 등이 있다. 육지면(*Gossypium hirsutum* L.)은 중앙아메리카, 멕시코, 카리브와 플로리다 남부 등지에서 재배하는 만생종이며, 해도면(*G. barbadense* L.)은 열대의 남미지역에 자생하고, 인도면(*G. arboreum* L.)은 인도와 파키스탄에 자생하며, 아시아면(*G. herbaceum* L.)은 남아프리카와 아라비아반도에 자생하는 목화이다. 현재의 전 세계 생산량은 육지면이 90%이며, 해도면이 8%로 신대륙의 목화가 거의 대부분을 차지한다. 문익점은 1363년 원나라에 사신으로 갔을 때 씨를 가져와 가족들과 함께 목화를 키웠다.

케이폭(Kapok)은 인도네시아 등의 열대지방에서 자라는 케이폭나무(kapok tree, *Ceiba pentandra* Gaertn.)의 종자에 있는 모 섬유(kapok hair)이다. 또한 붉은 꽃을 피우는 목면나무(cotton tree, *Bombax ceiba* L.)에서 채취한 목면(bombax cotton)을 포함시키기도 한다. 케이폭나무는 높이 70m이고 줄기는 직경 3m에 달하며, 줄기와 큰 가지에는 큰 가시들이 있다. 잎은 5~9개의 소엽으로 된 장상엽이며, 길이는 20cm이다. 열매는 길이 15cm의 꼬투리 열매이며 종자는 솜털로 싸여있다. 솜털은 황색을 띠며, 견 모양의 광택이 있고 털이 2~3cm로 푹신하고 부드러우며 습기에 강하지만 늘어나는 정도가 낮아 방적할 수 없어서 베개속이나 이불솜으로 사용하며, 비중이 적고 탄력이 있으므로 구명구로도 쓰인다.

인피섬유

인피섬유에는 대마(大麻, 삼), 아마(亞麻), 황마(黃麻)와, 저마(紵麻, ramie: 모시풀), 닥나무, 삼지닥나무, 청단나무 등 여러 가지 종류가 있다. 대마와 황마는 리그닌(lignin)이 많고, 아마와 저마는 펙틴(pectin)질이 강하게 결합되어 있다.

베옷을 만드는 대마(大麻) 또는 마(麻) 섬유는 삼으로부터 얻는다. 삼(*Cannabis sativa* L.)은 일년생 풀로서 줄기는 높이 1~3m로 곧게 서며, 네모난 기둥 모양으로 세로 홈이 있고 잔털로 덮여 있다. 잎은 아래에서 마주나며, 윗부분에서는 어긋난다. 잎은 손바닥 모양으로 5~9갈래이며, 각 갈래는 피침형으로 끝은 뾰족하고 가장자리는 톱니 모양이다. 꽃은 7~8월에 자웅이주로 피는데, 간혹 자웅동주로 피기도 한다. 수꽃차례는 연한 황녹색이고, 암꽃차례는 녹색으로 짧은 이삭 모양이다. 열매는 수과, 편평한 원형, 회색이다. 종자는 광택이 있고 회백색 또는 회갈색을 띠며 표면에 줄무늬가 있다. 줄기는 껍질을 벗겨서 베를 짜고, 씨는 약재로 쓰며, 잎과 꽃에는 테트라히드로카나비놀(THC)이라는 환각 성분이 있다. 우리나라에서는 대마관리법(1976.4.7. 법률 제2895호)으로 재배 및 취급을 규제하고 있다. 삼은 기원전 2000년 무렵에 중앙아시아에서 재배되었으며, 기원전 1500년 무렵 중국과 유럽에 전파되었다. 삼에 대한 기록이 『삼국사기』에 있는 것으로 미루어 기원전 1세기경에 우리나라에 들어온 것으로 추측된다. 대부분의 식물이 한 가지 용도로만 쓰이는 것이 아니라 다른 용도로도 사용되듯이 삼도 다양하게 활용된다. 열매는 화마인(火麻仁)이라는 약재로 변비와 탈모증 치료제

56. 삼(대마)
57. 아마

삼(대마) 세밀화

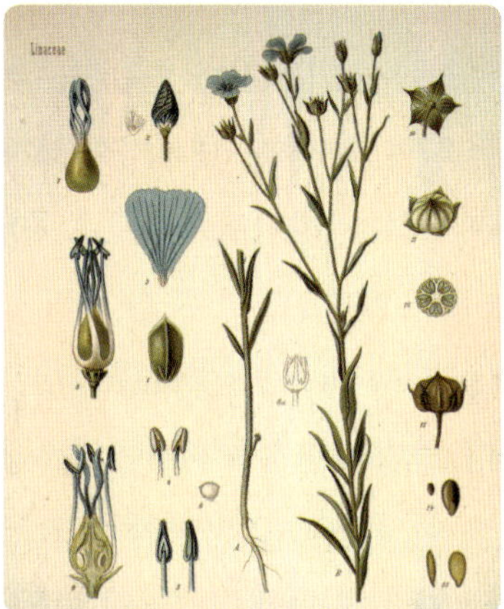

삼(아마) 세밀화

로 쓰이는 한편 향신료의 원료로도 쓰이며, 종자는 조미용이나 기름을 짜는 데 쓰인다.

린넨(linen)의 원료인 아마(*Linum usitatissinum* L.)는 구석기시대인 3만 년 전부터 실을 자아 염색하고, 매듭을 만들어 사용된 기록이 조지아공화국의 동굴에 남아 있다. 약 9천 년 전 나일강, 티그리스강과 유프라테스강 지역에 위치한 이집트와 터키 등에서 재배되기 시작했으며, 5천 년 전에는 스위스, 독일 및 중국과 인도에서도 널리 재배되었다. 그러나 20세기 초부터는 러시아 북부에서 전 생산량의 90%를 생산한다. 아마섬유는 아마(*Linum usitatissinum* L.) 줄기의 인피(형성층 바깥 부분)에서 추출하며, 부드럽고 윤기가 있으며 유연하다. 아마섬유로 만든 린넨(linen)은 침대시트, 속옷과 테이블보 등에 사용한다. 아마는 아마과에 속하는 일년초로 재배되며, 잎은 어

58. 모시풀

긋나고 가는 피침형이다. 꽃은 6~8월에 취산꽃차례로 피며, 꽃받침은 긴 타원형이고, 꽃잎은 연한 푸른색 또는 흰색으로 피며, 직경 15~25mm이다. 열매는 삭과이며 둥글고 5실이며, 갈색의 종자는 긴 타원형으로 길이 4~7mm이다.

모시는 모시풀의 줄기 껍질로 만든 실로 짠 피륙으로 저마포(紵麻布) 또는 저마(苧麻), 라미(ramie)로도 불린다. 모시는 순백색이고 광택이 나며 내수력과 내구력이 강하여 습기 흡수와 발산이 빨라 여름철 옷감에 적합하다. 레이스, 커튼, 손수건, 책상보 등을 비롯하여 재봉실, 모기장, 낚시줄, 어망, 천막 등을 만드는 데도 쓰인다. 모시의 원료인 모시풀(*Boehmeria nivea* (L.) GAUDICH.)은 습기가 많고 기후가 따뜻한 지방에서 자라며, 줄기의 형성층 바깥쪽인 인피부의 섬유세포를 섬유로 쓴다. 모시풀의 잎은 어긋나며, 잎자루가 길고, 넓은 심장 모양으로 길이 16cm와 너비 11cm가량이고, 잎 가장자리는 톱니 모양이다. 잎 뒷면에 흰털이 많은 백모시는 중국, 한국, 일본 등지에서 재배되며 섬유가 가늘고 품질이 좋다. 말레이반도와 인도에서 재배되는 털이 없는 녹모시(rhea)도 넓은 의미의 라미에 포함시키나 품질은 떨어지는 편이다. 모시의 주요 재배지인 충청남도 한산(韓山)의 세모시(한산모시)가 품질이 좋다.

황마(Jute)는 모로헤야, 대만황마, 섬황마 등으로 불린다. 일년초인 코르코루스 캡슐라리스(*Corchorus capsularis* L.)와 코르코루스 올리토리우스(*Corchorus olitorius*)의 줄기에서 채취하는 인피 섬유이다. 주요 산지는 인도와 방글라데시로, 세계 생산량의 90%를 생산한다. 섬유는 갈색 또는 녹색이며 광택이 있다. 표백이 어려워서 의복 섬유로는 거의 쓰지 않지만 마대, 로프 및 전선 피복용 섬유 등 용도가 다양하여 목화 다음으로 많이 사용되는 식물 섬유이다. 황마는 피나무과로 분류되다가 최근 아욱과로 분류되며, 2~4m 높이로 가지를 치지 않거나 약간의 곁가지가 있다. 잎은 어긋나며,

59. 닥나무
60. 삼지닥나무

단엽이고 피침형으로 길이 5~15cm이고 끝이 뾰족하고 가장자리에 미세한 톱니가 있다. 꽃은 직경 2~3cm이며 황색이고 꽃잎은 5장이고, 열매는 삭과이며 씨가 많다.

한지의 원료인 닥나무(*Broussonetia kazinoki* Siebiold)는 전국의 양지바른 산기슭에 자라는 뽕나무과의 낙엽 떨기나무다. 줄기는 높이 2~5m이며, 잎은 어긋나며 난형 또는 장난형이고, 가장자리가 2~3갈래로 깊게 갈라진다. 꽃은 암수한그루이며, 수꽃이삭은 어린 가지 밑부분에 달리며 타원형으로 길이 1.5cm이고, 암꽃이삭은 윗부분의 잎겨드랑이에 달리며 구형이며, 화피는 통 모양이다. 나무껍질을 한지 만드는 데 쓴다.

삼지닥나무(*Edgeworthia chrysantha* Lindl.)는 우리나라 남부지방에서 재배하는 중국 원산의 낙엽 떨기나무로, 줄기는 높이 1~3m이고 가지가 갈라진다. 잎은 어긋나며, 피침형으로 길이 8~15cm, 폭 2~4cm이고 얇으며 잎 양면에 털이 많은데, 뒷면에 더욱 많다. 꽃은 3~4월에 잎보다 먼저 묵은 가지에 두상화서로 피며 밑을 향하고, 노란색이다. 꽃받침통은 끝이 4갈래로 갈라지며, 꽃잎처럼 보이고, 길이 1.2~1.5cm, 안쪽이 연한 노란색, 흰색의 연한 털이 많다. 열매는 수과이며, 난형이다. 수피를 섬유용으로 쓴다.

청단나무(*Pteroceltis tatarinowii* Maximowicz)는 느릅나무과에 속하며 중국 원산이다. 높이 20m, 수피는 회백색 내지 진한 회색이다. 잎자루에 털이 있으며 잎몸은 넓은 난형에서 장타원형, 밑은 비스듬하며 끝은 뾰족하고, 가장자리는 불규칙한 톱니가 있고 측맥은 4~6쌍이다. 견과는 황녹색 내지 황갈색이며, 구형 내지 장타원형이고 직경 1~1.7cm이며 털이 없거나 있고, 밑부분은 수평을 이루거나 심장형이며 열매 끝은 갈라져 있다. 화피와 암술대는 숙존(宿存)하며, 열매 자루는 1~2cm, 날개가 있고 목질성이다. 이 수피의 섬유는 중국의 선지(Xuan paper)를 만드는 데 사용된다. 종자로부터 기름을 추출한다.

엽맥섬유

마닐라삼(Manila hemp)은 고온다습한 기후에 자라며 파초과에 속하는 아바카(Abaca, *Musa textilis* Née)의 줄기처럼 보이는 엽초에서 채취되는 섬유이다. 필리핀 원산으로 마닐라항에서 많이 수출되어 마닐라삼이라고 하며, 인도네시아의 보르네오섬, 수마트라섬에서도 많이 재배한다. 섬유는 흰색과 적황색이며, 가볍고 강하며, 물에 대한 내구력이 강해 선박용, 어업용 로프와 해저전선의 피복물 재료로 이용된다. 마닐라삼 식물은 지름 20~40cm, 높이 6~7m에 달하고, 바나나와 유사한 형태이나 잎이보다 좁고 열매에는 종자가 많이 들어 있다. 심은 지 2년 후에 꽃대가 나올 때 좋은 섬유를 수확할 수 있다.

사이잘삼(Sisal hemp)은 멕시코의 사이잘(Sisal)만에서 수출하여 붙여진 이름이며, 원래 아즈텍과 마야 사람들에 의해 섬유와 종이를 만드는 데 사용되었다. 19세기에 아시아, 아프리카, 플로리다, 카리브해의 섬과 브라질 등으로 재배지가 확대되었다. 용설란과의 아가베 사이잘리나 잎에서 뽑는 사이잘삼의 섬유는 노란색을 띤 흰색이며, 가늘고 부드러우며 탄력과 광택이 있다. 섬유 조성은 셀룰로스 75%, 리그닌 6%, 펜토산 23%로 마닐라마보다 약하고 딱딱하며 부러지기 쉽고 해수에도 약하다. 로프, 해먹, 텐트, 멍석, 브러시 등을 만드는 데 사용된다. 아가베 사이잘리나(*Agave sisalina* Perrine)는 단단한 짧은 줄기에 잎이 여러 장이 난다. 잎은 육질이고 끝이 날카로운 바소꼴로서 청록색이다. 10~15년이 되면 3m 정도의 꽃줄기가 나와 꽃이 핀다.

5. 염료용 · 도료용 식물

인류는 생활하면서 자연으로부터 천연염료를 얻어왔다. 알타이 산맥의 한 무덤에서 발굴된 기원전 5~4세기경에 만들어진 것으로 추정되는 카페트(Pazyryk Carpet)에 쓰인 실들도 천연재료로 염색되었다. 우리나라에서는 음양오행 사상에 근거하여 오방색, 즉 유채색인 빨강, 노랑, 파랑의 삼원색과 무채색인 흑색과 백색을 중심으로 명도와 채도를 조절하면서 모든 색을 구사했다. 하루 중 밤은 청색이고 낮은 홍색이며, 빛에 의한 중간색인 녹색과 색에 의한 중간색인 황색이 있다. 빛의 삼원색인 빨, 녹, 파의 혼합이 백색이며, 색의 삼원색인 빨, 노, 파의 혼합이 흑색이다. 이러한 색을 낼 수 있는 염료식물은 다양하며 같은 염료식물이라도 매염제와 염색 횟수에 따라 색이 다르다.

붉은 색 계열의 염료식물

잇꽃(홍화), 꼭두서니 뿌리, 소목, 오미자, 산수유열매, 뽕나무열매, 지치, 차즈기 등이 있다. 이러한 식물들로부터 붉은 색의 염료를 얻으며, 여기에 발효시킨 포도 주스와 우유를 섞어 자주색을 만들어낼 수 있다. 잇꽃(*Carthamus tinctorius* L.)은 국화과 식물로 속명인 *Carthamus*는 아랍어의 'korthom'으로 염색한다는 뜻이다. 일년생 초본으로 홍화(紅花)로도 불리며, 잎은 피침형으로 톱니 끝이 가시로 되어 있고, 꽃은 붉은 빛이 도는 노란색

61. 잇꽃
62. 갈퀴꼭두서니
63. 오미자

의 두상화서로 핀다. 잇꽃을 말린 것을 홍화라 하여 염료로 사용한다.

꼭두서니(*Rubia akane* Nakai)는 꼭두서니과 식물로 뿌리는 옅은 황색이나 마르면 적황색이 된다. 속명인 Rubia는 루비처럼 붉다는 뜻의 라틴어(ruber)에서 유래하며 붉은색 염료식물임을 알 수 있다. 유럽에서는 이미 1861년에 파브르가 유럽꼭두서니로부터 천연 염료인 알리자린(alizarin)을 추출해서 특허를 받은 바 있다.

소목(蘇木, *Caesalpinia sappan* Linné)은 동아시아 원산의 콩과에 속하는 상록교목으로 잎은 타원형이며 꽃은 노란색이다. 소목의 심재(물관부 안쪽의 통도 기능이 없고 색이 짙은 부분의 목재)와 나무껍질 속에 브라질레인이라는 적색소가 있어서 붉은 색을 띠어 소방목(蘇方木), 단목, 목홍 등으로 불린다. 소목은 잇꽃보다 더 붉으며 3세기 신라 때 직물 생산이나 염색을 맡아보던 관아인 소방전(蘇房典)이 있었던 것으로 미루어 볼 때 국내에 들어온 지 오래된 염료이다.

오미자(*Schizandra chinensis* (Turcz.) Baill.)는 목련과에 속하는 낙엽 덩굴성 관목으로 그 열매가 신맛, 쓴맛, 매운맛, 찬맛, 단맛을 내어 오미자라 한다. 한약재와 음식으로 사용되며, 붉은 빛이 고와서 식물염료로도 사용된다. 즉, 오미자를 삶아서 우려낸 염색액에 천을 넣고 끓여서 염색한 후 다시 고착제 용액에 넣어 끓인다.

지치(*Lithospermum erythrorhizon* Siebold & Zucc.)는 지치과에 속하는 다년생 초본으로 약용식물뿐 아니라 자색 염료식물로 사용된다. 기원전 600년 중국의 춘추전국시대에 이미 자색 옷을 착용했다는 기록이 있다. 식물 전체에 털이 많고, 높이는 30~70cm이며, 뿌리는 굵고 마르면 자주색이 된다. 지치 뿌리의 겉껍질을 벗기고 속 뿌리를 말려 가루로 만들어 사용한다.

파란색 계열의 염료식물

마디풀과의 쪽(*Persicaria tinctoria* H. GROSS)이 대표적인 파란색 염료식물

이며, 한자명은 남(藍)이다. 이집트에서는 3,300여 년 전에 남염을 했다는 것이 투탄카멘묘의 출토물에서 밝혀졌다. 중국에서는 서기 직후 남으로 물들였다는 기록이 있고, 우리나라에서는 백제 고이왕 때(260년) 청색 염색을 했다고 알려져 있다.

64. 쪽

쪽은 일년생 초본으로 높이는 60cm가량이고, 줄기는 곧게 서며 가지가 갈라지고, 잎은 어긋나며 잎자루가 짧고 긴 타원형이며, 가장자리가 밋밋하고, 건조하면 짙은 남색을 띈다. 꽃은 줄기와 가지 끝에 수상화서로 8~9월에 엷은 분홍색으로 핀다. 쪽의 잎을 염료로 사용하며, 쪽을 발효시키면 인디칸(indican) 성분의 가수분해로 인독실이 생성되어 공기 중의 산소를 흡수하여 청색의 인디고(indigo)가 된다. 이 인디고를 환원시키면 무색의 인디고 화이트(indigo white)가 되며, 이 인디고 화이트 용액에 섬유를 담갔다가 꺼내어 공기 중에서 산화시키면 인디고가 재생되어 푸른색으로 염색이 된다. 푸른색은 염색 횟수를 증가시킬수록 진해진다.

황색 및 녹색 계열의 염료식물

황색 계열의 염료 식물로는 치자나무, 회화나무, 황벽나무와 울금, 황련, 메리골드, 프리지어, 민들레, 사프란 꽃과 담배 잎 등이 있다. 약간 붉은 빛이 도는 노란색은 호두나무에서 얻는다. 양파 껍질에 백반을 사용하면 황색으로, 철을 매염제로 사용하면 다시마색으로 염색된다.

치자나무(*Gardenia jasminoides* Ellis)는 꼭두서니과에 속하는 상록활엽관목으로 일본, 대만과 중국에 분포한다. 우리나라에는 약 500년 전에 중국에서 들어왔으며, 높이는 1.5~2m 정도이다. 잎은 마주나고 꽃은 6월과 7월경에 흰색으로 가지 끝에 피고 향기가 좋으며, 꽃받침과 꽃잎은 6~7갈래로 갈라지고, 수술도 6~7개이다. 열매는 긴 타원형으로 9월에 노란빛을 띤 붉은색으로 익는데, 이를 말린 것을 치자(梔子)라 하며 염료용 외에 약용식물

65. 치자
66. 회화나무
67. 올리브나무

로도 쓰인다.

회화나무(*Sophora japonica* L.)는 콩과에 속하는 낙엽교목으로 괴화, 홰나무, 부귀목이라고도 하며, 과거에는 '학자수(學者樹)'라 하여 조선시대 승문원 앞이나 창덕궁 내 등 주로 관청이나 양반집에 심었으나 요즈음은 가로수로도 많이 심는다. 아카시나무와 비슷해 보이나 가시가 없다. 잎은 7쌍의 작은 잎으로 된 우상복엽이며 잎 뒷면은 흰색을 띠며 맥위에 갈색 털이 있다. 꽃은 연노란색으로 가지 끝에 원추화서로 피며, 열매는 협과로 염주처럼 잘록하며 종자는 갈색이고 1~4개이다. 꽃을 염재로 쓰며 초여름 꽃이 피기 전 꽃망울 맺힐 때 따서 말린다. 잡귀를 물리치고 복을 준다고 하여 꽃으로 물들인 한지를 부적으로 사용했다. 요즘은 관상수와 차 대용으로 쓴다.

황벽나무(*Phellodendron amurense* Rupr.)는 운향과에 속하는 낙엽성 교목으로 황경피나무라고도 한다. 잎은 깃꼴 겹잎으로 마주나며, 꽃은 단성화로 자웅이주의 가지 끝에 원추화서로 피며, 꽃잎은 5~8개로 황록색이다. 수꽃에는 수술이 5~6개와 퇴화한 암술이 있고, 암꽃의 씨방은 5실이다. 열매는 핵과로 둥글고 검게 익으며 종자가 5개 들어 있다. 잎과 껍질을 노란색 염재로 쓰는데, 주로 5~6월 물기가 올랐을 때 껍질을 벗겨 말린 것을 황백(黃柏), 황벽(黃蘗)이라 하며 염재와 약재로 사용한다.

울금(*Curcuma longa* L.)은 생강과의 다년생 초본으로 열대 아시아, 인도, 중국, 일본 등에 분포한다. 뿌리줄기는 지름 3~4cm로 굵으며, 바깥쪽은 갈색이고 속은 주황색으로 생강처럼 생겼다. 잎은 끝이 뾰족한 타원형이며,

잎자루가 길고 꽃은 4~6월에 각 포 안에 흰색 또는 연노란색 꽃이 핀다. 뿌리줄기에서 추출한 색소는 방충 효과가 있어서 의료, 도자기의 포장용 천, 베로 만든 속옷과 배내옷에 쓰였으나 염료로 그다지 견고하지는 못하다. 요즈음은 식품의 착색염료 또는 약초로 사용한다.

녹색 계열 염료식물에는 쑥, 올리브, 익모초, 시금치, 호박, 뽕나무 잎 등이 있다. 쑥으로 쑥색을 만들며, 올리브나무의 잎과 가지, 시금치는 초록색 염료를 만든다. 뽕나무 잎에는 플라보노이드인 루틴, 케르세틴-3-트리글루코시드 등의 색소 성분이 있어 연두색을 만들 수 있다. 그 외 덜 익은 감에서 갈색, 덜 익은 밤이나 도토리 껍질에서 밤색, 커피에서 커피색의 염료를 얻는다.

도료용 염료식물

물건의 겉에 칠하는 도료용 식물에는 옻나무, 소나무와 사람주나무 등이 있다. 옻나무(*Toxicodendron vernicifluum* Stokes)는 높이 12m, 지름 40cm까지 크며, 중국으로부터 도입되어 재배되고, 꽃은 자웅잡가(단성화와 양성화가 한 그루에 있음)로서 5월에 연한 녹황색 꽃이 피어 10월에 편구형 핵과를 맺는다. 옻나무에는 옻을 유발시키는 유독물질인 우루시올(Urushiol)이 있다. 우루시올은 락크효소(Laccase)의 작용에 의하여 공기 중의 산소를 흡수하여 검은 수지 모양이 된다. 한방에서는 옻을 주로 어혈제증 등의 약재로 사용한다. 한편, 옻나무의 수액은 도료용으로도 사용되는데, 옻칠에 산화철을 넣으면 검은색의 흑칠이 된다. 옻칠 도료는 방부가 잘되고 변색이 되지 않으며, 최근에는 머리 염색약으로도 사용된다. 붉나무의 오배자도 염료로 이용되는데, 일본에서는 붉나무의 흰 수액을 받아서 그릇 같은 용기에 칠하는 데 이용하여 흰 아교나무라는 뜻으로 백교목(白膠木)이라고도 한다. 소나무(*Pinus densiflora* Siebold & Zucc.)의 수지도에서 나오는 송진을 정제해서 얻은 터펜틴(turpentine)은 각종 도료의 원료로 이용된다.

68. 옻나무
69. 사람주나무

사람주나무(*Sapium japonicum* Pax et Hoffm.)는 나무껍질이 사람의 피부처럼 희고 매끄러운 편이라 붙여진 이름이다. 대극과에 속하는 낙엽성 교목으로 높이 6m 정도로 수피는 회갈색이고 매끄러우며 나이가 들면 세로로 얕게 갈라지나 벗겨지지는 않는다. 가지와 잎자루를 자르면 흰 유액이 나오며, 어린가지와 잎자루에 붉은 빛이 돈다. 잎은 어긋나며, 타원형 또는 도란형으로 끝이 뾰족하고 가장자리가 밋밋하거나 파상을 이룬다. 암수한그루로 6월 가지 끝에 달리는 수상 총상화서에 꽃이 달린다. 삭과는 둥글며 3개의 골이 지고 암술대가 남으며, 익으면 3개로 갈라진다. 종자는 흑색 반점이 있으며 종자 기름을 도료용으로 쓴다.

6. 건축자재 · 가구 · 생활도구용 식물

옛날에는 아들을 낳으면 뒤뜰에 소나무를 심고 딸을 낳으면 앞마당에 오동나무를 심었다. 소나무로 작은 목재를 얻으려면 30~40년, 큰 목재를 얻으려면 60~80년의 시간이 걸린다. 부모가 아들을 낳아 성장하여 부모의 관을 만들기에 적합한 세월 같다. 나무로 된 재료를 목재(木材)라고 하며, 나무의 뿌리, 줄기, 가지 또는 나무 전체를 쓰지만 보통은 나무의 줄기를 이용한다. 목재는 크게 부드러운 연재(soft wood)와 단단한 경재(hard wood)로 구분하며, 셀룰로스, 헤미셀룰로스, 리그닌 등의 구성분이 다르다. 연재인 침엽수재의 비중(0.3~0.9)이 경재인 활엽수재의 비중(0.2~1.3)보다 다소 낮고, 일반적인 대기조건에서 15% 내외의 수분을 포함하며, 습기 흡수와 방출에 따라 팽윤과 수축을 한다. 목재의 종류에 따라 건축, 가구, 포장상자, 선박, 차량, 갱목, 침목, 전주, 악기, 운동구, 합판 등 용도가 다양하다.

소나무는 성장 속도가 느리며, 재질이 단단하고, 건조 속도가 빠르며, 벌레가 잘 생기지 않고, 송진이 있어 습기에도 잘 견딘다. 목재의 가장자리인 변재(sap wood)는 담황색이고 가운데 심재(heart wood)는 적갈색이며, 나이테의 경계가 뚜렷하고 두께는 생산지에 따라 차이가 크다. 경상북도 북부지방과 강원도 태백산맥에서 나는 춘양목은 나무의 굵기가 굵은 반면 나이테의 너비가 좁고 고르며 결이 곱고 광택이 있어 이용 가치가 높다. 소나무 목재는 건축재(기둥 · 서까래 · 대들보 · 창틀 · 문짝 등), 가구재(상자 · 옷장 · 뒤주 · 찬장 · 책장 · 도마 · 다듬이 · 빨래방망이 · 병풍틀 · 말 · 되 · 벼룻집 등)로 쓰인다. 또한 식생활용구(소반 · 주걱 · 목기 · 제상 · 떡판 등), 농기구재(지게 · 절구 · 절구공이 · 쟁기 · 풍구 · 가래 · 멍에 · 가마니틀 · 자리틀 · 물레 · 벌통 · 풀무 · 물방아공이 · 사다리 등), 관재(棺材), 나막신재, 그리고 온돌의 난방용 등으로 다양하게 이용된다. 그 밖에 소나무는 숯(흑탄), 목초액, 송진, 송근유, 송근타르의 원료이기도 하다. 현대에는 완구, 조각재, 현대식 가구재, 포장용 상자, 펄프 및 합판 등을 만드는 데 쓰인다. 특히, 안면도 송림은 조선시대 중종 때 궁궐의 건축재, 왕족이 죽으면 사용할 관곽재(시체 넣는 관과 곽), 또는 배를 만드는 용도로 관리되었고, 1988년부터는 유전자보존림으로 지정되어 보호되고 있다.

잣나무(*Pinus koraiensis* Siebold & Zucc.)는 연하고 무늬와 색이 아름다우며, 틀어짐이나 수축과 팽창이 적고 가벼우며, 송진이 적당하고, 가공이 쉬우며, 향기가 좋다. 또한 춘재나 추재의 구별 없이 진액이 고르게 함유되어 결이 곧고 표면이 부드러워 뼈대목이나 판재로 주로 이용되고 있다. 조각재료로도 많이 사용되며, 나전칠기의 판재나 뼈대로도 사용된다. 오동나무는 좀이나 벌레의 충해에 강하며, 습도 조절이 잘 되어 의걸이장, 장롱, 한약방 약재함, 문서 보관함, 거문고, 가야금 등의 악기류를 만드는 데 쓰인다. 또한 빠른 성장 속도에 비해 뒤틀림이 적고, 표면이 부드러운 편이며 건조 속도가 빠르다. 표면은 시간이 지남에 따라 서서히 검게 변하며, 나무가 무른 편이라서 흠집이 나기 쉽다. 단풍나무는 아름답고, 나무의 질이 강인하여 체육관이나 볼링장 같은 곳의 나무바닥이나 각종 건축재, 가구재, 악기재 및 운동기구재로 사용된다. 참나무는 결이 촘촘하고 단단하고 묵직하며 결이 아름다워 가구재로 좋고, 맥주와 와인 저장통의 재료로 좋으며, 숯의 재료로도 이용된다.

자작나무(*Betula platyphylla* Sukaczev)는 단단하고 조직이 치밀하여 벌레가 생기지 않고, 오래 변질되지 않아 건축재, 조각재 등 여러 용도로 이용된다. 특히 해인사 팔만대장경의 일부는 자작나무로 만들어졌고, 도산서원의 목판 재료로 쓰였다. 느티나무는 귀목 또는 괴목이라고 불리며, 단단해서 표면에 흠집이 잘 나질 않고, 무늬와 색상이 아름답고 중후해서 고가구 제조에 가장 많이 이용하는 목재이기도 하다. 은행나무는 단단하고 결이 좋으며 연한 노란색이 곱고, 연하여 가공하기가 쉽고 탄성이 좋아 바둑판, 현판, 조각재, 소반 등 각종 가구나 조각 재료로 많이 이용된다. 대추나무는 재질이 굳고 단단하여 떡메, 떡살, 달구지, 도장, 목탁과 불상 등 공예품의 재료로 쓰인다. 색깔은 적갈색으로 오래될수록 더욱 좋은 색깔을 띤다. 나무의 조직이 치밀하고 비중이 크며, 건조 시간이 오래 걸리는 단점이 있다. 특히

70. 오동나무
71. 당단풍나무

벼락 맞은 대추나무는 도장을 파거나 기복적인 공예품을 만들 때 이용하기도 한다.

밤나무(*Castanea crenata* Siebold & Zucc.)는 재질이 단단하고 타닌 성분이 방부제 역할을 하여 잘 썩지 않으므로 다른 나무보다 수명이 길고, 염료 및 가죽을 부드럽게 하는 데도 이용된다. 귀신이 좋아하는 나무라 하여 제사상이나 위패를 만드는 데 쓰이며, 상하지 않는 목재로서의 특성 때문인지 경주 천마총 내관의 목책에 쓰였다. 뿌리 부분에 좋은 자연 문양이 나타나 가구 전면의 판재에 많이 사용되기도 하고, 뒤틀림이 적어 골재로도 이용된다. 버드나무는 결이 거의 없고 독이 없는 밝은색 목재로 나무젓가락, 이쑤시개, 도마 등을 만드는 데 쓰인다.

7. 지구 정화식물

인간의 활동으로 인해 지구의 공기, 토양, 물 등 여러 비생물적인 환경요소들이 오염되고 있다. 인간을 비롯한 생물들이 잘 살 수 있게 하기 위해서는 환경을 정화시켜야 한다. 오염물질을 정화하는 다양한 해결방안 중 식물에 의한 정화는 자연친화적이고 다른 문제를 야기하지 않는다는 장점이 있다.

공기 정화식물

웰빙(well being)은 현대 사회의 병폐를 인식하고, 육체적·정신적 건강의 조화를 통해 질적으로 풍요롭고 행복하고 아름다운 삶을 영위하려는 사람들의 열망이 늘어나면서 나타난 새로운 삶의 문화 또는 양식이다. 웰빙은 복지·행복·안녕을 뜻하며 웰빙족이 등장하고 웰빙라이프가 유행하면서 건강한 먹거리와 건강한 여가활동뿐 아니라 건강한 집 만들기 등에 대한 관

72. 산호수
73. 스파티필럼

심이 높아졌다. 최첨단의 건축 기술은 생활공간을 밀폐시키고, 각종 실내 장식은 화학적인 유해물질을 발산하며, 전자기기들에서 발생하는 전자파 때문에 실내 공기가 실외보다 더 유해하다. 특히 새집증후군에 의한 알레르기, 천식, 두통, 암 등이 유발되기 때문에 실내 공기 정화식물이 대중적인 웰빙 식물로 각광 받고 있다.

공기 정화식물은 미항공우주국(NASA)의 우주 혹은 폐쇄 공간에서의 생명 유지를 위한 실험에서 시작되었다. 즉, 우주선의 밀폐된 공간 안에서 효율적이고 생태적 생명유지시스템의 실현을 위하여 식물을 이용한 폐수 처리, 식용 작물 등 다양한 관련 연구가 수행되었다. 이 연구 중 하나로 밀폐된 실내에서 발생하는 각종 오염물질을 제거하고 실내 공기를 정화하여 내부의 생명체가 건강하게 생활할 수 있도록 하기 위한 실험이 '나사의 공기 정화 연구: 실내 공기 오염물질 감소를 위한 실내 조경식물(NASA Clean Air Study: Interior Landscape Plants for Indoor Air Pollution Abatement)'이다. 실생활과 유사한 환경을 갖춘 길이 13.7m, 너비 5m의 밀폐된 공간(Biohome) 안에서 12종의 실내 식물이 포름알데하이드, 벤젠, 트라이클로로에틸렌을 정화하는지를 확인하는 것이었다. 1989년에 발표된 보고서에 따르면 식물이 밀폐된 공간에서 유해한 휘발성 유기화합물(VOC)을 제거하며 새집증후군을 제거하는 데에도 효과적이었다. 이후 실내 식물 50종의 재배 편의성, 해충 저항력, 유해물질 제거율, 증산작용률 등이 지속적으로 연구되었다.

식물에 의한 공기 정화 원리는 첫째, 잎과 뿌리쪽 미생물의 흡수에 의한

74. 행운목
75. 킹벤자민

오염물질 제거이다. 잎에 흡수된 오염물질은 광합성의 대사산물로 이용되고, 화분 토양 내로 흡수된 것은 뿌리부분의 미생물에 의해 제거된다. 둘째는 음이온, 향, 산소, 수분 등 다양한 식물 방출물질에 의해 실내 환경이 쾌적하게 되는 것이다. 잎에 광량을 높이면 광합성속도가 증가하여 오염물질 제거능력이 높아지고, 화분에 실내 오염물질을 자주 처리할수록 뿌리부분에 관련 미생물이 증가하여 제거 능력이 우수해진다. 또한 공기 정화식물은 활발한 증산작용으로 주변 토양의 수분이 빠르게 식물 체내로 이동하고 뿌리부근의 공기가 땅속으로 흡수되면서 주변의 공기가 이동하게 되어 온도 및 습도를 조절한다. 실제로 일부 관엽식물은 여름철에 실내 온도를 약 2~3도 낮추고, 겨울에는 높이는 실내 환경 조절 효과가 있다. 또한 연료 사용, 냉난방, 대기오염 유입과 화학건축자재에서 발생하는 포름알데히드 등을 제거하는 공기 정화 효과가 있다. 공기 정화식물은 신선한 산소 공급과 음이온 발생으로 양이온인 미세먼지를 없앰으로써 환경을 쾌적하게 하고 신체의 이온 균형을 유지하게 한다. 따라서 실내 공간 내 오염 물질의 종류와 식물의 정화 특성을 고려하여 배치하는 것이 좋다. 예컨대, 거실에는 킹벤자민(*Ficus benjamina* L.), 인도고무나무(*Ficus elastica* Roxb. ex Homem.), 디펜바키아(*Dieffenbachia* sp.), 크로톤(*Codiaeum variegatum* (L.) A. Juss.)이 적합하다. 이 식물들은 잎도 무성하고 크기도 적당하면서 실내에서 잘 자라 포름알데히드와 오존 제거 및 전자파 차단에 효과적이며 잎에 먼지흡착으로 실내 공기를 정화한다. 휴식과 숙면에 좋은 은은한 향이 있는 난초와 같

76. 관음죽
77. 안스리움
78. 팔손이나무

은 식물은 침실에 놓으면 좋다. 주방에는 휘발성 유기화합물을 제거하고, 주방의 음식 냄새를 없애는 베고니아(*Begonia* sp.), 거베라(*Gerbera* sp.), 산호수가 적합하다. 다양한 꽃색은 인테리어 효과와 함께 식욕을 돋울 수 있다. 베란다에는 불완전 연소된 이산화질소, 이산화황 같은 휘발성 유해 물질을 제거하는 스파티필럼(*Spathiphylum* sp.), 파키라(*Pachira* sp.), 콜드크레스트(*Cupressus macrocarpa* 'Wilma Goldcrest')를 둔다. 화장실에는 욕실의 냄새와 암모니아를 흡수하는 관음죽(Lady palm, *Rhapis excelsa* (Thunb.) A. Henry), 안수리움(*Anthurium* sp.), 호말로메나(*Homalomena wallisii*), 맥문동 등이 효과가 있다. 또한 리모델링한 사무실과 집에는 복사기, 프린터, 컴퓨터 등 전자기기에서 발생하는 이산화질소와 아황산가스를 정화시키고 페인트와 니스 등에서 나오는 유독 가스를 흡수하는 테이블야자(*Chamaedorea elegans* Mart.), 행운목(드라시나), 팔손이나무, 파키라를 둔다.

토양 정화식물

식물을 이용하여 토양으로부터 유해한 오염 물질을 제거, 안정화, 무독화하는 것을 식물재배정화법(phytoremediation)이라고 한다. 중금속을 고농도로 축적하는 중금속집적식물(hyperaccumulator)을 이용해서 토양 중의 과도한 금속을 제거하고 순환시킴으로써 오염 토양을 정화시킨다. 처리 비용이 적으며, 식물을 이용하기 때문에 정화 과정에서의 환경 교란을 최소화할 수 있다. 식물은 오염 환경으로부터 납이나 카드뮴 등의 흡수된 중금속을 세포

내 액포(vacuole)에 저장하여 독성을 약화시켜 유해 중금속을 제거할 수 있다. 이렇게 축적된 중금속은 식물의 지상부를 수확하여 처리함으로써 추출할 수 있다(phytoextraction). 또한 중금속에 내성이 있는 식물을 재배하여 토양을 안정화시킬 수 있다(phytostabilization).

자연적으로 중금속을 흡수하는 식물은 4백여 종이다. 식물이 중금속을 흡수하는 이유는 해충들로부터 보호하기 위한 것으로 추정되며, 같은 식물이라도 해충이 많은 곳에 있는 식물이 중금속을 더 잘 흡수한다. 특히 수목은 오염물질의 독성에 대한 저항력이 매우 강하며, 다른 식물에 비하여 상대적으로 고농도의 오염 물질이 있어도 생존하는 특성이 있다. 또한 어떠한 조건에서도 쉽게 적응되는 장점이 있고 매우 빨리 성장하며, 지표면에서 토양 깊숙이 뿌리를 뻗어 오염된 토양의 오염된 물을 매우 강하게 빨아들인다. 또한 뿌리 근처의 많은 미생물들을 이용하여 오염 물질 분해를 촉진하므로 매우 경제적이다. 최근에는 수은을 잘 흡수하는 백합나무(튤립나무, *Liriodendron tulipifera* L.) 처럼 중금속에 대한 저항성을 높이고 중금속 축적량을 증가시키는 유전자를 선별하여 식물에 도입한 형질전환 식물을 개발하고 있다.

납(Pb)을 정화하는 식물에는 해바라기(*Helianthus annua* L.), 호랑버들(Goat Willow, *Salix caprea* L.)과 자작나무(silver birch, *Betula pendula* Roth), 유칼리나무(*Eucalyptus globulus* Labill.), 갓(*Brassica juncea*) 등이 있다. 아연(Zn), 니켈(Ni), 카드뮴(Cd)은 포플러(*Populus* sp.), 십자화과의 말냉이속 식물인 트

79. 백합나무
80. 해바라기

81. 호랑버들
82. 고마리
83. 달맞이꽃

라스피 카에루레스센스(*Thlaspi caerulescens* J.Presl & C.Presl), 호랑버들(*Salix caprea* L.)에 의해 정화될 수 있다. 예를 들어 폐광산의 경우 호랑버들의 잎에서 카드뮴과 아연이 높게 나타났는데 이는 오염지역 내에 초기 정화 수종으로 호랑버들이 적합함을 나타내는 것이다. 그 외에도 카드뮴은 십자화과의 애기장대속 (*Arabidopsis*)식물과 고마리(*Polygonum thunbergii* Siebold & Zucc.)에 의해서 정화된다.

니켈(Ni)은 트라스피 카에루레스센스, 알리숨속 (*Alyssum*) 식물들, 산람과(Sapotaceae)에 속하는 세베르티아 아쿠미나타(*Sebertia acuminata* Pierre ex Baill.) 등에 의해 잘 흡수된다.

수은(Hg)은 포플러나무(*Populus* sp.)에 의해 정화되는데, 포플러는 사시나무속에 속하며, 가로수로 널리 이용된다. 꽃은 2가화이며 미상꽃차례로 잎보다 먼저 핀다. 열매는 삭과로 2~4개로 갈라져 긴 털이 달린 종자가 나온다. 우리나라에 가장 흔한 가로수종은 양버들(lombardy poplar, *Populus nigra* var. *italica*)로 가지가 곧게 서서 빗자루 모양의 수형이다. 미루나무(cottonwood/*Populus deltoides* Marshall)는 미국산 포플러이며, 유럽에 건너가서 유럽산 흑양나무와의 사이에 생긴 잡종을 캐나다포플러(*Populus x canadensis* Moench)라고 한다. 한국에는 미국산 은백양(*P. alba* L.)과 수원사시나무(*P. glandulosa*) 사이의 자연잡종인 은사시나무(*Populus tomentiglandulosa* T. B. Lee)와 이것을 실험적으로 만든 은수원사시나무(또는 현사시나무) 등이 있다.

우라늄(U), 세슘(Se) 등의 방사성물질의 정화를 위해서는 국화과의 해바라기, 콩과의 자운영속(*Astragalus*)식물 등을 이용할 수 있다. 비소의 정화식물로는 유럽, 서아시아 및 북아프리카에 분포하는 초롱꽃과의 자스논 몬탄스(*Jasnone montans* L.), 고사리속 양치식물인 프테리스 비타타(*Pteris vittata* L.)등을 이용할 수 있다. 또한 달맞이꽃, 억새, 벌개미취, 소나무, 아카시나무, 물오리나무가 토양 정화식물의 후보종으로 선정되었다.

수질 정화식물

물에 영양분이 과다하게 유입되면 암모니아가 생성되고, 암모니아는 독성이 강한 아질산으로 변화되어 악취가 나며, 산소가 부족해져서 생물이 살 수 없는 오염된 물로 변한다. 식물은 공기와 토양을 정화하듯이 수중의 영양염류(인, 질소, 규소 등)를 제거하여 수질을 정화시킬 수 있다. 식물을 이용하여 수질을 정화하는 방법에는 오염물질을 식물체내로 흡수시켜 농축한 후 식물체를 제거하는 방법, 식물체내에 흡수된 오염물질을 식물의 대사작용에 의해 분해하는 방법, 그리고 오염물질이 뿌리 주변에 비활성의 상태로 축적되거나 식물체에 의해 이동이 차단되는 방법이 있다.

부레옥잠(*Eichhornia crassipes* (Mart) Solms)은 뿌리털에 기생하는 혐기성 박테리아들이 독성물질을 분해하고 산소를 발생시킴으로써 물을 정화시킨다. 부레옥잠과 같이 수질정화 능력이 뛰어난 식물은 애기부들, 줄, 개구리밥, 물개구리밥, 물옥잠, 물배추(water lettuce 또는 water cabbage, *Pistia*

84. 부레옥잠
85. 물배추
86. 질경이택사꽃
87. 질경이택사 잎

84

85

86

87

stratiotes L.), 워터코인(dollar coin, dollar coin, *Hydrocotyle umbellata* L.), 파피루스(*Cyperus papyrus* L.), 자라풀, 수련, 택사, 질경이택사, 갯버들, 갈대, 달뿌리풀, 미나리 등이 있다. 그중 질소(N)와 인(P)을 정화하는 식물로는 택사, 꽃창포, 박하, 이삭물수세미, 부들, 노랑어리연꽃과, 생이가래를 들 수 있다. 특히, 물개구리밥은 중금속에 내성이 가장 강하여 카드뮴을 많이 축적한다.

14장

식물자원 보전과 국제협약

지금까지 식물의 중요성과 활용에 대해 살펴보았다. 14장에서는 이런 식물자원을 후세대들이 이용할 수 있게 전달하기 위한 식물의 보전 방법과 국제협약 등에 대해 살펴보고자 한다.

1. 식물자원

밀레니움을 코앞에 두었던 1999년 11월 꽃의 전쟁과 약용식물에 대한 모 방송사의 특집 프로가 방영되었다. 이에 따르면 미국 라일락 시장의 30%를 차지하는 '미스김라일락(*Syringa patula* 'Miss Kim')'은 미국인 식물 채집가 엘윈 미더가 1947년 북한산에서 털개회나무를 가져가 품종을 개량한 것으로, 당시 자료 정리를 돕던 타자수 미스 김의 이름을 붙여 품종명을 만들었다. 또한 미국과 유럽에서 크리스마스트리로 애용되는 Korean Fir 'Silberlocke'도 구상나무를 품종개량하여 특허등록된 것이다. 크리스마스트리로 이용되는 다른 침엽수들과 달리 구상나무의 잎의 끝이 날카롭지 않아 많은 사람들의 인기를 얻고 있다. 무관심 속에 대거 해외로 유출된 토종 종자가 현지에서 품종 개량이 되고, 우리가 다시 많은 돈을 주고 역수입하고 있다는 내용이 방영되었다. 이에 많은 사람들은 우리의 고유식물 자원을 선진국에게 빼앗긴 사실에 대해 억울해 하며 식물자원과 종자에 대해 새로운 인식을 갖게 되었고, 이후 고유식물(특산식물, endemic plant)에 대한 관심이 많아지게 되었다.

고유식물이란 그 지역에서 저절로 나서 자라는 자생식물 중 특정 지역에만 제한적으로 분포하는 식물을 뜻하며 특산식물이라고도 한다. 고유식물은 특정 지역에만 제한되어 분포하기 때문에 흔히는 희귀식물(rare plant) 또는 멸종위기식물(endangered plant)이 되기 쉽다. 고유종은 울릉도와 제주도처럼 대륙에서 지리적으로 격리되어 있는 섬 또는 특정 생태적 지역에만 분포하여 주어진 환경 속에서 오랫동안 적응하여 독자적으로 진화한 경우가 많다. 고유식물은 분류군의 계급에 따라 속 수준이면 고유속 식물, 종 수준이면 고유종 식물이라고 한다. 우리나라의 고유속 식물로는 미선나무속(*Abeliophyllum*), 금강초롱속(*Hanabusaya*), 개느삼속(*Echino-sophora*), 금강인가목속(*Pentactina*), 제주고사리삼속(*Mankyua*) 등이 있다. 우리나라의 고유종 식물로는 모데미풀, 구상나무, 섬잔대, 섬초롱꽃, 섬바디, 섬시호, 섬현삼, 섬고광나무, 섬국수나무, 노랑무늬붓꽃, 한라솜다리, 한라개승마, 한라송이풀, 좀향유, 체꽃과 백양꽃 등이 있다. 고유속의 수나 고유종의 수는 연구결과에 따라 변경될 수 있다. 예를 들어, 과거에 고유속으로 취급되던 두잎감자난초속(Diplolabellum)의 두잎감자난초는 최근의 분자적 연구결과를 바탕

1. 미스김라일락
2. 미선나무
3. 금강초롱

으로 감자난초속의 고유종이 되었다. 더 최근에는 두잎감자난초가 일본에서도 발견되어 더 이상 우리나라의 고유종이 아니게 되었다. 이와 같이 현재 고유속이나 고유종이라고 하더라도 앞으로의 연구결과에 따라 변경될 수 있다.

2013년 지정된 국내 고유종 식물은 596종이다. 고유식물은 학술적, 생태적, 경제적 가치가 높아서 2001년부터 실시된 '국외반출승인대상 생물자원 지정관리제'에 따라 정부의 승인을 통해야만 식물체, 종자, 뿌리 및 표본 등의 해외 반출이 가능하다.

자생식물과 달리, 외국에서 들여와 재배하는 식물은 외래식물(exotic plant)이며 그중 재배하지 않아도 야생에서 저절로 나서 자라면 귀화식물(naturalized plant)이라고 한다.

2. 종자의 보존

식물의 종 보존은 종자에 의해 이루어지므로 식물 자원의 다양성 보전과 지속 가능한 이용을 위해서는 종자의 보존이 필수적이다. 식물의 종자는 성숙하면서 수분이 소실되고 단단해진 다음 휴면기로 들어갔다가 적당한 환경 조건(온도, 수분, 빛 등)이 갖추어지면 휴면 상태에서 깨어나 발아한다. 많은 작물의 종자는 수분을 6~8%로 건조 밀봉하여 0~10℃의 저온으로 저장한 경우 수년에서 수십 년이 경과하여도 높은 발아율을 유지한다고 알려져 있다. 종자보존을 위해서는 식물종의 유전적 변이 양상을 고려해 종별, 지역별 및 작물의 품종별로 종자를 수집하고 수집된 종에 대해 목록을 작성해 단기, 중장기 보관을 한다. 종자를 수집할 때 증거 표본도 함께 만들고 생체 재료도 확보하여 종자의 구조를 연구하고 발아율을 테스트하여 필요한 사람에게 공급할 데이터베이스를 마련해야 한다. 또한 식물 자원의 잠재가치를 지속적으로 이용하고 연구를 해나가기 위해 자생종의 종자를 유전자원으로 이용할 뿐만 아니라 연구 개량하여 더욱 이익이 되도록 재생산하고 있다. 즉, 종자보관기술 개발, 멸종위기 식물 등 특정 종을 위한 조직배양기술 정립, 품종 대량 생산 기술 확립 및 신품종 개발도 필요하다.

3. 신품종 개발

세계 인구는 현재 75억 명이며 2050년에는 약 100억 명이 될 것으로 추정된다. 인류의 생존을 위해서 식량자원 확보를 위한 많은 연구가 진행되어 왔다. 그중 식량자원으로 세계에서 가장 많이 재배되는 밀에 대해 미국의 육종학자 노먼 볼로그(Norman Borlaug) 박사는 낟알이 많이 달리면서 밀이 쓰러지지 않는 밀의 품종 '소노라'를 개발하여 1970년 노벨 평화상을 받았다. 그런데 그 소노라의 조상은 바로 우리나라 중남부에서 재배하는 '앉은뱅이밀'이었다. 즉, 앉은뱅이밀의 키를 작게 하는 유전자가 밀 생산량의 40%를 증가시켰고, 이 종자가 멕시코, 인도와 파키스탄으로 퍼져서 인류를 기아로부터 벗어나게 했으니 새로운 품종 개발이 얼마나 중요한가를 보여주는 좋은 예라 할 수 있다. 신품종은 1991년부터 국제식물신품종보호협약(UPOV)에 따라 육성자의 권리보호 및 식물종자 보증제도 등 종자산업의 지적재산권으로 보호받는다.

4. 자원 보전 및 국제협약

식물자원을 보전하는 방식에는 크게 현지 내 보전과 현지 외 보전의 두 가지가 있다. 먼저 현지 내 보전(In situ conservation)은 생태계와 자연 서식지의 보전과 이들의 자연 서식지 내에서 종의 적정한 개체군을 유지하고 회복시키는 보전을 뜻한다. 멸종위기 야생식물, 희귀식물, 특산식물(이하 "보호대상식물"이라 한다) 및 유용식물 등을 자연분포지 또는 산림 내에서 당해 식물이 적정한 개체군을 유지 · 증식할 수 있도록 보전하는 것을 말한다.

현지 내 보전에는 천연기념물이나 천연보호지역 및 람사르협약에 의해 지정된 습지 등도 포함될 수 있다. 대한민국의 천연기념물은 동물 · 식물 · 지질 · 광물과 천연보호지역으로 구분된다. 천연기념물로 지정할 수 있는 식물로는 학술적 가치가 큰 나무, 원시림, 고산식물지대, 중요한 화석 표본 등이 있다. 천연보호지역은 보호해야 할 천연기념물이 풍부한 일정 구역을 설정한다. 제주도 한라산, 전라남도 홍도, 강원도 설악산, 대암산, 대우산과 향로봉 등이 천연보호구역이다.

현지 외 보전(Ex situ conservation)은 자생식물의 자연분포지 밖에서 당해 식물을 보전하는 것을 말한다. 이를 위해서는 자연계에서 종의 멸종이나 유전자원에 대한 보험정책을 제공하고, 위험에 처해 있는 종에 대한 회복 프로그램을 마련해야 한다. 이는 식물원, 수목원, 또는 시험 · 연구기관 등에 유용한 식물 물질을 이식 재배하여 쉽게 이용할 수 있도록 증식하는 좋은 방법이다. 시험 · 연구기관으로는 국립산림과학원과 국립수목원, 국립산림품종관리센터 및 농업진흥청 등이 있다. 현지 외 보전은 특히 농업에서 필요한 식물이나 자연상태에서 자립적으로 생존할 수 없는 재배식물의 중요한 보전방법이다.

자연보전 관련 법령

우리나라의 경우 국가적 차원에서의 자원 보전과 관련된 법령에는「수목원조성 및 진흥에 관한 법률」제5조,「산림자원의 조성 및 관리에 관한 법률」제47조,「농업유전자원의 보존 · 관리 및 이용에 관한 법률」제16조,「야생동 · 식물보호법」제13조 내지 제18조 및「자연환경보전법」제35조

내지 제37조 생물다양성협약에 관한 것이 있다. 이러한 법령들에서 사용하는 자원 보전 대상 식물에 관한 용어의 정의는 다음과 같다.

① "자생식물"이란 산림지역 안에 분포되어 있는 모든 식물을 말한다.

② "멸종위기 야생식물"이란 자생식물 중 개체수의 현저한 감소로 멸종위기에 처했거나 처할 우려가 있는 식물로서 야생동·식물보호법 시행규칙 제2조의 별표 1의 식물을 말한다.

③ "희귀식물"이란 자생식물 중 개체수와 자생지가 감소되고 있어 계속적인 보호·관리가 필요한 식물로서 산림자원의 조성 및 관리에 관한 법률 시행규칙 제56조제1항에 의하여 산림청장이 지정한 별표 2의 식물을 말한다.

④ "특산식물"이란 자생식물 중 우리나라에만 분포하고 있는 식물을 말한다.

⑤ "유용식물"이란 자생식물 중 사람을 위하여 가치가 있거나 실제적 또는 잠재적 용도가 있는 식물을 말한다.

멸종위기에 처한 야생 동·식물종의 국제거래에 관한 협약

CITES(Convention on International Trade in Endangered Species of Wild Fauna and Flora)는 국제 자연 보호 연맹(IUCN)회원 협의에서 1973년 결의안이 채택되어 입안되었다. 조약의 목적은 야생동식물종의 국제적인 거래가 동식물의 생존을 위협하지 않게끔 여러 보호단계를 적용하여 33,000종의 생물 중 29,905종의 식물이 CITES에 의해 보호받고 있다. 멸종위기종은 무역으로 인한 위협정도와 적용되는 규율정도에 따라 분류되어 부속서에 기재되어 있다. 부속서 I은 무역이 중지되지 않으면 멸종될 식물종이며, 수출/수입 허가가 필요하고 수출국의 관리기관은 수입허가가 보증된 것인지 수입국이 야생동식물을 적절하게 돌볼 수 있는지 여부를 확인해야 한다. 부속서 II는 멸종위기는 아니지만 부속서에 등재되지 않을 경우 멸종위기가 될 수 있는 종들과 부속서 I에 올라 있는 식물과 혼동되기 쉬운 종들이 부속서

II에 등재되어 있다. 수출국의 관리기관은 야생식물 군집에 손상이 없다는 사실인정과 수출허가가 필요하다. 부속서 III은 일방적으로 올라와 있는 식물종으로 반드시 국제적인 멸종위기에 놓인 것은 아니다. 어느 한 국가가 CITES 당사국들을 대상으로 무역단속 협조를 요청하고 수입을 위해서는 수출증명서와 원산지 증명서가 필요하다. 2016년 1월 현재 부속서 I에는 301종 4아종, 부속서 II에는 29,592종, 부속서 III에는 12종과 1변종의 식물이 등록되어 있다.

적색자료목록(RED DATA BOOK)

국제자연보호연맹이 1966년 야생생물을 멸종 위험성의 정도에 따라 등급을 정해 발행한 간행물로 멸종위기생물 조사서이다. 적색자료목록이란 표지에 위험 신호를 뜻하는 빨간색을 사용한 데서 비롯된 이름이다. 책에 실린 야생생물 목록은 적색목록(red list)이라고 한다. 이 목록의 목적은 멸종위기에 처한 야생동물의 상태를 널리 일반에 알려 과학자 · 보호단체 · 정부당국 · 국제적 개발기관 등이 보호 활동을 강화할 것을 촉구하는 것이다. 현재 멸종위기에 처한 야생동물에 대한 범세계적 차원의 보호 운동에서 중요한 역할을 하고 있다.

생물다양성협약(Convention on Biological Diversity)

생물다양성이란 지구상의 생물종, 생물이 서식하는 생태계, 생물이 지닌 유전자의 다양성을 이른다. 종 다양성(species diversity)은 한 지역 내 종의 다양성 정도를 말하는 것으로서 분류학적 다양성이다. 생태계 다양성(ecosystem diversity)은 한 생태계에 속하는 모든 생물과 무생물의 상호작용에 관한 다양성을 뜻한다. 유전적 다양성(genetic diversity)은 종 내의 유전자 변이를 말하는 것으로 같은 종 내의 여러 집단들을 의미하거나 한 집단 내 개체들 사이의 유전적 변이를 의미한다.

1900년대에 들어서 특히, 1980년대 중반에 들어 열대우림을 보유하는 개발도상국에서 경제개발을 이유로 넓은 면적의 산림을 훼손했다. 이에 따라 생물종의 멸종 속도가 급격히 빨라지면서 전 세계적으로 생물다양성 감소에 대한 위기의식이 확산되었다. 또한 생물자원을 기반으로 한 산업이 발전함에 따라 생물자원의 가치와 생물다양성 보전의 필요성에 대한 인식이 높아졌다. 생물다양성이 풍부한 개발도상국들은 선진국에게 자국의 생물자원에 대한 주권적 권리를 주장했다. 따라서 생물다양성의 보전과 지속 가능한 이용 및 유전자원의 이용을 통하여 얻어지는 이익의 공평한 분배를 목적으로 하는 생물다양성협약(Convention on Biological Diversity)이 1992년 5월 케냐의 나이로비에서 채택되었다. 이어서 1992년 6월 브라질 리우데자네이로에서 개최된 유엔환경개발회의(UNCED)에서 158개국 정부대표가 서명하여 1993년 12월 29일 발효되었다. 우리나라는 1994년에 생물다양성협약에 154번째 회원국으로 가입했다.

생물다양성협약은 전문(Preamble)과 42개 조항의 본문 및 2개의 부속서(Annex)로 구성되어 있다. 내용은 크게 두 가지로, 가입국의 생물다양성 보전의무와 생물다양성 보전을 위한 가입국 간 협력이다. 1) 가입국의 의무는 생물다양성의 보전과 지속 가능한 이용을 위한 국가전략 수립, 생물다양성 구성요소 조사 및 감시, 보호지역의 설정 등 현지 내(in-situ) 보전조치, 종자은행 설립 등 현지 외(ex-situ) 보전조치의 시행, 생물다양성 보전을 고려한 환경영향평가 수행 등이 있다. 2) 가입국 간 협력사항으로 과학적 또는 교육적 생물자원의 이용은 가능하나 상업적 이용 시에는 자원이용국과 자원보유국이 긴밀히 상호 협력해야 하는 내용이 포함되어 있다. 즉, 상대국이 보유한 유전자원에 접근할 경우 상대국의 사전승인 제도(PIC, Prior Informed Consent), 생명공학기술 등 생물다양성 보전기술을 다른 가입국에게 이전 촉진, 유전자변형생물체(LMOs, living modified organisms)의 안전한 국가 간 이동 및 관리를 위한 의정서 채택 검토, 개도국의 협약이행을 위한 재정지원 조항 등이 있다.

우리나라는 2014년 강원 평창에서 제 12차 생물다양성협약(CBD) 당사국 총회를 개최하여 강원선언문과 평창로드맵을 채택했고 나고야의정서(Nagoya Protocol)가 발효되었다. 평창로드맵은 2020년까지 훼손된 생태계의 15% 이상을 복원하는 등 생물다양성 유지를 위해 국제사회가 이행하기로 한 아이치목표(Aichi Target)를 달성하기 위한 과학기술협력, 재원(財源) 동원, 개발도상국의 역량 강화가 포함된다.

5. 유전자원 관련 국제기관과 각국의 동향

유전자원 관련 국제기관

현대에 들어 지구상의 생물 다양성의 일부로 식물 다양성 보존에 대한 중요성은 전 세계적으로 광범위하게 인식되고 있다. 식물은 인간의 생존을 위해 필수적인 의, 식, 주뿐만 아니라 각종 약품 등의 기본 재료로서 그 가치가 높다. 따라서 식물 자원을 어떻게 지속 가능하게 이용할 수 있는지가 중요한 문제로 대두되었다.

멸종위기에 처한 식물의 유전자원을 수집하고 보존하기 위한 활동은 1950년대에 들어서 국제연합식량농업기구(FAO: United Nations Food and Agriculture Organization)를 중심으로 시작되었다. 미국은 1958년에 국립종자연구소(National Seed Storage Laboratory)를 콜로라도 주립대학에 설립하여 농업 유전자원을 보존하고 있으며, 미국 농무성(USDA) 산하에 각 주별, 연구소별 종자은행을 보유하고 있다. 유럽에서는 1960년부터 유럽식물육종연구협회(EUCARPIA; European Association for Research on Plant Breeding)의 주도로 남유럽과 지중해지역은 이탈리아 바리(Bari), 스칸디나비아는 스웨덴의 룬드(Lund), 북서유럽은 독일의 브라운슈바이크(Braunschweig)에 유전자은행을 설립했다. 1971년에는 국제농업연구협의단(CGIAR: Consultative Group in International Agricultural Research)이 설립되었으며, 그 산하에 18개의 국제농업연구센터를 두고 유전자원을 많이 보존하고 있다. 이 협의단에는 옥수수와 밀의 유전자원을 많이 보유한 국제옥수수밀연구소(CIMMYT: Centro International de Megoramiento de Maizy Trigo), 열대작물 등의 유전자원을 보존하고 있는 국제열대농업연구소(IITA: International Institute of Tropical Agriculture), 벼의 유전자원을 많이 보유한 국제미작연구소(IRRI: International Rice Research Institute)와 국제열대농업센터(CIAT: Centro International de Agricultura Tropical) 등이 포함되어 있다. 국제농업연구협의단(CGIAR)은 1974년에 국제식물유전자원위원회(IBPGR: International Board for Plant Genetic Resources)를 설립하여 세계적인 유전자원의 수집, 보존, 및 교환을 주관하고 있다. 그 후 국제식물유전자원위원회(IBPGR)의 기능을 강화시켜서 국제식물유전자원연구소(IPGRI: International Plant Genetic Resources Institute)를 설립하여 유전자원 수집활동을 하고 있다. 그 밖에 채소유전자원을 많이 보유한 국제연구기관으로 아시아채소연구개발센터(AVRDC: Asia Vegetable Research Development Center)가 있다. 이외에도 세계 각국의 유전자원은행이 해마다 증가하고 있어서 위의 연구기관을 포함해 120개가 넘는다. 이들 국제연구기관에서는 방대한 연구체제로 유전자원의 수집과 보존활동을 추진하고 있다.

국제 종자 저장고

1992년 생물다양성보존협약이 체결된 이래 전 세계적으로 멸종위기종에 대한 관심이 고조되었다. 2000년에 들어서면서 영국의 큐 왕립 식물원에서는 지구 온난화로 위기에 처한 식물을 보전하기 위하여 밀레니엄종자은행(Millenium Seed Bank)을 설립했으며, 2020년까지 전 세계 식물의 25% 종자 수집을 목표로 하고 있다. 또한 큐 왕립 식물원에서는 식물학자와 시각디자

이너가 공동작업으로 열매, 종자, 꽃가루 등에 관한 획기적인 책을 발간했고, 그 번역본이 일본에 이어 2014년 국내에서도 발간되었다. 2008년에는 스발바르 국제종자저장고(Svalbard Global Seed Vault)가 노르웨이령인 스발바르제도의 스피츠베르겐섬에 설립되었다. 이는 기후변화, 핵전쟁, 자연재해 등으로부터 주요 농작물의 멸종을 막고 유전자원을 보존하기 위한 것이다. 성서에 나오는 노아의 방주에 비유하여 '최후의 날 저장고(doomsday vault)'라고도 불린다. 3개의 지하 저장고에 4,500만 종자표본을 보관할 시설을 갖추고 있으며, 2015년 현재 4,000종에 대해 약 500개의 종자로 구성된 샘플백이 84만 개 저장되어 있다.

국내동향

① 유전자원 수집과 보존

우리나라에서는 일제 강점기 때인 1906년 통감부가 권업모범장을 설치하여 벼, 두류, 맥류 등에 대한 재래종을 수집하고 비교시험을 수행했다. 그 후 1950년까지 유전자원의 수집과 보존이 체계적이지 못했다. 한반도에서 외국으로 유전자원이 유출되기도 했다. 1929년 소련의 니콜라이 이바노비치 바빌로프(Nikolay Ivanovich Vavilov)가 서울, 수원 및 기타 지역에서 맥류 17점을 비롯하여 여러 작물을 수집하고 그 분포를 조사한 바 있다. 제2차 세계대전 시에는 일본 학자가 보리 재배종을 수집한 바 있으며, 미국인들은 1901년부터 1976년 사이에 한반도 내에서 콩 5,496점을 수집했고, 그중 2,294점이 현재 일리노이대학에 보존되어 있다. 1962년 농촌진흥청이 발족된 후 작물육종연구가 활발해져서 1970년까지 확보했던 품종의 수가 1951년에 비해 6배 증가했다. 1974년에는 종자관리규정을 제정하고 종자관리실을 설치했으며 1976년에 50,000점 보존 규모인 종자보존시설을 갖추었다. 1988년에는 현대식 종자저장시설을 재건축하여 여러 시험장에서 수집 · 보존하고 있던 유전자원을 농촌진흥청 농업과학기술원 국립농업유전자원센터에서 수집·보존과 교환업무를 수행했다. 농작물유전자원 확보를 위해 1980년대 중반 이후에는 외국으로 유출된 한반도 토종유전자원이 반환되었다. 1986년에는 한반도 재래종 보리 297점 등 유용맥류자원 597점, 2007년 6월에는 콩, 팥, 수수 등 34종류의 토종 종자 1,676점을 미국으로부터 반환받았으며, 2008년에는 보리, 콩, 팥, 조 등 32종 1,546여점의 토종 종자를 일본으로부터 반환받았다. 1992년부터 체계적인 유전자원 연구를 위하여 수집된 유전자원의 등록과 보존관리를 비롯하여 임시번호 등 관리체계를 개선했다. 종자의 경우 국내 해안, 도시, 산간 등 지리적 격리지역 및 권역별로 구분했다. 1991년부터 2000년까지 10년간 재래종 19,225점을 전 지역에서 수집했다.

생물다양성 협약 이후 각국의 유전자원 국가 보호체제의 강화로 유전자원의 도입 또는 해외 수집은 점차 어려워졌으며, 1987년 이후부터는 도입이 크게 감소했다. 1996년부터 2001년까지 6년간 몽골, 러시아, 필리핀, 네팔, 페루, 베트남, 독일, 볼리비아, 인도, 캐나다, 말레이시아, 이스라엘, 중국, 태국 등 17개 국가로부터 국제협력관계로 수집했다. 2014년 현재 국립종자원에는 623작품에 대해 30,190품종의 종자가 보관되어 있다. 한편, 국립수목원은 2003년에 산림생물표본관을 완공하고 20만점의 종자를 보존할 수 있는 종자은행을 설치했다. 임목 종자의 보존을 위한 임업연구원 종자은행도 설치되어 있다. 이러한 종자 관련 기관과 시설들 이외에 언젠가 있을지 모르는 주요 식물 종의 멸종에 대비하여 경북 봉화의 고산수목원인 백두대간수목원에 아시아 최대규모의 산림종자영구저장시설(Seed Vault)을 설립하고 있다. 이 시설의 저장터널 폭은 약 7m에 이르고, 지하 40m 깊이로 영하 20도, 습도 40%를 유지하며 연중 항온, 항습 냉난방시스템을 갖추고 있다. 일반 종자은행(Seed Bank)과 달리 백업 카피(Backup Copy, 예비복사)의 기능이 강하며, 2025년까지 야생식물종자 100만점 이상을 수탁저장할 계획이라고 한다. 위탁받은 종자를 무상으로 안전하게 보존하지만 소유권은 수

탁 국가에 있다. 이와 같이 종자저장시설을 만드는 것은 우리와 후손들이 삶의 근원인 식물의 지속 가능한 이용을 위한 현대판 노아의 방주를 준비하는 것이다. 뿐만 아니라 산림청에서는 국가생물종지식 정보시스템을 구축하여 운영하고 있으며, 국립산림과학원에서는 산림의 유전다양성 분석평가, 천연집단과 소멸위기집단의 유전구조 분석자료와 시설저장 등의 정보를 자체 인트라넷을 통하여 공유할 수 있도록 했다.

4. 백두대간 수목원 산림종자영구저장시설(Seed Vault)

② 종자산업

세계 각국은 식량확보 및 유용자원식물의 종자와 소유권 · 판권 등을 놓고 '종자 전쟁'을 벌이고 있다. 농림축산식품부 자료에 따르면 세계의 종자시장은 1975년 129억 달러에서 2010년 698억 달러로 5배 이상 성장했다. 2011년 기준 약 780억 달러에 달해 300억 달러인 세계 반도체(DRAM) 시장보다 두 배 이상 커져서 종자는 '농업의 반도체'로 비유되고 있다. 세계 종자산업 시장은 연 5%씩 성장하고 있으며, 2020년에는 2010년의 2배 이상 늘어나 1650억 달러로 증가할 전망이라고 한다. 현재 세계 종자시장 점유율은 미국, 스위스, 일본 등 10대 다국적 업체들이 75% 이상을 차지하며 국내 종자업체들의 세계시장 점유율은 1%에 불과하다. 따라서 외국 품종 사용으로 인한 로열티 유출을 줄이고, 세계시장을 겨냥한 수출전략품종 육성이 절실히 필요하다. 이를 위해 정부에서도 2009년부터 '2020 종자산업 육성대책'을 마련하여 종자산업의 연구 개발에 대한 투자를 확대하고 있다. 2015년에는 김제시에 유전자분석, 기능성 분석 등이 가능한 첨단 육종연구센터인 시드밸리(Seed Valley, 민간육종 연구단지)를 착공했다. 또한 농림축산식품부는 2012년부터 2021년까지 글로벌 수출전략품종을 20개 이상 개발한다는 목표로 금보다 비싼 종자 개발을 위한 '골든 시드(Golden Seed) 프로젝트'를 추진하고 있다.

15장

세계의 식물원

사람들은 아름다운 꽃을 보거나 쉬고 싶을 때 식물원을 찾는다. 특히 영국의 큐 왕립 식물원 같은 세계의 유수 식물원들은 관광지로도 유명하다. 세계적으로 보면 식물원은 참으로 많으며 선진국일수록 더욱 그러하다. 이에 비해 우리나라에서는 식물원의 규모나 이에 대한 인식이 아직 크지 않다. 남산식물원, 창경궁식물원 온실에 이어 과천대공원 식물원과 근래에 들어 설립된 일부 사설 식물원 정도로 명맥을 유지하고 있다. 15장에서는 식물원이란 무엇이며 언제 어떻게 생겨났는지부터 현지외 보존기관으로서의 역할 등에 대해 알아보고자 한다.

1. 최초의 식물원

유럽에서는 8세기경부터 주로 수도원 중심의 정원(monastic garden)들이 생겨나 수도사들에 의해 식물의 연구가 이루어졌다. 그 후 르네상스로 인해 신대륙의 발견과 탐험으로 해외 식민지로부터 다양한 식물이 수집되었고,

수세기 동안 식물학자들이 쌓아온 식물에 대한 지식은 종이와 인쇄술의 발달로 출판되었다. 뿐만 아니라 각 대학들도 식물의 과학적 연구를 위한 피직 가든(physic garden)으로 발전했다. 곧 세계 최초의 근대적 식물원이 1543년 르네상스가 시작된 이탈리아의 피사대학에 생겼고, 이어서 1545년에 파도바대학과 피렌체대학에 식물원이 설립되었다. 이탈리아에 이어 1587년 네덜란드의 라이든대학 식물원, 1592년 독일의 칼 마르크스대학 식물원, 1593년 프랑스의 몽펠리에대학 식물원과 1635년 파리의 쟈르댕 식물원이 생겼다. 영국에서는 1621년에 옥스퍼드대학 식물원이 처음으로 설립되었으며, 16세기경 귀족가문의 정원에서 시작된 큐 왕립 식물원(1759년 공식 설립), 1670년 왕립 에딘버러 식물원과 1673년 첼시약용 식물원이 생겼다. 독일의 베를린대학에 있는 베를린-다렘 식물원은 1679년 설립되었다. 이와 같이 초기 식물원들은 대학부속의 약용 식물원이었는데 이는 약을 조제하기 위해 식물을 키우고 학생들을 훈련시키는 수련장으로 활용하기 위한 것이었다. 또한 식물원은 과수와 채소류, 및 각종 초본류를 재배하는 중심지이기도 했다.

18세기 말엽 유럽에는 스위스의 의사이며 식물학자였던 장 게스너가 1,600개의 식물원이 있다고 언급할 정도로 식물원이 많아졌다. 18~19세기에 식물학은 틀을 갖추게 되었고, 많은 식물학자들이 식물원의 관리책임자로 일하게 되었다. 그때부터 고전적인 교육 및 의학적인 면은 점차 감소하고, 관상용 식물과 특별한 관심을 끄는 식물군들을 전시하고 재배하는 식물원으로 바뀌었다.

2. 식물원의 역할

식물원에 대규모로 수집된 생체식물, 식물표본과 종자, 그리고 식물 도서 및 문헌 등은 전문적인 식물학 연구에 많은 자료를 제공한다. 또한 식물원은 식물 채집으로 많은 원종식물을 보유함으로써 식물의 새로운 변종이나 품종을 만들 때 중요한 잠재적인 유전형질을 보관하는 역할을 한다. 영국 큐 왕립 식물원은 자체 채집 팀을 통해 식물들을 직접 채집하고 세계 각지의 경제성이 있는 식물들의 분포에 대한 정보를 수집하는 것으로 유명하다. 큐 왕립 식물원은 파라고무나무(*Hevea brasiliensis* (Wild. ex A. Juss.) Müll. Arg), 브로멜리아드(bromeliads), 바나나, 차나무, 커피, 카카오, 그리고 퀴닌의 원료인 키나나무 등의 약품을 만드는 식물들을 널리 알리고 보급하는 데 기여했다. 펜실베이니아 주에 있는 롱우드 식물원과 하버드대학의 아놀드 수목원 등도 교배시킬 원종으로 쓰일 식물이나 관상 가치가 뛰어난 식물들을 채집하기 위해 여러 채집 팀을 자생지로 파견해왔다. 이러한 식물 수집은 이미 16세기에 산업으로 직결되기도 했다. 당시 네덜란드 라이든 식물원의 유명한 식물학자 카를루스 클루시우스는 튤립 같은 구근류(비늘줄기를 가진 식물)를 채집하여 네덜란드의 구근류 산업 발달에 기여했다.

식물원뿐 아니라 수목원도 식물을 수집하여 보존하고 전시하며 연구하는 기능을 한다. 수목원은 인류문화의 발전 과정에서 자연보존, 국민보건과 자연애호의 근원이 되었으며 건전한 산업발전의 모체로서의 역할을 수행했다. 예를 들어 미국산 프란클리니아(*Franklinia*)라는 나무는 자연에서는 이미 자취를 감추었지만 각국의 수목원에서 자라고 있다. 이는 1760년 미국 펜실베이니아에 살던 바트람이라는 농부가 수목원을 만들기 시작하면서 조지아주에서 떠다 심은 나무가 아직 살아남아 각국으로 퍼져나갔기 때문이다. 미국의 아널드 수목원(Arnold arboretum)은 중국에서 다시 발견된 메타세쿼이아(*Metasequoia*) 보존을 시작으로 지금은 세계 각국에서 멸종위기의 식물을 보호해 자연보존을 하고 있다. 즉, 식물원이나 수목원은 모두 현지 외 보존기관으로서의 역할을 하고 있다. 수목원과 식물원의 명분상의 차이를 말한다면, 식물원은 모든 식물종을 수집하여 가꾸면서 식물과학에 대한 연구를 주로 하는 곳이고, 수목원에서는 주로 나무를 심어서 자연을 아름답게 꾸며 놓고 자연의 아름다움을 즐기려는 의도가 있는 곳이다. 그래서 수목원은 일반 공원처럼 조용하게 쉬면서도 자연을 공부할 수 있는 곳으로서 일반 공원과 식물원의 장점을 가진다. 근래에는 식물원도 나무를 심고 표찰을 붙이며 휴식처를 설치하는 등 수목원 형태와 비슷해지고, 수목원 또한 꽃이 아름다운 초화류와 구근류들을 식재하여 식물원과 수목원을 엄밀히 구분하기 곤란하다.

식물원과 수목원은 일반 대중에게 꽃의 아름다움을 보여주는 전시 기능을 통해 정서 순화에 기여할 뿐 아니라, 식물에 대한 지식과 식물 재배법을 배울 수 있는 교육 기회를 제공한다는 점에서도 중요하다. 영국 위슬리에 있는 왕립 원예학회 식물원과 큐 · 에든버러 · 더블린의 식물원을 비롯한 세계 유수 식물원에서는 어른과 어린이를 대상으로 매년 식물과 식물 재배에 대한 교육과정을 개설한다. 그리고 정원사 양성과 세밀화 전문가 양성을 위한 교육과정도 빼놓을 수 없는 식물원의 중요 기능이다. 식물원의 식물 보존과 세계의 식물 다양성 보존을 도모하기 위해 1987년 식물원들을 대표하는 국제식물원보존연맹(Botanic Gardens Conservation International, BGCI)이 영국 런던에 설립되었다. 국제식물원보존연맹은 식물원과 멸종위기에 처한 야생 식물 보존 등 세계의 식물 다양성을 위해 정기 집회를 구성하여 지속가능한 발전과 생태에 대해 논의하고, 보존 프로그램을 개발하며 관련 도서를 출판하고 있다.

3. 우리나라 식물원

외국에 비해 우리나라의 식물원은 수적으로도 적고 규모도 작다. 심지어 남산 식물원, 창경궁 식물원 온실에 이어 과천대공원 식물원 등의 온실을 식물원의 전부로 이해하는 사람들도 있다. 사실 식물원에 으레 온실이 있게 된 것은 온실이 유럽의 강국들이 중남미, 아프리카, 동남아의 식민지로부터 수집한 열대 식물들을 기후가 다른 유럽의 각 나라에서 재배하기 위해 필요한 시설이었기 때문이다. 즉, 영국, 네덜란드, 프랑스 등에서는 야자나무, 바나나와 오렌지 등을 키우기 위해 대규모의 유리온실 열풍이 불었다. 당시 새로운 개념의 식물원 문화를 선도한 영국의 왕립 식물원 큐 가든은 식물채집가(plant hunter)들이 목숨 걸고 채집해온 해외식물을 기르기 위해 1840년 팜하우스(Palm House)라는 온실을 건축했다. 특히 오렌지를 길렀던 온실들은 영국의 오래된 정원이나 식물원에서 흔히 볼 수 있는 오랑제리(Orangery) 레스토랑이나 갤러리로 남아 있다.

우리나라에서는 18세기에 창순루(蒼荀樓)라는 궁중온실이 있었다. 창순루는 용마루가 없는 반타원 형체의 둥근 지붕과 창살이 없는 문, 실내 온도를 데워주는 벽장이라는 가온시설을 갖춘 독특한 목조 건물로 궁중에서 겨울철 대전이나 왕대비전에 꽃을 피워 올리기 위해 운영되던 온실이다. 최초의 서양식 유리온실은 창경궁 대온실이다. 주철골 구조와 목조가 혼합된 구조체에 외피를 유리로 둘러싼 건축물이며, 등록문화재(제 83호)로 지정되어 있다. 우리나라 최초의 식물원은 일제 강점기인 1922년 서울 홍릉의 임업시험장에 설립된 홍릉 수목원으로, 자생 수목을 전시하고 희귀 및 유용 식물자원 등 다양한 식물을 수집했다. 홍릉 수목원은 현재 국립산림과학원 부속 전문 수목원으로서의 약 200여종의 수목이 전시되고 있다. 광복 이후 최초의 식물원이자 최초의 대학식물원은 서울대학교 부속 관악 수목원으로 1967년에 이창복 교수에 의해 조성되었다. 이어서 천리포수목원이 1970년부터 칼 밀러(민병갈)에 의해 조성되기 시작하여 1979년 재단법인으로 공식 출범했다. 이어서 1981년 가평의 호명고산 수물원, 1987년 광릉 수목원, 1989년 제주도의 여미지 식물원 등이 개원했다. 식물원의 중요성과 필요성이 더욱 부각되면서 임업연구원 중부임업시험장 수목원인 광릉 수목원이 국립 수목원으로 격상되어 1999년에 개원했고, 2001년에는 수목원조성 및 진흥에 관한 법률이 제정되었다. 그 외에 한택 식물원, 신구대학 식물원과 한국자생 식물원을 비롯한 여러 군소 식물원들이 연이어 개원했으며, 한국식물원 · 수목원협회가 1989년에 설립되었다. 그러나 연구 기능을 갖춘 식물원이나 수목원은 극소수이며, 대부분은 일반인들의 여가 활동을 위한 전시에 치우쳐 있다.

4. 세계 유수의 식물원 둘러보기

여행에는 여러 가지 목적이 있는데 식물을 좋아하는 사람들이라면 아름다운 식물원 투어도 좋을 것 같다. 세계적으로 유명한 식물원과 수목원의 설립 배경 및 구성을 살펴보자.

이태리 피사대학 식물원

피사대학 식물원(Orto botanico di Pisa)은 르네상스가 시작한 이탈리아에서 세계 최초로 설립된 식물원이다. 프로방스의 제2대 공작인 코지모 아이데 메디치(Cosimo I de' Medici)시대인 1544년 식물학자인 루카 기니(Luca Ghini)에 의해 이탈리아 볼로냐의 이몰라(Imola)에 설립되었다가 1563년과 1591년 이전하여 지금에 이르렀다. 초기부터 이 식물원에는 자연사갤러리(지금의 피사자연사 박물관), 도서관 및 수세기 동안의 역대 식물원장들의 초상화가 있으며, 철골로 지은 최초의 온실이 있다. (http://bot.biologia.unipi.it/)

영국 큐 왕립 식물원

영국 큐 왕립 식물원(Kew Botanical Garden)은 보통 큐 가든(Kew Gardens)이라고 불리며, 부지 면적 120만m^2에 3만여 종의 식물을 보유하고 있는 세

큐 정원

계 최대의 식물원이다. 1500년대에 만들어진 영국 리치몬드 궁전의 부속 정원을 모태로 했으며, 조지 3세의 여름 별장이었던 큐 궁전을 포함해 확장한 것으로 공식 설립연도는 1759년이다. 2003년에 유네스코 세계유산에 등재되었다. 2006년에는 Sackler Crossing과 the Davies Alpine House를, 2008에는 3만 파운드를 들여 강철구조로 나무 위를 걷는 숲 속의 다리(Xstrata Tree Top Walkway)를 건축하여 12～18미터 높이로 200미터의 숲 위를 걸으면서 야생동물을 관찰할 수 있게 했다. 또한 1882년 문을 연 마리안느 노스 갤러리(Marianne North Gallery)에 연결하고 셜리 셔우드 갤러리(The Shirley Sherwood Gallery)를 추가시켜 과학적 식물세밀화의 중요성을 부각시키고 있다. 이 식물원의 연간 관람객은 135만 명이 넘는다. 2000년에는 밀레니움 종자은행을 설립하여 지금까지 세계 야생식물의 13%의 종자를 수집했으며, 2020년까지 약 25%(75,000종)를 수집하여 보존할 계획이다.

큐 식물원 내에서는 1800년대의 식물원 부흥기에 세워진 팜 하우스와 템퍼러트 하우스가 특히 유명하다. 팜 하우스(Palm House)는 1848년에 완성되었으며 세계 각지에서 온 이국적인 열대 식물의 보고이다. 팜 하우스 남쪽의 템퍼러트 하우스(Temperate House)는 온대 식물을 모아둔 곳으로 전형적인 빅토리안 시대 유리 온실 안에 가지각색의 꽃들이 만발해 있다. 팜 하우스와 템퍼러트 하우스는 2013년부터 5년간 복원공사를 위해 폐관한다.

큐 식물원에는 다양한 주제로 꾸며진 온실과 11개의 정원 외에도 표본실, 도서관을 비롯한 연구 시설들이 있으며, 세계 최대라는 명성에 걸맞게 식물생태 관련 연구와 희귀식물, 멸종위기의 식물을 보호하기 위한 노력도 지속되고 있다. 붉은 벽돌의 큐 궁전(Kew Palace)은 식물원에서 가장 오래된 건물로, 조지 3세가 즐겨 찾던 여름 별장이었다. 지상 18m 높이의 다리인 엑스트라타 트리톱 워크웨이(Xstrata Treetop Walkway)에서는 드넓은 식물원 전체를 한눈에 볼 수 있다. 넓은 식물원 곳곳에는 레스토랑과 카페가 있으며 선물 가게에서 원예에 관한 책과 향수, 그림 등을 살 수 있다. (http://www.kew.org/)

독일 베를린-달렘 식물원

베를린-달렘 식물원(Botanischer Garten und Botanisches Museum Berlin-Dahlem)은 베를린 최초의 식물원으로 프리드리히가 베를린 궁에 있던 장식용 정원이 좁다고 느껴 1679년 베를린 교외 쇠네베크에 홉과 과일이 있는 전시용 모델 농예정원을 만든 것에서 시작되었다. 후에 H. G. A. 엥글러에 의해 베를린 슈테글리츠-젤렌도르프 자치구 근처 달렘으로 이전되었다. 면적은 43만m²이며 약 22,000종류의 식물이 식재되어 있다. 특히 다육식물, 난초과, 베고니아, 식충식물이 많으며, 진기한 식물도 있다. 1809년부터 베를린대학이 관리하며 연구 분야에서 세계적 명성을 얻기 시작했다. 1897~1910년에 걸쳐 현재의 위치에 체계적인 식물원의 형태로 개장했다. 현재는 베를린자유대학에 부속되어 있으며 대형 식물표본실과 과학도서관이 병설되어 있다. 식물원에는 세계에서 가장 큰 온실로 유명한 그레이트파빌리온(Great Pavilion)이 있으며, 크고 작은 30여 개의 온실에는 베를린대학의 연구용 식물도 재배되고 있다. 부속표본관에 소장된 400만 점에 이르는 표본 중 K. L. 빌데나우, A. B. 아이힐러, 엥글러 등이 수집한 귀중한 것들이 많다. (www.bgbm.org)

베를린 식물원

미국 미주리 식물원

미주리 식물원(Missouri Botanical Garden)은 1859년 헨리 쇼(Henry Show)에 의해 설립되어 Shaw's garden이라고도 한다. 면적은 32ha이며 정원으로 삼림원, 미로원(Maze), 숙근 정원, 맹인 정원, 채소원, 빅토리아 정원, 일본 정원, 중국 정원, 암석 정원, 스웨덴 조각가 밀레가 만든 조각 정원이 있다. 온실은 21개동으로 면적은 6,000m²이며, 지오데식 돔으로 된 환경조절온실(Climatron Conservatory)에는 1,700종 이상의 식물이 컴퓨터로 재배되고 있으며, 1822년에 건축된 린네관이 유명하다. (www.mobot.org)

미국 롱우드 가든

롱우드 가든(Longwood gardens)은 미국 필라델피아에 위치하며, 피어 듀폰의 여름 별장이었던 곳이다. 1907년 피어(Pierre)가 첫 정원으로 만든 화훼 정원 산책길(Flower Garden Walk)은 오늘날도 가장 인기 있는 정원이다. 1921년에는 온실(Conservatory, a perpetual Eden)을 만들었고, 1925~1927에는 이태리 물 정원(Italian Water Garden)을 만들었다. 발상 정원(Idea Garden)과 실험 정원(Trial Garden), 어린이 코너(Children's Corner), 야외극장(Open Air Theatre), 초원 정원(Meadow Garden) 등 실외 정원 20개와 숲, 목초지 등을 포함하여 약 11,000여종의 식물이 있고, 분수대가 많으며 파이프오르간도 있다. 동백나무, 라일락, 목련등 많은 식물을 수집하여 연구도 활발하며, 화훼, 교육, 공연예술을 중심으로 다양한 프로그램이 진행될 뿐 아니라 연간 수백 회의 공연이 개최된다. (http://longwoodgardens.org/)

부차드 가든

부차드 가든(Butchart Gardens)은 캐나다 빅토리아섬에 있으며, 1904년에 제니 부차드가 남편의 사업으로 채굴되었던 옛 석회암 채석장을 아름답게 가꾸면서 시작되었다. 부차드 일가가 백 년 이상 정성으로 가꾼 이 정원은

2~4. 롱우드 가든
5. 부차드 가든

석회석을 채굴하느라 생긴 움푹 패인 분지에서 이름이 유래된 선큰(Sunken) 가든, 장미 정원, 일본 정원, 이탈리아 정원 그리고 지중해 정원의 다섯 곳으로 나뉘며, 이들 정원은 아름답게 가꾸어진 잔디밭과 산책로로 연결되어 있다. 1953년 설치된 부차드 가든 전체에 대한 야간 조명시설은 유명하다. 특히 여름철 동안 해질 무렵 시작되는 조명은 진행 방향의 뒷편에서 비추게 되어 있어 한밤중까지 환상적인 광경을 연출한다. 전체 정원은 600만 평에 이르며, 연중 50명이 넘는 정원사들이 약 22만m²(55에이커)의 정원에 백만 그루가 넘는 꽃식물들을 심어 3월부터 10월까지 연속적으로 아름답게 가꾸고 있다. 6월 중순부터 9월 사이에는 불꽃놀이를 비롯한 뮤지컬, 인형극 등이 공연된다. 매년 12월 초부터 1월 초의 축제 기간에는 작은 전구들로 장식되어 거대한 크리스마스트리로 변해 장관을 연출한다. (www.butchartgardens.com)

싱가포르 식물원

싱가포르 식물원(Singapore Botanic Garden)은 싱가포르 도심 한복판에 있으며, 영국 점령 시기에 농업원예협회에 의해 만들어진 식물원으로 1859년 개관했다. 1875년부터는 큐 왕립 식물원에서 감독관이 파견되었고, 1888년 감독관인 헨리 리들리의 주도하에 고무나무 연구의 중심지가 되었으며 오늘날 세계적 수준의 현대적 연구기관으로 변모했다. 보존과 교육이라는 두 가지 역할을 담당하면서 과학과 연구 및 식생의 보존에 힘쓰고 있다. 오늘날 약 1만 종의 식물이 식재된 식물의 보고(寶庫)로서 식물 연구 및 관광 명소가 되었으며, 열대식물원으로서는 처음으로 2015년 유네스코 세계유산으로 등록되었다. 식물원의 내부 배치는 영국식 풍경 정원이며, 탱글린 구역에는 식물센터(Botany Centre)를 비롯하여 분재 정원(Bonsai Garden), 태양 정원(Sun Garden), 길고 붉은 공중뿌리로 된 뿌리커튼(A Curtain of Roots), 밴드스탠드(Bandstand), SBG문화유산박물관(SBG Heritage Museum), CDL그린 갤러리(CDL Green Gallery)와 백조의 호수(Swan Lake) 등이 있다. 중앙 구역에는 천 종 이상의 생강을 한자리에 모아둔 생강 정원, 식물 진화의 역사를 살펴볼 수 있는 진화 정원, 약재로 쓰이는 식물로 구성된 치유 정원, 향이 좋은 식물과 벤치들로 이루어진 향기로운 정원, 열대 수목이 우거진 열대우림, 공연 및 영화 상영 장소로도 이용되는 심포니호수 등이 있다. 또한 중앙 구역에는 싱가포르의 국화인 아름다운 난초들을 전 세계에서 수집해둔 오키드 가든(National Orchid Garden)이 있다. 오키드 가든 중 귀빈 난 정원(VIP Orchid Garden)에는 수많은 다양한 난초들이 식재되어 있을 뿐 아니라 새 품종에 유명인사의 이름을 붙여서 Dendrobium Elizabeth, Paravanda Nelson Mandela, Mokara Laura Bush 등으로 명명했다. 배용준 난초, 권상우 난초, 권양숙 난초 등 우리나라 사람의 이름이 붙은 난초들도 있다. (www.sbg.org.sg)

호주 왕립 식물원

6. 호주 왕립 식물원

호주 왕립 식물원(Royal Botanic Garden Sydney)은 1816년 호주 시드니에 설립되어 호주와 남태평양식물에 중점을 두고 전세계 식물을 수집하고 있다. 울레미소나무(Wollemi pine), 유리온실, 하가티스 소나무, 야자나무숲, 퀸즈랜드병나무(Queensland bottletree) 등이 유명하다. (www.rbgsyd.nsw.gov.au)

스리랑카 페라데니아 왕립 식물원

페라데니아 왕립 식물원(Peradeniya Royal Botanical Garden)은 스리랑카 캔디 근처의 페라데니야에 있다. 1823년 영국인이 창설했으며, 14세기 왕 파라쿠라마 바후 3세가 왕비를 위해 만든 왕실 정원이 모태이다. 창설 당시에는 경제적 가치가 큰 커피나무 등 다양한 열대식물들을 도입했으나 1840년대 이후 식물학적 가치에 비중을 두어 원예학 활동의 중심지가 되었다. 1870년대 말에는 식물학자 스웨이트(Thwaites)의 지도로 차(茶)산업 발전에 핵심적인 역할을 했다. 벼농사, 브라질산 고무나무 등 각종 경제작물 연구의 중심지이기도 하며, 정부의 식물연구소와 농업국이 설치되어 있다. 식물로는 난초류와 야자나무 등 다양하나 특히 세이셸군도가 원산지인 더블코코넛이라는 세이셸야자나무가 잘 자라고 있다. 스리랑카에는 페라데니야 왕립 식물원 외에도 누와라엘리야의 해발 약 1600m의 고산에 1861년에 키니네의 원료가 되는 키나(Cinchona) 실험재배를 위해 설립된 하칼라 식물원(Hakala Botanical Garden)은 연간 50만 명이 찾는다. 식물원 내의 오래된 게스트하우스에서 머물며 관리인이 직접 만들어주는 식사를 해보는 것도 좋은 경험이 된다. (https://www.lanka.com/about/interests/botanical-gardens/)

일본 홋카이도대학 북방생물권 필드과학센터 식물원

홋카이도대학 북방생물권 필드과학센터 식물원은 1886년 북해도 삿포로시 중앙북구에 설립된 일본 최초의 근대적 식물원으로, 정식 명칭은 길어서

7~10.
페라데니아 식물원

홋카이도대학 식물원으로 생략해서 불리는 경우가 많으며, 시민들 사이에서는 흔히 호쿠다이 식물원(北大植物園)으로 불린다. (http://www.hokudai.ac.jp/fsc/bg/)

동경대학 식물원

동경대학 식물원(University of Tokyo Botanica Garden)의 정식명칭은 동경대학대학원 이학계 연구과 부속 식물원으로 동대부속 식물원, 또는 고이시까와 식물원으로도 불린다. 이 식물원은 1684년 도쿠가와 쇼구나테(Tokugawa Shogunate)에 의해 고시까와 약용 식물원(Koishikawa Medicinal Herb Garden)으로 설립되었다. 명치유신 이후 일본 식물학의 현대적 과학 연구를 가능하게 한 곳이며, 1,400종의 목본식물, 1,500종의 초본식물, 그리고 1,100종의 열대 및 아열대 식물들로 총 4,000종의 생체식물이 식재되어 있다. 동경지역의 자연식생의 특징인 1차 상록활엽수림이 잔재하며 300년 된 2차 낙엽수림이 식물원내 언덕 사면에 남아 있다. 고시까와 식물원 외에 동경대학 부속 식물원으로 니꼬 식물원도 있다. (http://www.bg.s.u-tokyo.ac.jp/koishikawa/eng/)

일본국립과학원 부속 식물원

츠쿠바 식물원(Tsukuba Botanical Garden)은 전 세계 온대와 열대로부터 약 5,000종의 국내외식물을 보유하고 있다. 온실에는 일본 중부의 유관속식물, 동아시아 양치식물, 소철과, 남미 난초들을 포함하고 있다. 실외 정원에 수집된 식물은 상록활엽수림, 온대침엽수림, 난온대 낙엽활엽수림, 냉온대 낙엽활엽수림, 관목, 사구, 자갈밭, 고산 초지(고위도), 고산 초지 (저위도), 해안가 식물(해변) 및 해안가 식물(고위도), 습지식물 및 수생식물로 구분되어 있다. 온실은 3개로 열대유용자원 온실(Tropical Resource Plants House), 열대우림 온실(Tropical Rain Forest House)과 사바나 온실(Savanna House)이 있다.

(http://www.tbg.kahaku.go.jp/)

이외의 수목원들

영국 스코틀랜드에 위치한 **에딘버러 왕립 식물원**도 세계적으로 식물 다양성과 보전에 있어서 역사와 명성이 높은 기관이다. (www.rbge.org.uk)

독일의 **그레이프스발트 식물원과 수목원**(Botanischer Garten und Arboretum der Universit t Greifswald)은 1763년에 설립되어 독일과 세계에서 가장 오래된 과학적 식물원 중 하나이며, 그래이프스왈드대학과 연계되어 있다.

영국의 랭커셔(Lancashire)에 있는 **뱅크 홀 수목원**(Bank Hall Arboretum)에는 랭커셔에서 가장 오래된, 적어도 550년 된 주목나무가 있다. 또한 영국에서 잘 알려진 두 개의 세쿼이아(*Sequoia sempervirens*) 중의 하나, 나도밤나무과의 웰링토니아(*Wellingtonia*), 메타세쿼이아(*Metasequoia glyptostroboides*), 히말라야삼나무(*Cedrus atlantica*), 미국 솔송나무(*Tsuga heterophylla*), 중국수송(Chinese swamp cypress)와 주목 등이 있다. 또한 캠브리지의 공작과 공작부인의 궁중 결혼식을 위해 넓은잎 단풍나무(*Acer griseum*) (2004), 레바논삼나무(*Cedrus libani*) (2005), 주목과 소나무(2006, 2009)와 은행나무(*Ginkgo biloba*) (2011)를 식재했으며, 많은 스노우드롭과 수선화 및 블루벨을 심고 있다.

영국 런던의 **애브니공원 수목원**(Abney Park Arboretum)은 1840년에 유럽 최초의 묘지공원으로 설립되었으며 2,500개의 교목과 관목을 심었다. 식물을 A부터 Z까지 알파벳순으로 배열했으며 큐 식물원이 생기기 전까지 유럽에서 가장 큰 수목원이었다.

미국 하버드 대학의 **아놀드 수목원**(Arnold Arboretum)은 매사추세츠 뉴베드포드의 포경업 무역상이던 제임스 아놀드가 농업과 원예학을 위해 사용해주길 희망하며 기부한 보스톤의 265에이커의 토지에 1872년 설립되었다. 1873년 첫 원장인 찰스 스프라그 사르겐트(Charles Sprague Sargent)에 의해 여러 해 동안 운영되었다. 수목원 관리의 편리성과 식물수집에 필요한 자금을 이유로 하버드대학은 보스톤 시와의 협약해 1882년 아놀드 수목원의 부지를 보스톤 공원으로 편입시키고 프레더릭 로 옴스테드(Frederick Law Olmsted)가 설계한 9개의 "에메랄드 목걸이(Emerald Necklace)"의 일부가 되었다. 이에 대한 대가로 보스톤 시는 아놀드 수목원의 치안관리와 도로 등의 인프라를 공원으로 관리하고 하버드대학은 식물채집, 수목의 전시 등 수목원의 전체적인 운영을 맡게 되었다. 현재 아놀드 수목원은 107ha 면적에 15,441종의 목본류 식물을 전시하고 있으며, 식물학과 원예학 전공서적 4만권 이상을 보유한 수목원 도서관과 세계 최고 수준이라고 할 수 있는 5백만점 이상의 식물표본을 보유한 표본실이 있다.

미국 국립 수목원(United States National Arboretum, US)은 1927에 워싱턴디시에 440acres(180 ha)의 규모로 설립된 이후 매년 50만 명 이상의 관람객이 찾는다. 사과속, 회양목속, 산딸나무속, 호랑가시나무속, 목련속 및 단풍나무속 등이 있다. 또한 초본과 수생식물을 많이 보유하고 있으며 국립 분재(the National Bonsai) 및 중국 분재(Penjing) 박물관, 아시아 식물, 소나무류, 야생식물 수집, 국립본초 정원(the National Herb Garden) 및 50주를 상징하는 나무 숲(the National Grove)을 갖고 있다. 1828년부터 1958년까지 미국 주도에 사용된 코린트 양식(Corinthian columns)인 23개의 국립 국회의사당 원형기둥(the National Capitol Columns)이 독특하다.

모리스 수목원(Morris Arboretum, US)은 펜실베이니아대학에 있는 펜실베이니아 영연방의 공식적인 수목원이다. 1889년 체스트넛 힐(Chestnut Hill)에 세워졌으나 1933년에 공공 수목원으로 개원했으며, 175에이커에 13,000종의 표지된 식물이 있다.

몰턴 수목원(Morton Arboretum, US)은 미국 일리노이의 리슬(Lisle)에 1922년 몰턴 소금회사의 창립자인 몰턴과 식목일 창립자인 줄리우스 스털링 몰턴(Julius Sterling Morton)의 아들에 의해 설립되었다. 1,700에이커(690ha) 규모로 세계에서 가장 큰 수목원 중 하나이다. 몇 개의 낙엽성 및 소나무로 된 오래된 숲, 10개의 호수, 몇 개의 습지 및 복원된 99헥타르의 초원이 특징적이다.

미국 시애틀의 워싱턴 파크 수목원(Washington Park Arboretum, Washington, US)은 1934에 설립되었으며 당시에는 1,200에이커(500ha) 규모였다. 2005년부터 워싱턴대학 식물원 산하에서 운영되고 있다.

캐나다의 오타와 도미니언 수목원(The Dominion Arboretum Ottawa, Canada)은 1889년에 설립되었고, 1700종류의 종과 변종을 포함하는 교목과 관목들이 있다.

위 식물원들의 설립 배경을 보면 대체로 귀족이나 왕족 및 기업가에 의해 시작되었다. 심지어 과거에 영국령이었던 인도와 스리랑카 같은 개발도상국가에도 훌륭한 식물원들이 있다. 우리나라는 그동안 모두가 노력한 덕에 여러모로 국가의 위상이 올라가고 있지만 아직 이에 걸맞는 제대로 된 식물원이 없다. 용산의 미군 기지가 있던 곳에 롱우드 가든이나 싱가포르 가든 같이 아름답고 연구 기능까지 갖춘 식물원이 건립되는 꿈을 꾸어본다.

참고한 책과 사이트

강영희, 『생명과학대사전』, 아카데미서적, 2008.

국립민속박물관, 『한국세시풍속사전』, 국립민속박물관, 2007

롭 케슬러 · 울프강 스터피, 김진옥 · 김지현 · 엄상미 옮김, 『종자』, 교학사, 2014.

______, 김진옥 옮김, 『열매』, 교학사, 2014.

매들린 할리 · 롭 케슬러, 엄상미 옮김, 『화분』, 교학사, 2014.

박만규, 『우리나라식물명감』, 문교부, 1949.

박혜성, 「조선시대와 일본의 화조화에 나타난 식물류와 조형성 비교」, 『한국꽃예술학회지』 제13권 1호(2009년 2월), 37-51pp.

스티븐 블랙모어, 김지현 옮김, 『녹색우주』, 교학사, 2014.

안덕균, 『한국본초도감』, 교학사, 2003.

이남숙, 『한국의 난과 식물 도감』, 이화여자대학교출판부, 2011.

이상태, 『식물의 역사』, 지오북, 2011.

이상희, 『꽃으로 보는 한국문화』, 넥서스, 2004.

이영노, 『원색한국식물도감』, 교학사, 2006.

이창복, 『원색대한식물도감』, 향문사, 2003.

정태현 · 도봉섭 · 이덕봉 · 이휘재, 『조선식물향명집』, 조선박물연구회, 1937.

정태현 · 도봉섭 · 심학진, 『조선식물명집』, 조선생물학회, 1949.

한국정신문화연구원, 『한국민족문화대백과』, 1991.

크리스 베어드쇼, 『세상을 바꾼 식물이야기 100』, 박원순 옮김, 아주좋은날, 2014.

Cain, Michael L. · Urry, Lisa A., *Campbell Biology in Focus*, Pearson, 2015.

Dressler R. L., *The Orchids: Natural History and Classifacation*, Harvard University Press, 1990.

Simpson, Michael G., *Plant Systematics*, Elsevier Science & Technology, 2010.

Willis, K. J. and McElwain, J. C., *The Evolution of Plants*, Oxford University Press, 2000.

국가자연사연구종합정보시스템(NARIS) www.naris.go.kr

국가표준식물목록 www.nature.go.kr/kpni/index.do

국립민속박물관 www.nfm.go.kr

국립생물자원관 www.nibr.go.kr

국립중앙박물관 e뮤지엄 www.emuseum.go.kr

두산백과사전 www.doopedia.co.kr

생물자원정보_민속/특산식물 http://minsok.ndsl.kr

위키백과 www.wikipedia.org

한국문화재재단 www.chf.or.kr

http://www.biodiversitylibrary.org/bibliography/623#/summary

http://caliban.mpiz-koeln.mpg.de/koehler1/high/DSC_2760.jpg

http://pixabay.com